ÉLÉMENTS
D'HISTOIRE NATURELLE

MANUEL EXPLICATIF
DES TABLEAUX

REPRÉSENTANT

LES TROIS RÈGNES DE LA NATURE

PAR E. DEYROLLE

Adoptés par le Ministère de l'Instruction publique pour les Écoles primaires,
Par le Ministère de l'Agriculture et du Commerce pour les Fermes-Écoles et les Écoles
industrielles,
Par le Ministère de l'Intérieur pour toutes ses Écoles,
Couronnés par la Société pour l'Enseignement élémentaire,
Par la Société centrale d'agriculture, etc., etc.,
Placés dans toutes les Écoles de Paris, Lyon, Angers, Bordeaux, Le Havre, Lille,
le département de Seine-et-Oise, etc., etc.

3e ÉDITION. — TOUS DROITS RÉSERVÉS.

PARIS

E. DEYROLLE, Naturaliste

23, rue de la Monnaie.

MANUEL EXPLICATIF

DES

TABLEAUX

POUR

L'ENSEIGNEMENT PRIMAIRE

DES

SCIENCES NATURELLES

ÉLÉMENTS
D'HISTOIRE NATURELLE

MANUEL EXPLICATIF

DES TABLEAUX

RÉPRÉSENTANT

LES TROIS RÈGNES DE LA NATURE

Par E. DEYROLLE

Adoptés par le Ministère de l'Instruction publique pour les Écoles primaires,
Par le Ministère de l'Agriculture et du Commerce pour les Fermes-Écoles et les Écoles
industrielles,
Par le Ministère de l'Intérieur pour toutes ses Écoles,
Couronnés par la Société pour l'Enseignement élémentaire,
Par la Société centrale d'agriculture, etc., etc.,
Placés dans toutes les Écoles de Paris, Lyon, Angers, Bordeaux, Le Havre, Lille,
le département de Seine-et-Oise, etc., etc.

3ᵉ ÉDITION. — TOUS DROITS RÉSERVÉS.

PARIS

E. DEYROLLE, Naturaliste
23, rue de la Monnaie.

PRÉFACE

Si l'étude des sciences est aussi négligée maintenant en
France, ce n'est certes pas que nous manquions de savants
maîtres; nous pouvons nous glorifier, au contraire, d'avoir
eu de tous temps des hommes illustres qui ont été à la tête
du mouvement scientifique; mais cependant, la majeure
partie des hommes de toutes les classes connaît à peine ou
ignore même les éléments de ces connaissances, parce que la
première instruction des enfants ne comporte actuellement
aucune de ces sciences si utiles, qui seraient pour eux un
véritable délassement, et qui ont de si nombreuses et fréquentes applications dans les arts, l'industrie, l'agriculture,
le commerce, et surtout pour les besoins usuels de la vie.

Pour remédier à cet état de choses, que faut-il? Inspirer
et développer le goût des sciences dès le jeune âge, et, pour
cela, adopter celle des sciences d'observation qui est la plus
simple, la plus attrayante, et dont les applications sont les
plus fréquentes; l'histoire naturelle est incontestablement
celle qui répond le mieux à ce but.

En effet, l'attrait particulier que l'histoire naturelle a
pour l'enfance est tellement flagrant que la plupart des au-
teurs de livres élémentaires, alphabets ou autres, ont cherché
à les rendre intéressants pour les écoliers en donnant le
dessin et la description d'animaux; malheureusement ces
figures, souvent mauvaises, où le rat est représenté de même

grandeur que le lion, faussent le jugement des enfants, et les explications ne sont généralement pas meilleures que les figures sous ce rapport. Nous avons pensé que des objets en nature ou de bons dessins, de *grandeur naturelle,* coloriés, amuseraient l'écolier, en lui montrant comment il sent et respire, comment pousse le grain de blé, comment se développe le tronc du chêne, en lui faisant toucher des minerais de fer, de cuivre, et lui expliquant comment on produit le laiton, l'acier, etc., etc., toutes choses dont les applications se rencontrent à chaque pas pour les besoins usuels de la vie.

La première instruction de l'enfant ne peut avoir pour but de lui apprendre beaucoup de choses, mais elle doit arriver à lui inspirer l'amour de l'étude et à le moraliser. Il faut donc que ce qu'on lui enseigne l'amuse, l'intéresse, lui prouve l'utilité d'apprendre et le rende meilleur en élevant son intelligence.

Les résultats d'une telle étude sont faciles à prévoir ; l'esprit de l'enfant, habitué à comparer les objets entre eux, devient plus juste dans l'appréciation des diverses choses, son intelligence se développe, et surtout s'élève par l'admiration instinctive qu'il ressent pour toutes les merveilles de la création, dont il apprend à connaître toute la perfection et l'ordre admirable.

Pour rendre notre travail aussi pratique que possible, nous avons pris les observations de jeunes enfants, sachant à peine lire, qui ont été pour ainsi dire nos collaborateurs ; quand un mot était trop technique pour être facilement compris par eux, nous nous sommes efforcé soit de le changer contre un mot plus usuel, soit d'en donner une explication claire ; mais nous avons demandé aussi l'aide de savants maîtres, ils ont bien voulu revoir tous ces tableaux en détail, c'est à eux que revient le mérite de la scrupuleuse exactitude des libellés.

Nous avons donc la certitude d'avoir fait un ouvrage qui sera compris par les ignorants, auxquels il est destiné; et les encouragements des professeurs les plus autorisés nous donnent l'assurance qu'il sera apprécié par les érudits.

L'exécution du travail a pour base les principes suivants, qui sont, croyons-nous, hors de toute discussion :

1° L'éducation par les yeux est celle qui fatigue le moins l'intelligence et la mémoire. En effet, le fait énoncé, appuyé par une figure ou un objet naturel, est compris et se grave facilement dans la mémoire, qui est préparée ainsi aux exercices ardus des leçons apprises par cœur;

2° Rien n'a d'attrait pour les enfants comme des dessins coloriés d'objets qu'ils connaissent, et mieux encore des objets naturels, lorsqu'à côté ils en trouvent le nom et les usages;

3° Cette éducation ne peut avoir de bons résultats que si toutes les idées qui se gravent dans l'esprit de l'enfant sont d'une rigoureuse exactitude.

Nous avons disposé cet ouvrage en tableaux composés soit d'objets en nature, chaque fois que cela a été possible, soit de bonnes figures coloriées, représentant bien exactement, de grandeur naturelle, les types que nous voulions figurer ; nous avons choisi de préférence pour exemples les objets que les enfants ont le plus souvent sous les yeux.

Dans les vingt tableaux qui composent cette série, nous avons cherché à effleurer toutes les branches de l'histoire naturelle, en apprenant aux enfants les éléments les plus indispensables, ou ceux qui, par l'intérêt particulier qu'ils présentent, étaient les plus propres à exciter leur curiosité et à leur inculquer le désir d'apprendre.

Mais, pour que l'examen de ces planches servît véritablement à l'instruction, il fallait, à côté des objets ou des images, quelques explications; nous les avons mises aussi brèves, aussi concises que possible, en gros caractères, afin que l'enfant puisse les lire dès qu'il sait assembler ses lettres, et nous les avons disposées de façon qu'elles s'imposent forcément à ses regards, qu'il ne puisse pas regarder les tableaux sans les lire.

Pour compléter ce travail, la commission des bibliothèques scolaires nous a demandé d'y joindre un manuel explicatif, afin de développer, au moyen de définitions succinctes, claires et surtout exactes, les points pour lesquels c'était nécessaire et les généralités qui ne pouvaient être traitées dans les tableaux; ce livre sera non seulement le compagnon du maître, mais les élèves le liront aussi avec intérêt et surtout avec fruit.

En insistant toujours sur le côté pratique de cet enseignement, qui est non seulement l'introduction indispensable des notions d'agriculture et d'horticulture professées dans les écoles, mais aussi la base de tout enseignement pratique ou technique des sciences en général, nous n'avons pas négligé le côté purement scientifique, parce que la méthode et les classifications aident beaucoup les enfants à grouper avec ordre dans leur mémoire ce qu'ils ont appris; mais nous l'avons présenté sous la forme la plus simple, afin qu'ils le comprennent aisément.

Méthode d'enseignement.

La meilleure méthode d'enseignement, au moyen de ces tableaux, est de les exposer aux yeux des élèves au fur et à mesure des leçons, et de les laisser ensuite à leur disposition.

Si on les leur montrait tous dès le début, ils les regarderaient d'abord avec intérêt, liraient les libellés ; mais ayant beaucoup à voir et à lire, ils ne pourraient retenir exactement tout ce qui est écrit, et leur curiosité n'étant pas stimulée par l'attrait de la nouveauté, ils finiraient par ne plus y prendre garde.

Au contraire, en n'exposant à leurs regards que ceux qui font le sujet de la leçon, ils resteront toujours pour eux un objet du plus grand intérêt. Ayant moins à lire et à regarder à la fois, ils le feront avec plus de profit et retiendront plus facilement ; puis, lorsque le professeur leur aura expliqué les points qui auraient pu rester obscurs, lorsqu'ils auront bien tout compris, on pourra sans crainte les laisser à leur disposition. Les enfants aiment, en effet, à relire ce qu'ils savent bien ; les figures et les libellés se graveront alors parfaitement dans leur mémoire sans aucune fatigue, sans même qu'ils s'en doutent.

Chaque fois que, pour compléter ses démonstrations, le professeur pourra se procurer des échantillons naturels, il rendra la leçon plus profitable encore pour les élèves en rendant les définitions plus saisissantes. Pour le règne animal, il est souvent assez difficile de se procurer les types nécessaires; mais, où cela est surtout utile, c'est pour l'étude du règne végétal, dont les échantillons sont très-faciles à obtenir.

Pour les leçons, le mieux est de suivre le manuel pas à pas; il est, en effet, le développement des libellés, des tableaux auxquels il renvoie sans cesse; en le suivant ainsi, on évitera les redites et les omissions. Mais, à ce qui y est dit, le professeur aura souvent à ajouter ses propres observations et à développer les parties les plus intéressantes pour la contrée qu'il habite.

A côté des leçons régulières, il est des causeries intimes que des circonstances fortuites motiveront, que l'on peut même provoquer. Le retour des hirondelles, par exemple, peut fournir un excellent thème pour rappeler les migrations de ces oiseaux, les services qu'ils rendent, de même que presque tous les oiseaux qui se nourrissent d'insectes au printemps, pour défendre de les dénicher ou de les tourmenter, surtout à cette saison, pour apprécier le tort que leur destruction causerait, etc., etc.

Pour suivre l'ordre régulier et ordinaire des leçons, il faudrait commencer par donner aux élèves une idée générale sur l'utilité que présente l'enseignement des *sciences naturelles*, mais nous pensons que le côté pratique de cet enseignement se manifestera aux élèves d'une façon bien plus flagrante lorsqu'ils auront suivi le cours; il sera donc mieux de n'en parler qu'après. Il est évident, en effet, qu'il est extrêmement utile de connaître notre organisation, de savoir par quel mécanisme nos mouvements suivent les ordres de nos pensées, comment nous respirons, nous voyons, nous sentons. Il est non moins utile de connaître ces animaux, véritables auxiliaires de l'agriculture, sans lesquels nos récoltes seraient compromises et notre ruine imminente. Eh bien! la plupart de ces vrais amis, qui ne nous font que du bien, sont impitoyablement immolés le plus souvent à l'égal de nos ennemis.

Cette pauvre *chauve-souris,* que de fables absurdes n'at-on pas raconté sur son compte? pauvre animal qui n'a de terrible que la réputation qu'on lui a faite et qui continue sans relâche à poursuivre nos ennemis, les insectes qui volent le soir.

Ces enfants qui détruisent les couvées de *mésanges* pour mettre en cage de petits oiseaux qu'ils croient nourrir avec du grain, ne se doutent pas du tort qu'ils font aux récoltes. Ces petits oiseaux, en effet, ne peuvent vivre qu'à condition d'avoir à satiété des insectes; les chenilles, qui sont si communes au moment où ils naissent, sont leur mets favori; on a calculé qu'une couvée de *mésanges* détruit environ 600 chenilles par jour; que l'on examine attentivement ce que chaque chenille dévore pour atteindre son entier développement, et on pourra juger alors combien coûtent cher à l'agriculture ces colliers si fragiles d'œufs de petits oiseaux que les enfants se plaisent à faire et que leurs parents ne leur défendent pas d'exécuter parce qu'ils ignorent le tort que cela leur fait.

Les *crapauds* ne sont-ils pas poursuivis, traqués et tués? Que de services pourtant ils nous rendent. Il est vrai que créés pour vivre dans l'ombre, ils n'ont ni des formes élégantes, ni de brillantes couleurs; on les trouve d'autant plus vilains qu'on est habitué à les pourchasser, et, par ignorance, on continue à leur faire une guerre implacable; dans d'autres contrées pourtant, on sait apprécier leurs services, et, en Angleterre, on les achète pour se préserver des limaces et des insectes destructeurs.

L'étude des plantes offre un intérêt plus général encore peut-être, une utilité plus directe; elles forment, en effet, la base de notre nourriture et la plus grande source de richesse de notre pays; il est donc indispensable d'apprendre à les connaître, de savoir comment pousse le *blé,* comment se forme le tronc du *chêne,* le tubercule de la *pomme de terre,* etc., etc., quelles sont les plantes alimentaires, industrielles et vénéneuses les plus répandues dans notre pays.

La terre contient aussi une source immense de richesse : ici ce sont des *glaises* et des *kaolins* pour faire des poteries, là des *grès* et des *silex* pour le pavage, la fabrication du verre, etc.; telle contrée possède des filons de *houille,* restes fossiles d'anciennes forêts enfouies depuis des centaines, des milliers de siècles peut-être, qui, non seulement servent au chauffage, mais dont l'industrie a tiré une foule de produits fort utiles : des goudrons, des essences, de belles teintures rouges et bleues, etc. Telle autre contrée, pays marécageux, possède des *tourbières,* amas de détritus végétaux inondés, qui, séchés et préparés, fournissent un combustible précieux. Presque tous les gisements terrestres peuvent, du reste, être utilisés pour nos besoins ; il importe donc de les connaître, afin de les employer et d'en tirer tout le parti possible.

C'est l'ignorance de ces éléments qui accrédite les erreurs grossières, les préjugés absurdes, véritable barbarie qu'on ne doit cesser de combattre en montrant la simple vérité, en répandant ces connaissances indispensables.

Ce cours élémentaire d'Histoire naturelle peut être divisé en 30 leçons environ: nous allons indiquer rapidement ce que peut comprendre chacune d'elles; mais il est évident qu'elles peuvent être étendues, diminuées ou modifiées, suivant le temps qu'on aura à y consacrer, l'intérêt spécial que présente telle ou telle partie suivant la région où se fait la leçon, etc., etc.

1re *Leçon*. — Notions préliminaires. — Division en trois règnes (pages 1 à 4). — Homme. — Races humaines (p. 5 et 6).

L'exposition de trois tableaux, un de chaque règne, est indispensable pour fournir des exemples.

L'importance de l'étude de l'homme lui assignait un rang à part et une place relativement large dans ce travail. Nous l'avons donc développée plus que les autres chapitres et tenue complétement à part.

2e *Leçon*. — Homme. — Organisation du corps humain. — Squelette, muscles. — Organes de la digestion, de la circulation du sang et de la respiration, généralités. — Respiration et circulation (p. 6 à 14, tableaux nos 1 et 2).

3e *Leçon*. — Homme. — Digestion. — Système nerveux. — Organes des sens. — Voix (p. 15-24, tableaux nos 1 et 2).

4e *Leçon*. — Règne animal. — Embranchements. — Vertébrés. — Mammifères, Généralités. — Quadrumanes. — Insectivores (p. 24-34, tableau n° 3).

5e *Leçon*. — Mammifères. — Carnassiers. — Rongeurs (p. 34 à 44, tableau n° 3).

6° *Leçon*. — Mammifères. — Pachydermes. — Ruminants. — Marsupiaux. — Cétacés (p. 44-55).

7e *Leçon*. — Oiseaux. — Généralités. — Division en ordres (p. 55-65, tableau n° 4).

8e *Leçon*. — Oiseaux. — Rapaces. — Grimpeurs. (p. 64-68, tableau n° 4).

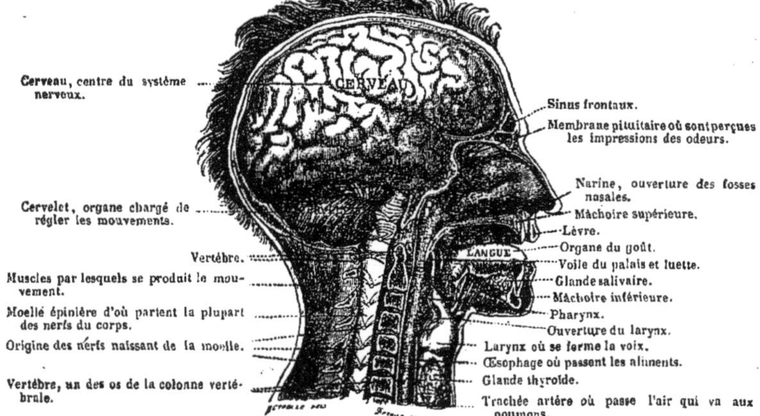

Cerveau, centre du système nerveux.
Cervelet, organe chargé de régler les mouvements.
Vertèbre.
Muscles par lesquels se produit le mouvement.
Moelle épinière d'où partent la plupart des nerfs du corps.
Origine des nerfs naissant de la moelle.
Vertèbre, un des os de la colonne vertébrale.
CERVEAU
LANGUE
Sinus frontaux.
Membrane pituitaire où sont perçues les impressions des odeurs.
Narine, ouverture des fosses nasales.
Mâchoire supérieure.
Lèvre.
Organe du goût.
Voile du palais et luette.
Glande salivaire.
Mâchoire inférieure.
Pharynx.
Ouverture du larynx.
Larynx où se forme la voix.
Œsophage où passent les aliments.
Glande thyroïde.
Trachée artère où passe l'air qui va aux poumons.

HISTOIRE NATURELLE

NOTIONS PRÉLIMINAIRES

L'histoire naturelle s'occupe de tous les objets qui sont sur la terre, et que nous pouvons toucher, de même que l'astronomie s'occupe de tous les astres que nous voyons dans le firmament, autour de nous, mais que nous ne pouvons atteindre.

Règnes. — Tous les objets de la nature se divisent en trois règnes. Le premier comprend les animaux; on l'appelle *règne animal*. Le second comprend les plantes et porte le nom de *règne végétal ;* enfin, dans le *règne minéral,* se placent tous les objets qui ne sont ni animaux ni végétaux, c'est-à-dire ceux qui n'ont pas de vie : les pierres, les roches, les cristaux, les liquides comme l'eau, et les gaz comme l'air qui nous entoure.

Les *animaux* ont une bouche avec laquelle ils mangent la nourriture qui leur convient. Ils peuvent aussi courir, voler, nager, marcher. Quand on s'approche d'eux ou qu'on désire les prendre et les tourmenter, ils se mettent à l'abri ou montrent qu'ils souffrent. L'huître elle-même, si on veut l'ouvrir, se ferme avec force et résiste : on dit, par conséquent, *qu'elle sent.*

Les *plantes* se nourrissent aussi, mais d'une autre manière que les animaux. Elles pompent par leurs racines l'eau contenue dans la terre. Elles ne peuvent pas se déplacer comme les animaux, et restent toujours à l'endroit où est tombée la semence; enfin, quand on coupe une branche d'un arbre, il ne paraît éprouver aucune douleur ; il ne sent pas.

Les *minéraux* sont toujours faciles à reconnaître. Ils ne sont pas vivants comme les animaux et les plantes, et ils ne se reproduisent pas comme eux par des petits, par des œufs ou des graines.

Le règne minéral, le règne végétal et le règne animal fournissent à l'homme tout ce dont il se sert pour se nourrir, se construire des habitations, pour se vêtir, se chauffer, fabriquer des outils.

L'étude de ces trois règnes forme ce qu'on appelle les *sciences naturelles*, et comme ils sont composés de tous les êtres et de tous les objets qui nous entourent, et sans lesquels nous ne pourrions pas vivre, il est évident que nous devons les connaître et que l'étude des sciences naturelles est de la plus grande utilité.

Pour se reconnaître au milieu de l'innombrable quantité d'animaux, de plantes et de minéraux qui couvrent la terre, il a fallu imaginer un ordre qui permît de distinguer chaque objet. Cet ordre est ce qu'on appelle une *classification*. Pour y arriver, on a cherché à rapprocher d'abord tous les animaux qui avaient entre eux certaines ressemblances : tous ceux, par exemple, qui allaitent leurs petits avec des mamelles, on les a appelés *mammifères;* tous ceux qui ont des plumes, ce sont les *oiseaux*. De même pour les *reptiles*, les *poissons*, les *insectes*, les *mollusques*. Toutes ces grandes réunions d'animaux ayant entre eux certaines ressemblances très-importantes, ont reçu le nom de *classes*. On dit la classe des oiseaux, la classe des poissons, etc. Mais chaque classe offre elle-même un nombre si considérable d'animaux, que ces grandes divisions ne sauraient suffire. La classe des mammifères, par exemple, à elle seule, présente des animaux très-différents; la chauve-souris qui vole comme un oiseau, la baleine qui vit dans l'eau comme un poisson et le cheval sont tous trois des mammifères ; ils ont tous trois des petits qu'ils allaitent, et cependant ces trois animaux ne se ressemblent guère. On a alors divisé les animaux d'une même classe en plusieurs *ordres*, comprenant tous ceux qui ont certaines ressemblances, mais encore assez éloignées. Enfin on a pris, dans chaque ordre, les animaux qui ont entre eux de très-grandes ressemblances, quoique différents, et on en a fait alors ce qu'on appelle une *famille*. Ainsi le lion, le tigre, la panthère ressemblent tous beaucoup au chat et forment avec lui une famille. La famille des chats, d'autre part, se nourrit de chair vivante comme le renard et le loup. La famille des chats, avec la famille du renard et du loup, seront rangées ensemble dans *l'ordre* des carnassiers.

Chaque classe soit d'animaux, soit de plantes, se divise ainsi en ordres et en familles, de sorte que tous les êtres qui peuplent la terre ont toujours leur place à côté de ceux qui leur ressemblent le plus.

Supposons maintenant que nous voyons un animal et que nous voulons savoir son histoire; nous la trouverons de suite dans un livre, pourvu que celui-ci suive l'ordre de la classification. Voici, par exemple, un *putois*; nous savons de suite où nous devons chercher : il est couvert de poils, il a des petits que la femelle nourrit, nous savons déjà qu'il appartient à la *classe* des mammifères; il se nourrit de chairs vivantes, ceci nous annonce qu'il aura sa place dans *l'ordre* des carnassiers, et là nous verrons bien vite qu'il forme avec la martre, la fouine, le furet, la belette une famille dont tous les membres ont le corps allongé, bas sur pattes, vivent dans les trous, et aiment la chair fraîche autant que les chats. Nous indiquerons successivement les différentes classes et les principaux ordres ou familles des animaux.

Les plantes ont été de même divisées en classes et en familles. Celles-ci se composent toujours aussi de plantes ayant entre elles une grande ressemblance, seulement cette ressemblance n'est pas toujours, comme dans les familles d'animaux, susceptible d'être facilement reconnue. Elle est ordinairement limitée à la fleur ou au fruit.

Nous ne signalerons que les principales familles, et isolément les principales plantes qu'il faut connaître.

A un autre point de vue, tous les animaux et toutes les plantes peuvent se diviser en deux grands groupes : les *utiles* et les *nuisibles*. Les animaux utiles sont tous ceux dont l'homme tire parti pour se nourrir, se vêtir ou pour tout autre usage. Le bœuf qui fournit la chair, le cuir, la corne, est essentiellement un animal utile; le mulot qui mange les moissons est un animal essentiellement nuisible. A celui-ci l'homme doit faire la guerre; il y est aidé par d'autres animaux qui sont eux-mêmes de grands ennemis pour les animaux nuisibles; aussi on a étendu le nom d'animaux utiles ou *auxiliaires* à tous ceux qui secondent ainsi l'homme : le chat est dans ce cas, parce qu'il mange les souris qui détruisent le grain et les habitations. Et comme les plus grands ennemis de l'homme ne sont ni les lions, ni les loups, ni même les serpents venimeux, mais les insectes qui mangent ses récoltes, il en résulte que tous les animaux quels qu'ils soient, mammifères, oiseaux, reptiles ou insectes même, qui mangent des insectes, sont utiles à l'homme.

L'homme, pour avoir les animaux utiles toujours sous sa main, a pris le parti de les faire vivre avec lui dans sa maison. On dit alors que l'animal est domestique : le cheval, le bœuf, le mouton, le chien, le chat, la poule, le canard sont des animaux domestiques. Dans d'autres pays, l'éléphant, le chameau sont aussi des *animaux domestiques.*

Les plantes se divisent aussi, comme les animaux, en plantes utiles et en plantes nuisibles. Elles sont nuisibles quand elles poussent à la place des plantes que l'homme cultive ou quand elles sont vénéneuses. Mais, du moins, l'homme peut toujours les détruire dès qu'il a un peu d'instruction.

Les plantes utiles sont de différentes sortes. Les unes fournissent des médicaments précieux, comme le pavot qui donne l'opium, le quinquina qui guérit les fièvres. Ces plantes sont appelées *médicinales.* — D'autres plantes sont alimentaires, tantôt par leur racine, comme la carotte, tantôt par leur feuillage, comme les salades, le plus ordinairement par leurs fruits. — Il y a d'autres plantes qui, sans être alimentaires, fournissent ce qu'on appelle des aromates, des épices, telles que le poivre, la cannelle, le clou de girofle, le muscade, le persil, le cerfeuil, l'ail ; le nombre de ces plantes est considérable. — Enfin, il y a les plantes textiles qui fournissent des matières que l'on file pour faire des étoffes, comme le lin, le chanvre, le coton. — Nous n'en finirions pas d'énumérer tout ce que l'homme tire du monde végétal, des boissons, des huiles, des bois, des teintures et une infinité de substances diverses, comme on le verra quand nous passerons à l'histoire des animaux et des plantes, après avoir parlé de l'homme.

L'HOMME

RACES HUMAINES

Il y a plusieurs races d'hommes qui se reconnaissent à leur couleur.

On compte quatre races d'hommes principales : la blanche, la jaune, la rouge et la noire.

La *race blanche* comprend des peuples dont la peau est plus ou moins blanche, les cheveux soyeux et les yeux bleus ou bruns. C'est la race chez laquelle la civilisation est le plus avancée. Elle occupe une partie de l'Asie et de l'Afrique et presque toute l'Europe. Parmi les peuples blonds, on compte les Anglais, les Suédois, les Danois, les Allemands. Parmi les peuples bruns, les Indiens, les Persans, les Arabes, les Grecs, les Italiens, les Espagnols. Les habitants de la France tiennent à la fois des peuples blonds et bruns qui les entourent.

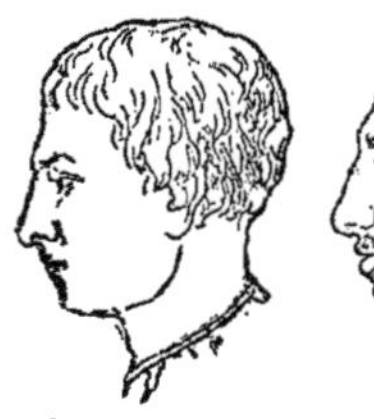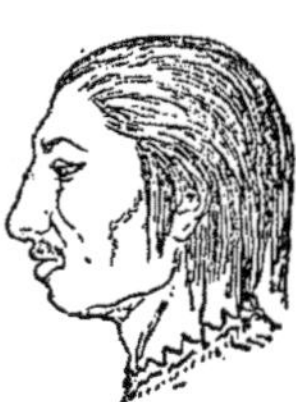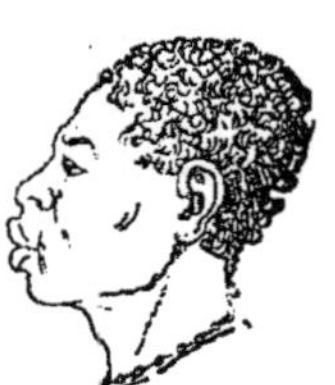

Race blanche.   Race rouge.   Race jaune.   Race noire.

La *race jaune* s'étend en Asie ; c'est celle des Cochinchinois, des Chinois et des Japonais, qui sont aussi des peuples civilisés, ayant su comme nous, depuis bien longtemps, se servir de l'écriture. Ils ont la peau jaune, les cheveux noirs et plats, le nez épaté et les yeux obliques.

La *race rouge* comprend les sauvages de l'Amérique : leur peau a une teinte rougeâtre ; ils ont, comme la race jaune, les cheveux noirs et plats, mais ils n'ont point les yeux obliques ni le nez épaté. Ce sont, pour la plupart, des peuples guerriers vivant de leur chasse.

Enfin la *race noire*, la plus malheureuse de toutes, s'étend dans tout le milieu de l'Afrique et dans une grande partie des îles de l'Océanie. Les nègres ont la peau entièrement noire, le nez épaté, les lèvres épaisses et les cheveux crépus. Ils vivent isolés par petites tribus, ne savent point écrire et se nourrissent du produit de leur chasse. Ils la font avec un arc et des flèches, et ne savent se construire que des huttes, tandis que les autres races, même la race rouge d'Amérique, ont su élever des monuments et faire des grandes routes.

ORGANISATION DU CORPS HUMAIN

Squelette. — Le corps de l'homme est soutenu par une charpente solide qu'on appelle squelette. Les pièces qui le forment portent le nom d'*os*. Il y en a un grand nombre, surtout aux mains et aux pieds. La tête est aussi composée de plusieurs petits os, mais ils sont tous soudés, excepté la mâchoire inférieure qui est mobile. Ils forment une grande cavité dans laquelle est contenue la cervelle. Le crâne présente aussi en avant deux enfoncements, dans lesquels sont placés les yeux, et qu'on appelle les orbites.

La mâchoire inférieure forme chez l'homme un seul os, tandis qu'elle est composée de deux pièces chez le mouton, le bœuf et un grand nombre d'autres animaux.

Quand on examine un squelette d'homme (qui ne peut avoir par lui-même absolument rien d'effrayant), on voit que la tête est soutenue sur une espèce de colonne formée de petits os massifs empilés les uns au-dessus des autres. Ces petits os s'appellent des *vertèbres* et leur ensemble s'appelle la *colonne ver-*

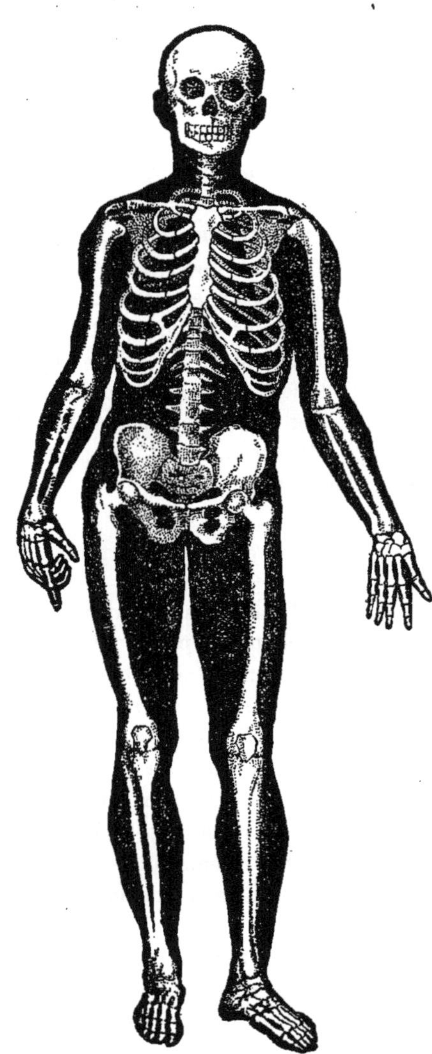

tébrale. On donne parfois aussi à celle-ci le nom d'*épine du dos.* Toutes les vertèbres sont percées de haut en bas d'un trou. Ces trous répondent les uns aux autres et forment une espèce de canal qui correspond lui-même à un trou que présente le crâne en arrière. Ce canal loge la *moelle épinière,* qui va se continuer à travers le trou du crâne avec le *cerveau.* Toutes les vertèbres sont réunies les unes aux autres assez solidement. Cependant c'est toujours une très-grande imprudence que de soulever, comme on le fait quelquefois, les enfants par la tête; on s'expose à les tuer sur le coup.

Au niveau de la poitrine, les vertèbres servent de point d'appui aux *côtes* qui **viennent en avant se** réunir contre un os situé sous la peau, au milieu de la poitrine, et qu'on appelle le *sternum*. Les côtes sont au nombre de 12 de chaque côté. L'homme et la femme en ont par conséquent 24.

Les hanches sont formées par une sorte de ceinture osseuse complète qui a reçu le nom de *bassin*. L'épaule est formée de deux os : la *clavicule* en avant et l'*omoplate* en arrière. On sent la clavicule sous la peau en haut de la poitrine, de chaque côté, et on la voit très-bien se dessiner chez les personnes maigres. Quant à l'omoplate, c'est un os plat, triangulaire, contenu dans la chair du dos ; on le voit aussi très-nettement chez les personnes très-maigres. Il n'est pas fixé et suit les mouvements d'élévation et d'abaissement du bras. Le bras et la cuisse n'ont qu'un seul os ; celui de la cuisse s'appelle *fémur*. L'avant-bras et la jambe ont deux os placés l'un à côté de l'autre ; la main et le pied en ont un grand nombre. Les doigts se divisent, à la main et au pied, en trois parties qui s'appellent *phalanges ;* le pouce de la main et le gros orteil du pied n'ont que deux phalanges.

Les os des membres, pour permettre les mouvements, roulent sur leurs extrémités par des espèces de charnières qu'on appelle *articulations*. L'épaule, le coude, la hanche, le genou sont les principales articulations ; les phalanges sont aussi toutes articulées les unes sur les autres. Les surfaces des os, qui glissent ainsi l'une contre l'autre, sont parfaitement lisses et, de plus, tenues toujours humides par un liquide gluant et huileux qui empêche les frottements trop rudes.

Nous devons encore parler, pour terminer l'étude du squelette, d'organes moins durs que les os et qui servent aussi de charpente solide aux chairs, ce sont les *cartilages*. Les parties solides et résistantes de l'oreille, les ailes et le bout du nez sont formées de cartilages. On en trouve aussi à l'extrémité de toutes les côtes qui sont osseuses en arrière et toujours cartilagineuses en avant.

MUSCLES. — Les *muscles* constituent la masse principale de ce qu'on appelle la chair. Les muscles sont rouges chez l'homme comme chez le bœuf et le cheval, tandis qu'ils sont plus pâles

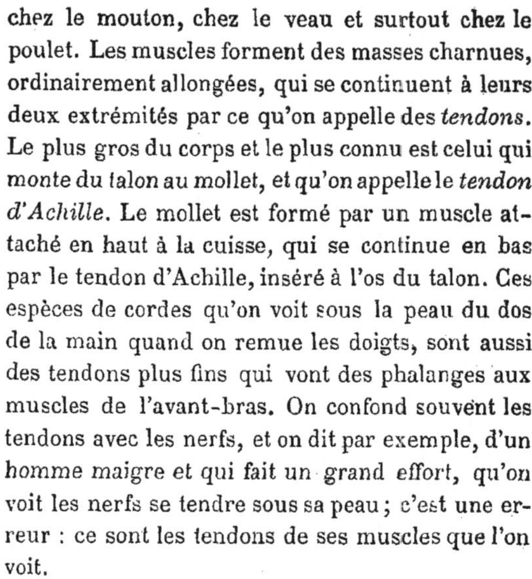

chez le mouton, chez le veau et surtout chez le poulet. Les muscles forment des masses charnues, ordinairement allongées, qui se continuent à leurs deux extrémités par ce qu'on appelle des *tendons*. Le plus gros du corps et le plus connu est celui qui monte du talon au mollet, et qu'on appelle le *tendon d'Achille*. Le mollet est formé par un muscle attaché en haut à la cuisse, qui se continue en bas par le tendon d'Achille, inséré à l'os du talon. Ces espèces de cordes qu'on voit sous la peau du dos de la main quand on remue les doigts, sont aussi des tendons plus fins qui vont des phalanges aux muscles de l'avant-bras. On confond souvent les tendons avec les nerfs, et on dit par exemple, d'un homme maigre et qui fait un grand effort, qu'on voit les nerfs se tendre sous sa peau ; c'est une erreur : ce sont les tendons de ses muscles que l'on voit.

Il y a, à la partie antérieure du bras, un muscle bien connu sous le nom de *biceps*, et dont il est très-facile de suivre les mouvements. Il suffit, pour le voir bien fonctionner, de lever avec l'avant-bras seulement, et en pliant le coude, un poids assez lourd. On distingue alors très-bien sous la peau le tendon qui relie le biceps aux os de l'avant-bras. On remarque en outre que le muscle se raccourcit et qu'il grossit en même temps à mesure que l'avant-bras se plie sur le coude. C'est en effet ce que font les muscles. Attachés par leurs extrémités aux os du squelette, ils se raccourcissent quand nous le voulons, et tendent, par conséquent, à faire jouer les os du squelette les uns sur les autres. Chaque doigt a ainsi des tendons qui le tirent en dessus pour l'étendre et en dessous pour le fermer. En général, les hommes qui ont les muscles les plus gros sont les plus vigoureux ; mais il n'est pas rare cependant de rencontrer des gens très-maigres qui jouissent d'une grande force ; on dit alors qu'ils sont *nerveux*, toujours par suite de la même erreur, qui fait confondre les tendons avec les nerfs. On juge ordinairement de la vigueur d'un homme par la masse des muscles de sa poitrine ou *muscles pectoraux*. (Voir tabl. n° 1.) Ce sont eux qui contribuent à tous les mouvements où le bras se porte en avant.

ORGANES DE LA RESPIRATION, CIRCULATION DU SANG, DIGESTION, TABL. N° 1.

GÉNÉRALITÉS.

Le cou. — Le cou contient le larynx, qui communique en haut avec la gorge et se continue en bas avec le conduit appelé *trachée-artère*, qui mène l'air jusqu'aux poumons.

Le larynx fait chez l'homme une saillie qu'on sent au cou et qui porte le nom de *pomme d'Adam*. Quand le larynx est bouché, on étouffe; c'est ce qui arrive dans le *croup* des enfants. La paroi du larynx est extrêmement délicate; quand elle est touchée par un autre corps que l'air, on a aussitôt de violents accès de toux. C'est ce qui arrive quand on *avale de travers*, c'est-à-dire quand une goutte d'eau ou une miette d'aliments pénètre dans le larynx, au lieu de tomber dans l'œsophage, en arrière du larynx.

Au-dessous du larynx, contre la trachée-artère, est une glande qu'on appelle la *glande thyroïde*. On ne la sent pas sous la peau ordinairement, et nous n'en parlerions point si ce n'était elle qui produit le *goître*, quand elle se gonfle outre mesure. Le goître est très-commun dans certains pays et paraît tenir à la mauvaise qualité de l'eau.

La poitrine. — La poitrine est protégée au dehors par les côtes et elle est séparée en bas du ventre par une cloison qu'on appelle le *diaphragme*. La poitrine contient en arrière l'œsophage et la trachée-artère; en avant le *cœur* et, de chaque côté, les *poumons*. Le cœur n'est pas situé tout-à-fait à gauche, comme on le croit souvent; la pointe seule est inclinée un peu de ce côté, et comme c'est elle qu'on sent battre, on a dit que le cœur était à gauche. Les deux poumons emplissent à droite et à gauche la plus grande partie de la poitrine, mais sans adhérer à ses parois, contre lesquelles ils glissent.

Le ventre. — La cavité du ventre ou de l'abdomen s'étend du diaphragme au bassin. Elle est protégée en haut seulement par les dernières côtes et en bas par les os des hanches. Le ventre contient en haut et à droite le *foie*. Celui-ci sécrète la *bile*, connue aussi sous le nom de *fiel*, et qui se réunit dans une petite vessie appelée vésicule biliaire chez l'homme et *poche du fiel* chez les animaux. Plus à gauche est l'estomac, sorte de besace close et munie seulement de deux ouvertures : celle de l'œsophage, par laquelle arrivent les aliments ; celle de l'intestin, par laquelle ils sortent. — A gauche de l'estomac, dans le haut de l'abdomen, est la *rate*. C'est là que l'on souffre quand on a un *point de côté* pour avoir trop couru. On avait pensé, à cause de cela, que l'on ferait aller plus vite les animaux en leur enlevant la rate. On ne pratique plus cette opération, mais on a continué de dire *courir comme un dératé*, en parlant de ceux qui vont très-vite. Au-dessous du foie, de l'estomac et de la rate sont les *intestins* enroulés sur eux-mêmes et qui ont quatre ou cinq fois au moins la longueur du corps. Ils forment un long tube, étroit dans toute la première partie de son parcours, où il reçoit le nom d'*intestin grêle*, et plus large vers la fin, où il s'appelle *gros intestin*. Derrière les intestins sont les *reins*, nommés aussi *rognons* chez les animaux de boucherie. Les reins sécrètent l'urine, qui tombe dans la *vessie* avant d'être versée au dehors.

La respiration. — Il ne suffit pas pour vivre que l'homme se nourrisse ; il faut aussi qu'il respire l'air atmosphérique. Celui-ci est formé du mélange de trois gaz dont il faut dire un mot. Le premier s'appelle oxygène, le second azote, le troisième est l'acide carbonique. Ces trois gaz sont mélangés en proportion très-inégale et nous ne pouvons pas les séparer à volonté ; mais la chimie apprend à connaître les qualités de chacun d'eux.

L'*oxygène* est absolument nécessaire à la vie des animaux, de même qu'il est nécessaire pour que du bois ou du charbon brûlent. Là où il n'y a pas d'oxygène, toute flamme s'éteint et tout animal meurt. C'est pour cela que quand on doit descendre dans un puits, une mine, une citerne où l'on n'est pas allé depuis longtemps, il faut d'abord y faire descendre, au moyen d'une corde, une chandelle allumée; si elle ne s'éteint pas, c'est qu'il y a de l'oxygène et on peut y aller sans crainte; si la chandelle s'éteint, c'est qu'il n'y a pas d'oxygène et l'homme y mourrait.

L'*azote* est un gaz comme l'oxygène, mais qui n'est point propre à faire de la flamme ni à entretenir la vie.

L'*acide carbonique* est le gaz qui forme la mousse de la bière, de l'eau de seltz et du cidre ou du vin mousseux. L'acide carbonique, comme l'azote, n'est point propre à faire de la flamme ni à entretenir la vie.

Il y a dans l'air à peu près un quart d'oxygène et trois quarts d'azote, avec une très-petite quantité d'acide carbonique. Dans la respiration, l'air qui va aux poumons y laisse une certaine quantité d'oxygène et revient au contraire chargé d'une quantité plus forte d'acide carbonique. De sorte que si un homme est renfermé dans une chambre où l'air ne peut pas se renouveler, il use peu à peu tout l'oxygène et il finirait par périr. Il meurt après un temps très-court sous l'eau, parce que l'oxygène n'arrive plus à ses poumons ou parce qu'il ne respire plus; c'est ce qui arrive aussi quand on serre le cou au point de comprimer la trachée artère.

L'air chassé des poumons par la respiration, outre une grande quantité d'acide carbonique, contient aussi de la vapeur d'eau : c'est elle qui forme la *buée* de l'haleine, et c'est pour cela qu'on peut reconnaître si une personne très-malade respire encore en approchant une glace de sa bouche.

LA CIRCULATION. — Le corps est plein d'un grand nombre de vaisseaux qui partent du cœur et reviennent au cœur. Les premiers sont les *artères* et les seconds sont les *veines*. Ces vaisseaux, de plus en plus fins à mesure qu'on s'éloigne du cœur,

de plus en plus gros à mesure qu'on s'en approche, sont tous
remplis par le sang. Mais il n'a pas la même couleur dans les
veines et dans les artères; il n'a pas non plus la même force. On
croit souvent que le sang des veines est bleu et on le représente
communément avec cette nuance, parce que c'est celle des veines
qu'on voit sous la peau, soit sur le dos de la main et du pied,

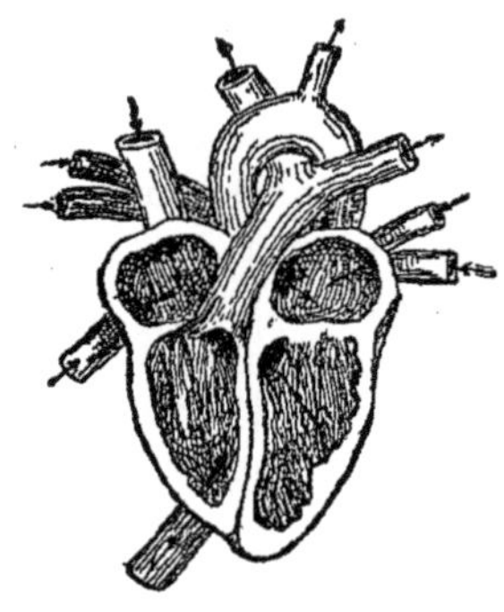

soit au pli du coude. Mais quand
on ouvre une de ces veines bleues,
comme dans la saignée, pour en
tirer du sang, on voit qu'il est très-
foncé et rouge. Il coule sans une
grande force. Si par malheur, au
contraire, une blessure a ouvert une
artère, on voit le sang lancé à plusieurs mètres de distance et on remarque en même temps qu'il est
d'un rouge vermeil. Le sang a cette
nuance quand il est venu au poumon prendre l'oxygène de l'air
introduit par la respiration; il perd cette belle couleur rouge à
mesure qu'il laisse cet oxygène dans les tissus. Il en résulte que
quand un homme meurt étouffé, il est, comme on dit, *bleu*, parce
que tout son sang a la couleur de celui qui est dans les veines.

Le cœur ne cesse pas de battre depuis la naissance jusqu'à la
mort, pour chasser le sang dans les artères; il bat environ 75 à
80 fois par minute, mais quelquefois beaucoup moins; quand
il bat plus, c'est signe que l'on a la *fièvre*. On peut compter les
battements du cœur en mettant la main contre la poitrine, mais
comme la pulsation se communique dans toutes les artères, il
est plus facile de la sentir dans les endroits du corps où les
artères ne sont pas profondément situées. C'est ce qui arrive au
poignet; aussi est-ce l'endroit où les médecins comptent ordinairement le *pouls*. On trouvera les battements en cherchant
à un ou deux travers de doigt au-dessus du pli du poignet, du
côté de la paume de la main, et vers le bord de l'avant-bras qui
répond au pouce.

Le cœur a une forme un peu conique; il renferme plusieurs loges ou chambres, par lesquelles passe successivement tout le sang. Il chasse le sang au poumon, où celui-ci devient rouge; puis le sang retourne au cœur qui le chasse alors par une autre artère dans tout le corps. Là il perd sa nuance vermeille et revient tomber dans le cœur par une grosse veine, pour retourner de là au poumon, et ainsi de suite. C'est la circulation.

LA DIGESTION. — L'homme a besoin pour vivre de soutenir son corps en buvant et en mangeant. Toutes les substances et toutes les boissons qui lui servent pour cela, portent le nom d'*aliments*. Mais ils ne sont pas tous également profitables. Il faut en général qu'une nourriture, pour être bonne, soit un peu variée; mais c'est une erreur de penser qu'on ne pourrait pas vivre sans tel ou tel aliment. Dans les villes, on est trop porté à croire que la viande est indispensable à la santé. Elle peut être très-avantageusement remplacée par le lait ou les fromages. Le pain n'est pas indispensable non plus, et certains peuples n'en mangent presque pas. L'habitude pour tout cela fait beaucoup. C'est aussi une autre erreur que de croire qu'il est indispensable pour la santé de manger tous les jours de la soupe. Certainement on peut, quand on cesse tout-à-coup une nourriture dont on a depuis longtemps l'habitude, être un peu incommodé ou même malade; mais on se fait vite en général, surtout quand on est jeune, à un régime tout différent de celui qu'on avait auparavant.

Les aliments qui nourrissent le mieux, et qu'on appelle pour cela nutritifs, sont les viandes et les légumes. Mais, pour ne s'en point fatiguer, on y ajoute ordinairement d'autres substances, en petite quantité, qui ne sont pas aussi nutritives, mais qui aident cependant beaucoup à la digestion, telles que le sel et le poivre. Ces aliments, d'un genre particulier, ont reçu le nom de *condiments*.

La meilleure de toutes les boissons et la plus saine est certainement l'eau de source. Toutefois, l'usage en a été presque partout abandonné pour celui des liqueurs fermentées faites soit avec le raisin, soit avec les pommes, soit avec l'*orge*. La bière, le cidre, le vin snrtout sont d'excellentes boissons, à la condition qu'on n'en fera point usage en excès. Mais il faut toujours se défier beaucoup de l'eau-de-vie, du rhum et de toutes les liqueurs alcooliques. Elles ont d'abord le grave inconvénient de provoquer l'ivresse, dans laquelle l'homme ne sait plus ce qu'il fait ; mais l'ivresse répétée amène à la longue des conséquences beaucoup plus graves ; on voit les hommes qui en ont contracté l'habitude vieillir avant l'âge, avoir la parole embarrassée, trembler des mains et aller souvent finir *leur existence dans les maisons de fous*. C'est le résultat habituel de l'abus de l'eau-de-vie et surtout de l'absinthe.

Il y a d'autres boissons qu'on peut appeler *cordiales* et qu'il ne faut pas confondre avec les précédentes, telles sont le **café** et le **thé**. Le café pris sans excès est un aliment excellent. Quant au thé, ce n'est pas, comme on le croit trop, un remède. Quand il est bon, c'est une très-bonne boisson pour l'hiver, surtout si on peut y ajouter un peu de sucre et quelques gouttes d'eau-de-vie.

La *digestion* est le travail par lequel les aliments sont transformés dans le corps en sang et en chair. Les aliments introduits dans la bouche passent par la gorge dans l'estomac et les intestins, où ils sont digérés. La bouche est tenue constamment humide par la *salive* qui coule de grosses glandes cachées dans l'épaisseur des joues, près des oreilles. Elle coule surtout abondamment quand on mange, et il suffit de penser à un bon dîner pour sentir aussitôt l'*eau venir à la bouche*. Les dents servent à couper, à déchirer et à mâcher les aliments dont elles font une sorte de bouillie imprégnée de salive. La langue et les joues ramènent continuellement cette bouillie entre les dents, jusqu'à ce qu'elle soit presque liquide. C'est alors seulement qu'on peut l'avaler. Cette fonction des dents est ce qu'on appelle la *mastication*. Quand les dents sont tombées, les gencives deviennent souvent très-dures, et on voit des vieillards qui mangent sans dents presque aussi bien que s'ils en avaient.

Les dents. — Les dents sont au nombre de 28 chez l'enfant et de 32 chez l'adulte. Elles poussent après la naissance, puis tombent, et il en revient d'autres qui ne tombent que dans la vieillesse. On distingue trois sortes de dents : les *incisives*, les

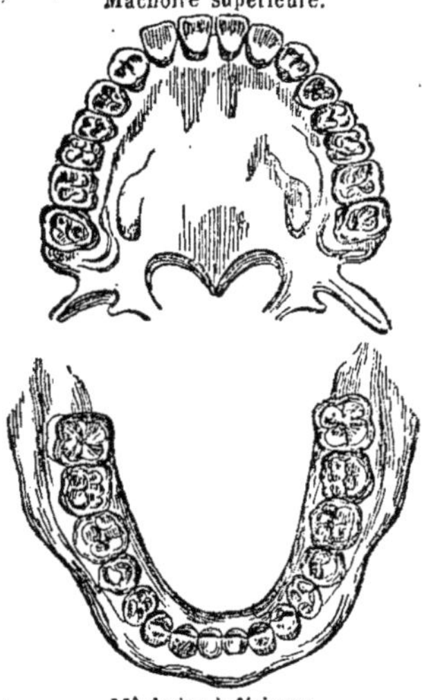

Mâchoire supérieure.

Mâchoire inférieure.

canines et les *molaires*. Les *incisives*, qui servent à couper les aliments, sont les dents de devant ; il y en a quatre à la mâchoire supérieure et quatre à la mâchoire inférieure ; en tout huit. De chaque côté des incisives, en haut et en bas, on trouve une dent plus pointue et plus forte, qu'on a comparée à celles des chiens et dont on se sert quand on veut déchirer quelque chose ; ce sont les *canines*, il y en a quatre. Quant aux *molaires*, elles servent à broyer comme des meules ; il y en a trois de chaque côté et à chaque mâchoire, chez l'enfant, et cinq chez l'adulte.

Les premières dents qui apparaissent après la naissance, sont les incisives d'en bas. Elles se montrent d'abord, puis toutes les autres dents, au nombre de 24. Vers l'âge de 6 ans, elles tombent et on en voit pousser 28 autres plus grosses. Les quatre dernières qui doivent compléter le nombre de 32, n'apparaissent que beaucoup plus tard, à un âge où l'on doit être plus raisonnable ; elles portent le nom de *dents de sagesse*. Ce sont les dernières de chaque rangée.

Les dents sont formées d'une espèce d'os très-dur qu'on appelle de l'ivoire. Elles se divisent en deux parties : la racine qui est enfoncée dans la gencive et la *couronne*. Celle-ci est recouverte d'une sorte de vernis brillant, qu'on appelle émail. Au centre de la dent, il y a un trou dans lequel est de la chair avec des nerfs qui nous font parfois tant souffrir. Les dents comme les cheveux doivent, pour se conserver, être tenus dans un grand état de propreté et brossés avec des brosses molles. Il faut aussi éviter toujours de briser avec ses dents des objets trop durs, comme on se plaît parfois à le faire. Sans parler du risque de casser une dent, il arrive souvent qu'elles se fendent sans qu'on s'en soit aperçu, et plus tard on voit ces dents-là se gâter.

Quand on ouvre la bouche toute grande et qu'on en regarde le fond, on aperçoit en arrière de la langue une sorte de rideau appelé *voile du palais* (voir tabl. nº 2), qui sépare la bouche de la gorge. De chaque côté, au-dessous du point où commence le voile du palais, sont les glandes *amygdales* (voir tabl. nº 2), qui se gonflent très-souvent chez les enfants, gênent leur respiration et les font beaucoup souffrir. La partie qui est en arrière du voile du palais communique avec les fosses nasales en haut; en bas avec l'*œsophage* (voir tabl. nº 2), où vont les aliments, et avec le *larynx*, où va l'air qu'on respire. Les aliments passent de la gorge dans l'œsophage et arrivent par lui dans l'estomac. Là ils changent tout-à-fait de nature; ils prennent une odeur et un goût des plus désagréables. On s'en aperçoit quand on *vomit* : c'est l'estomac qui rejette au dehors ce qu'il contient, et on peut voir déjà combien les matières alimentaires ont été profondément altérées. Elles le sont encore plus quand elles passent dans l'intestin, où elles se mélangent à la *bile*. Alors elles sont absorbées par les parois de l'intestin et deviennent du sang; celui-ci, à son tour, devient la chair, les muscles, les tendons, les os, les cartilages, la peau, les poils, les ongles, les cristallins, toutes les substances en un mot qui composent les différents organes du corps. Ce qui n'est pas ainsi absorbé et transformé est rejeté au dehors.

NERFS ET CERVEAU. — Les nerfs sont de petits cordons blancs qui parcourent tout le corps et vont dans toutes les parties porter la volonté. Nous voulons remuer le pied ou la main, c'est par les nerfs que notre volonté contracte les muscles qui feront remuer la main ou le pied. C'est aussi par les nerfs que nous sentons. Si les nerfs de la jambe, par exemple, viennent à être coupés par une blessure, aussitôt cette jambe n'est plus sensible et on ne peut plus la remuer ; elle est, comme disent les médecins, paralysée.

Les nerfs font parfois beaucoup souffrir et causent ce qu'on appelle les névralgies.

Tous les nerfs du corps se rendent à la moelle épinière et au cerveau, qui en est la continuation. La moelle et le cerveau ou cervelle sont formés d'une substance très-molle, heureusement protégée par le crâne et par les vertèbres, car la moindre atteinte qu'elle subit est toujours suivie des accidents les plus graves. Une partie de cette substance est grise et l'autre blanche. La

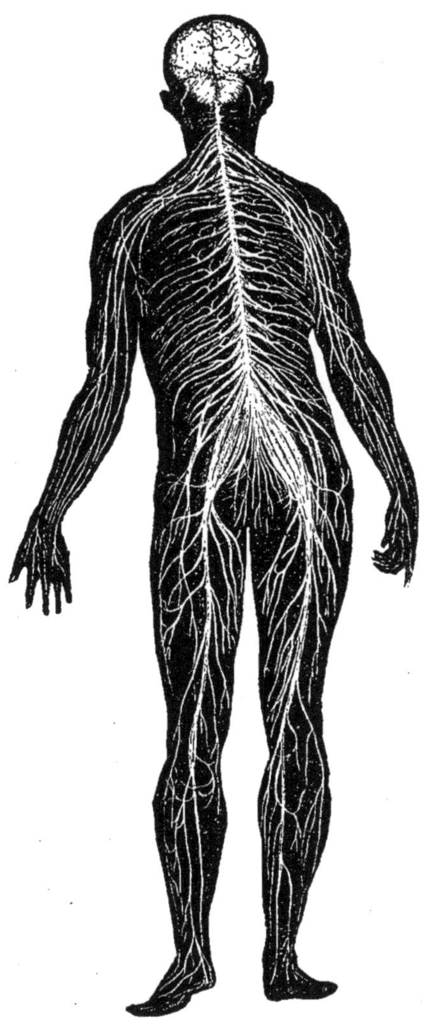

Système nerveux de l'homme

première forme la surface du cerveau, la seconde est au centre. Toute la surface du cerveau est couverte de gros plis qu'on appelle des *circonvolutions*.

Le cerveau est l'organe par lequel nous sentons, par lequel nous pensons, par lequel nous nous souvenons, par lequel nous nous décidons de faire quelque chose comme d'avancer le bras ou de fermer la main. Les fous, qui déraisonnent ou qui ne savent plus ce qu'ils veulent, sont des gens dont le cerveau est malade. Quand on dit que le vin et l'eau-de-vie portent à la tête, on a raison ; ils rendent pour quelque temps le cerveau malade, et cette maladie cause l'ivresse. Quand nous approchons notre main d'un corps chaud ou d'un corps dur, la sensation de chaleur ou de dureté est transmise au cerveau par les nerfs de la peau. Si nous voulons allonger le bras ou fermer la main, notre volonté est transmise par les nerfs aux muscles de la main et du bras pour accomplir le mouvement résolu par le cerveau. On pourrait comparer le cerveau à un bureau télégraphique central, relié à tous les points du corps par des fils qui ne sont pas autre chose ici que les nerfs. Nous sommes informés, par ces fils, de tout ce qui impressionne agréablement ou désagréablement les différents points du corps, et il envoie par ces mêmes fils, aux muscles, l'ordre de faire les mouvements que nous avons décidés.

ORGANES DES SENS, TABL. N° 2.

ORGANES DES SENS. — Il y a cinq sens au moyen desquels nous connaissons ce qui se passe autour de nous : le *toucher*, la *vue*, l'*ouïe*, l'*odorat* et le *goût*. Par le toucher, nous nous assurons si les objets sont durs ou mous, froids ou chauds, rudes ou doux. Dans l'obscurité, le toucher nous apprend aussi la forme des objets. C'est ainsi que les aveugles peuvent connaître avec leurs doigts tous les objets qu'il nous suffit de voir avec nos yeux, pour savoir qu'ils sont là. La peau est l'organe du toucher comme l'œil est l'organe de la vue.

Les yeux voient les objets les plus lointains et nous annoncent leur présence, alors même que nous ne pouvons pas les toucher, comme les nuages et les astres. Ils nous apprennent aussi la couleur des objets. — L'oreille entend les sons produits par les corps sonores. — L'odorat nous fait connaître l'odeur des objets environnants, quand nous respirons par le nez l'air qui a passé sur ces objets. — Le goût a son siége sur la langue et dans la bouche, et il faut que l'objet dont on veut goûter la saveur soit porté directement sur la langue.

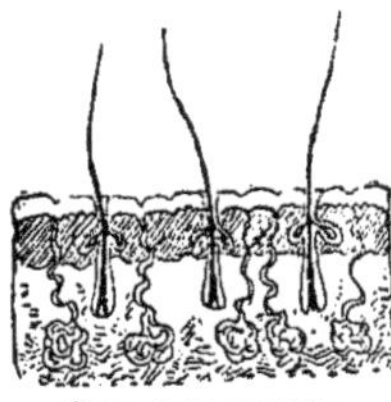

Peau très-grossie.

Peau. — La peau enveloppe tout le corps ; mais elle n'est pas partout de la même épaisseur. Elle est surtout fine sur les paupières et surtout épaisse au dos, sous le pied et dans la main. Elle présente des lignes ondulées qui forment au bout des doigts des dessins élégants. Ces lignes séparent de petites côtes qu'on voit très-bien en regardant avec un peu d'attention. Et sur ces petites côtes on découvre des séries de points semblables à des trous qu'on aurait faits avec l'extrémité d'une très-fine aiguille. Ce sont des ouvertures, et quand il fait chaud on peut observer qu'il y a sur chacun de ces trous une toute petite gouttelette de sueur. C'est, en effet, par là qu'elle coule.

D'autres trous de la peau laissent passer les poils de la barbe et les cheveux, qui ont leur racine plus profondément. On n'enlève pas ordinairement celle-ci toute entière quand on arrache le cheveu, et il repousse presque toujours. Les cheveux et la barbe, si on les laisse sans les couper, ne poussent pas indéfiniment, et quand ils ont atteint une certaine longueur, ils n'augmentent plus. Les cheveux, chez les enfants, comme chez les personnes plus âgées, doivent toujours être brossés, peignés, savonnés et entretenus très-propres. Quelles que soient les idées répandues à ce sujet, la propreté de la tête des enfants est une condition de leur santé.

Quand on s'est légèrement brûlé avec de l'eau trop chaude ou quand on met un vésicatoire, on voit une partie de la peau se soulever et il se forme de l'eau au-dessous. C'est ce qu'on appelle une *cloche*. Si on coupe cette peau, on voit qu'elle n'est pas sensible et que cela ne fait aucun mal. Le fond de la cloche, au contraire, est extrêmement délicat et on ne peut y toucher sans provoquer la douleur. La portion soulevée et insensible a reçu le nom d'*épiderme* ; ce n'est que la partie la plus extérieure de la peau. Par le travail des mains, l'épiderme s'épaissit ; il se forme alors un *cal*. La partie profonde de la peau, beaucoup plus épaisse que l'épiderme, porte le nom de *derme*.

L'œil. — L'œil est l'organe du sens de la vue. Il est abrité par les paupières ; quand elles se ferment, l'œil ne voit plus. Il peut toutefois distinguer à travers elles la clarté et l'obscurité, comme on le voit en se plaçant au soleil et en portant sa main ou un objet opaque devant ses paupières fermées.

Quand on regarde l'œil de quelqu'un, on remarque d'abord au centre un trou noir : c'est la *pupille*. Autour de la pupille est une membrane colorée dans laquelle ce trou est percé ; on l'appelle l'*iris*. L'iris est bleu, gris ou brun, selon les individus. Il a parfois aussi des teintes un peu vertes ou un peu jaunes. Si on examine les yeux de la même personne au soleil, par exemple, et dans un endroit obscur, on voit que la pupille n'a pas toujours la même largeur ; elle s'agrandit à l'ombre et se rétrécit à la grande lumière. Ceci se remarque particulièrement bien sur les chats. On n'a qu'à regarder leur œil quand ils sont au soleil, on voit la pupille réduite à une ligne étroite verticale, qui n'a pas un quart de millimètre de large et qui n'occupe pas non plus toute la hauteur de l'œil. Le soir venu, et surtout à la nuit close, cette pupille s'agrandit au point qu'on ne distingue pas l'iris ou qu'on ne le voit plus que comme une bordure étroite tout autour de l'œil.

Sur le devant de l'œil existe une partie bombée, transparente, étendue au devant de l'iris : c'est la *cornée*. En arrière de la pupille, et de l'iris par conséquent, existe un organe fait comme un verre grossissant et qui a la transparence du cristal : on l'appelle *cristallin*. L'œil est rempli en arrière du cristallin par une sorte de gelée transparente : c'est l'*humeur vitrée*. Enfin

le fond de l'œil est tapissé par une membrane nerveuse extrêmement délicate qui a reçu le nom de *rétine*. Elle se continue
avec un gros nerf qui sort de l'œil en arrière et va rejoindre le
cerveau. Les corps extérieurs vont se peindre à travers la pupille
sur la rétine, et alors nous les voyons. Si le cristallin s'obscurcit,
on perd la vue; c'est ce qui arrive dans la *cataracte*.

On peut très-bien comparer l'œil à l'appareil qu'emploient les
photographes et qu'ils appellent une *chambre noire*. En avant
le verre, nommé objectif, représente le cristallin et la cornée. En
arrière les objets extérieurs vont se peindre sur une glace
dépolie qui est tout-à-fait l'analogue de la rétine.

L'œil ou, comme on dit, le *globe de l'œil* roule dans l'orbite
à droite et à gauche, en haut ou en bas, au moyen de muscles
qui le tirent dans ces quatre directions. Quand un de ces muscles
est plus court que les trois autres, l'œil est tiré du côté de ce
muscle et on dit alors que la personne est *louche*.

Tout le monde ne voit pas distinctement à la même distance.
Les uns ont besoin de regarder de très-près, et sont appelés
myopes; les autres pour lire ont besoin au contraire d'éloigner
le livre de leurs yeux, et sont ce qu'on appelle *presbytes*. On dit
aussi que les premiers ont la *vue courte* et les autres la *vue
longue*. En général, la vue devient plus longue avec l'âge. C'est
aussi, en général, pendant les premières années d'école que l'on
devient *myope*. Il faut, pour empêcher cela autant que possible,
que les enfants ne rapprochent point trop leurs yeux des livres
et des cahiers; ils doivent lire et écrire en levant la tête droite
et un peu loin de leur table. C'est au maître à veiller à ce qu'il
en soit ainsi; le nombre des enfants myopes dans son école dé-
pendra beaucoup de l'attention qu'il mettra à surveiller la posture
des enfants qui travaillent.

On corrige la vue trop courte ou trop longue au moyen de
lunettes; mais le choix de celles-ci est toujours une chose qui
demande beaucoup d'attention : la personne qui croit avoir
besoin de lunettes, doit toujours consulter un médecin avant
d'aller chez l'opticien. Non seulement le médecin, s'il est

instruit, indiquera quelles lunettes il faut prendre, mais il pourra dans beaucoup de cas donner des conseils utiles pour corriger la vue et faire qu'on n'ait pas besoin de lunettes pour le reste de sa vie.

Les larmes sont formées par une glande qui se trouve dans le coin de l'œil, en dehors et en haut, et qu'on appelle *glande lacrymale.*

L'oreille. — L'oreille entend les sons produits par les corps qui vibrent. Il est toujours facile de s'assurer en mettant la main sur une cloche qu'on frappe, ou sur la corde d'un instrument de musique dont on joue, que les corps, quand ils rendent un son, éprouvent une sorte de tremblement ou de vibration très-sensible aux doigts. On distingue l'*oreille externe* et l'*oreille interne.* La première, visible au dehors, n'est pas indispensable pour entendre ; elle est percée d'un trou appelé *canal auditif* qui pénètre dans la tête et va rejoindre l'oreille interne. Le fond du trou auditif est fermé par une petite membrane tendue comme une peau de tambour et qu'on nomme le *tympan.* Aussi faut-il toujours se garder d'introduire des corps durs dans le conduit auditif parce qu'ils peuvent crever le tympan et amener de graves accidents avec des douleurs horribles.

Derrière le tympan on trouve de très-petits os, au nombre de trois, qui ont une forme curieuse : ils ressemblent, l'un à un *marteau,* l'autre à une *enclume,* le troisième à un *étrier.* On leur a donné ces trois noms. On trouve enfin, dans l'oreille interne, un étroit canal contourné en spirale comme la coquille d'un escargot, et que l'on a même nommé, à cause de cela, le *limaçon.*

Après certaines maladies, l'oreille interne est détruite, et alors on reste *sourd.* Si un enfant vient au monde sourd de naissance, il n'entend rien, et comme il n'entend pas les paroles, il ne peut les répéter et les dire à son tour ; il est donc muet. On appelle ceux qui sont nés ainsi *sourds-muets.*

Le nez. — Le nez sert comme la bouche à la respiration ; il sert de plus à sentir les odeurs. Il communique en arrière avec la gorge, et c'est pour cela qu'on peut faire revenir par le nez la fumée qu'on a prise par la bouche, de même qu'on avale de l'eau qui a été reniflée trop fort. Tout l'espace compris entre le nez et la gorge prend le nom de *fosses nasales.* Elles se prolongent par des cavités qui montent jusque dans le front; c'est pour cela que quand on a prisé une poudre irritante, comme du tabac ou du poivre, ou du camphre, on croit qu'elle a pénétré jusqu'au cerveau. C'est une erreur : le cerveau reste toujours séparé du nez par des os, et rien ne peut aller jusqu'à lui. On emploie communément les mots de *rhume de cerveau;* mais ils ne sont pas exacts, et ce n'est pas le cerveau qui est malade, mais seulement la membrane qui tapisse les fosses nasales ou *membrane pituitaire.* Le cerveau séparé du nez n'est pas atteint, et c'est pour cela que le rhume de cerveau n'est jamais une maladie grave.

La bouche sert à respirer, à manger, à parler; la *muqueuse,* ou peau qui revêt l'intérieur de la bouche, sert aussi à goûter les aliments. La saveur de ceux-ci est perçue par les petites papilles qui sont sur la langue et à chacune desquelles aboutit un filet nerveux.

ORGANES DE LA VOIX, TABL. N° 2.

La voix est formée par l'air chassé des poumons lorsqu'il passe dans le *larynx.* Le larynx est placé en haut de la trachée-artère; il communique avec la gorge par une ouverture étroite; il est formé de plusieurs pièces articulées et revêtu à l'intérieur d'une peau très-fine, munie de deux replis appelés *cordes vocales;* ce sont ces replis qui produisent le son ou voix en se resserrant plus ou moins. Le son ainsi formé est articulé par la langue avec l'aide du palais, des dents et des lèvres; il constitue alors la parole.

RÈGNE ANIMAL

CLASSIFICATION

EMBRANCHEMENTS. — Quand on a fait la classification des animaux, on les a d'abord partagés en quatre grands groupes auxquels on a donné le nom d'*embranchements*. Ce sont :

1º L'embranchement des vertébrés,

2º L'embranchement des articulés,

3º L'embranchement des mollusques,

4º L'embranchement des rayonnés.

La première de ces quatre grandes divisions doit son nom à ce que tous les animaux qui la composent, sans exception, possèdent un squelette intérieur, c'est-à-dire une charpente osseuse recouverte de chair comme celui de l'homme, et par conséquent une colonne *vertébrale*, c'est-à-dire composée de vertèbres. Telle est l'origine du nom de vertébrés donné à cet embranchement. Il comprend quatre classes : les mammifères, les oiseaux, les reptiles et les poissons.

L'embranchement des articulés est composé des animaux dont le corps est formé de segments ou d'anneaux séparés, disposés au bout les uns des autres. De plus, ils n'ont pas de squelette intérieur, et c'est au contraire les parties extérieures qui sont le plus souvent dures et résistantes, comme dans l'écrevisse et le mille-pattes; parfois aussi ces animaux ne sont protégés que par une peau dure comme celle du ver de terre ou de la sangsue. Les principales classes de cet embranchement sont les insectes, les crustacés et les vers.

L'embranchement des mollusques ne comprend qu'une classe, celle des mollusques, remarquables par leur peau toujours molle, sans apparence d'anneaux; la plupart sont protégés par une matière pierreuse tantôt enroulée en spirale comme chez le limaçon, et parfois formant deux parties distinctes appelées valves comme chez la moule.

Enfin l'embranchement des rayonnés comprend des animaux qui sont faits à peu près comme des fleurs et dont toutes les parties rayonnent autour d'un centre commun. Les madrépores, les coraux appartiennent à cet embranchement.

ANIMAUX VERTÉBRÉS

CLASSE DES MAMMIFÈRES, TABL. N° 3.

La première classe parmi les vertébrés est celle des mammifères. Leur nom veut dire « *qui porte des mamelles.* » Tous, en effet, ont des petits qu'ils allaitent. Ils ont ordinairement quatre membres et sont couverts de poils ou de piquants. Il y a cependant des mammifères dont nous parlerons plus loin, qui n'ont pas de poil et ressemblent extérieurement à des poissons. La colonne vertébrale se prolonge chez beaucoup d'entre eux au-delà du bassin et forme une *queue*. Le nombre des petits que les mammifères peuvent avoir varie beaucoup : la chèvre, l'anesse, la brebis, la jument, la vache, n'en ont qu'un ordinairement ; le lièvre trois ou quatre ; le chien et le chat cinq ou six ; la laie en a jusqu'à quinze.

Les mammifères se divisent en plusieurs ordres :

1° Les *quadrumanes*, c'est-à-dire animaux à quatre mains, qui comprennent tous les singes.

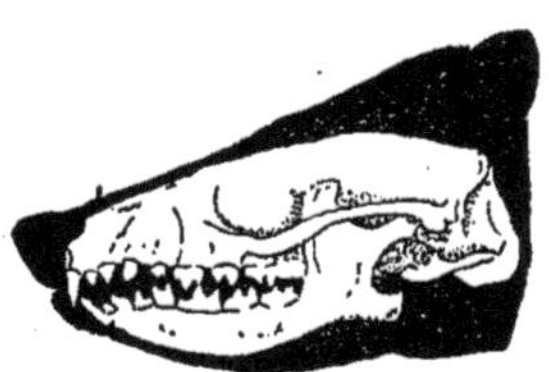

Crâne de hérisson.

2° Les *insectivores*, qui sont tous de petits mammifères se nourrissant d'insectes. Ils ont, pour les broyer, des dents molaires qui sont hérissées de pointes. On peut signaler parmi les insectivores les chauves-souris, les taupes, la musaraigne, le hérisson.

Crâne de chien.

3⁰ Les *carnassiers* forment un ordre comprenant les grands mammifères, qui se nourrissent ordinairement de chair; tous ont des dents molaires plus ou moins tranchantes pour couper la viande et des canines très-fortes pour la déchirer. On remarque, dans l'ordre des carnassiers, la famille des ours, le blaireau, la famille des martes, celle des chats, celle des chiens, enfin celle des phoques.

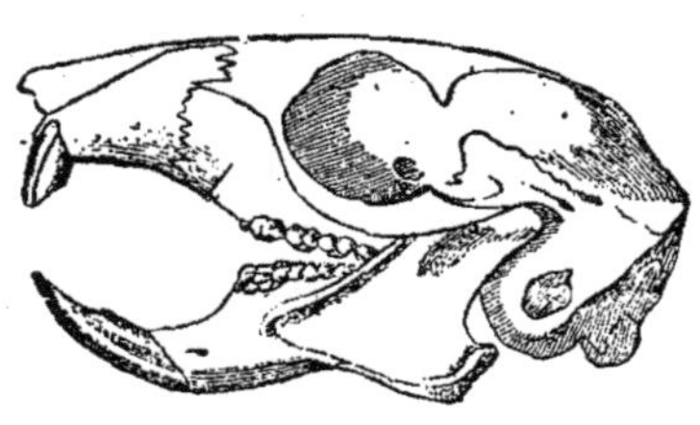

Crâne de rongeur.

4⁰ Les *rongeurs*. — Les mammifères de cet ordre se nourrissent exclusivement de végétaux, de même que les carnassiers se nourrissent surtout d'animaux. C'est parmi les rongeurs qu'on trouve en conséquence le plus de mammifères nuisibles. Un certain nombre sont estimés pour leurs peaux. Il suffit de comparer les dents d'un rongeur, d'un lapin par exemple, à celles d'un carnassier, pour voir qu'ils ne peuvent pas se nourrir de la même manière. Les rongeurs ont des incisives très-fortes et tranchantes en travers, avec lesquelles ils coupent le bois sans difficulté; ils n'ont pas de canines et leurs molaires sont plates pour broyer. Mais ce n'est pas tout : les incisives, en coupant des corps aussi durs, s'useraient vite; aussi, tandis que les dents des carnassiers comme celles de l'homme ne poussent plus une fois qu'elles sont arrivées à leur taille, les incisives des rongeurs poussent toute leur vie, à mesure qu'elles s'usent. On peut s'en assurer en coupant les dents d'un rat ou d'un lapin, elles reprennent bien vite leur longueur.

Nous citerons parmi les rongeurs, les écureuils, les loirs, les lérots, la marmotte, la famille des rats, le campagnol, le castor, le porc-épic, la famille des lièvres.

5° Viennent ensuite les *édentés;* ce sont des animaux qui habitent les régions tropicales, ils n'ont pas de dents incisives ni canines, quelques-uns même n'ont pas du tout de dents; on les amène rarement dans nos contrées.

6° Les *pachydermes* forment un ordre dont le nom vient de deux mots anciens qui veulent dire « peau épaisse ». Ce sont en effet presque tous des animaux ayant la peau épaisse, une grande taille, et n'ayant jamais les pieds simplement fourchus comme ceux des ruminants. On place dans l'ordre des pachydermes l'éléphant, le rhinocéros, la famille des chevaux, le sanglier et le porc.

Crâne de bœuf.

7° L'ordre des *ruminants* comprend un grand nombre d'animaux qui ont tous ceci de commun : d'avoir deux sabots à chaque pied. Beaucoup manquent d'incisives à la mâchoire supérieure et n'en ont qu'à l'inférieure; enfin, seuls de tous les mammifères, ils *ruminent.* On voit souvent dans les prés une vache couchée à terre, immobile et qui mâche toujours, quoiqu'elle ne prenne point d'herbe. En ouvrant ses mâchoires, on trouverait qu'elle remange la nourriture qu'elle avait précédemment avalée. C'est la rumination. La digestion ne se fait pas, en

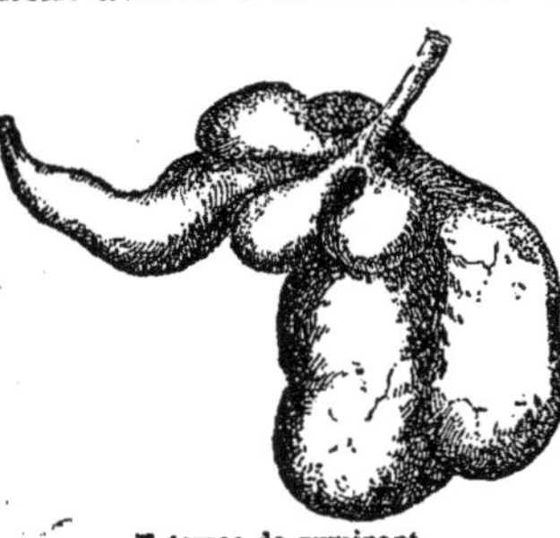

Estomac de ruminant.

effet, chez les ruminants comme chez les autres mammifères : ils ont un estomac très-compliqué, ou plutôt quatre estomacs entre la fin de l'œsophage et le commencement de l'intestin. Le premier et le plus grand s'appelle la *panse*; il est plus vaste à lui tout seul que les trois autres ensemble. Le second s'appelle *bonnet*, parce que l'intérieur offre un dessin qui rappelle les mailles à six côtés du tulle avec lequel on fait les bonnets. Le troisième estomac se nomme *feuillet*, parce que ses parois portent des feuillets minces comme ceux des livres. Enfin vient la *caillette*; on donne ce nom au quatrième estomac, parce que, quand on en met un morceau dans le lait, il le fait cailler.

Voici maintenant ce qui se passe : Quand l'animal ruminant est sur le pré, il mange, mange tant qu'il peut, et il avale l'herbe presque sans la mâcher. Toute cette herbe tombe dans la panse, où elle s'humecte de salive, mais ne se digère pas. Puis l'animal s'arrête de brouter, et c'est alors en réalité qu'il commence son repas. Il fait remonter par l'œsophage une bouchée de l'herbe qu'il a dans la panse, la mâche de nouveau, lentement, et l'avale ensuite; c'est seulement alors que la nourriture, bien broyée, tombe dans les derniers estomacs, où elle est digérée. Tous les animaux de l'ordre des ruminants mangent ainsi : entre autres les chameaux, les girafes, les cerfs, les antilopes, les chèvres, les moutons, le bœuf, le musc.

Sarigue et ses petits.

8º Après l'ordre des ruminants, vient celui des *marsupiaux*, ainsi appelés d'un mot latin qui veut dire poche. Ce sont des mammifères qui n'habitent que les pays les plus lointains. Ils sont remarquables en ce que la femelle porte sous le ventre une poche dans laquelle elle élève ses petits. Dès qu'ils sont un peu avancés en âge, on les voit sortir la tête de cette poche, puis y rentrer et s'y cacher. Si quelque danger menace la femelle, elle se sauve en emportant ainsi ses petits. Les marsupiaux les plus connus sont les sarigues de l'Amérique et les kanguroos, qui habitent l'Australie. Ces derniers animaux ont les pattes de devant très-petites, les pattes de derrière considérables, et on les voit, au lieu de courir, faire des bonds prodigieux.

9° Le dernier ordre des mammifères est celui des *cétacés ;* ce sont des animaux qui, à première vue, ont tout-à-fait l'air de poissons : ainsi la baleine, le dauphin. Ils n'ont pas de poils ; ils ont des nageoires au lieu de bras, et en arrière une queue en

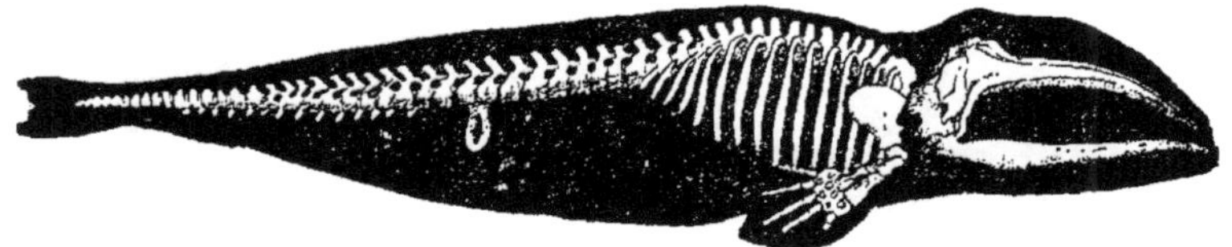

Squelette de baleine.

place de membres postérieurs. Cependant on remarque de suite une grande différence avec les poissons. Tandis que la queue de ceux-ci est verticale et qu'ils battent l'eau à droite et à gauche pour avancer, celle des cétacés est horizontale ; ils la font mouvoir de haut en bas. Enfin les cétacés n'ont pas d'ouïes ; ils ont des poumons et respirent l'air comme les autres mammifères : ils ont besoin de revenir sans cesse à la surface reprendre haleine. Ils ont un nez qu'on appelle *évent* et par lequel ils peuvent souffler de l'eau qui monte alors comme un jet au-dessus de la mer ; les marins les nomment, à cause de cela, *souffleurs*. L'ordre des cétacés comprend un certain nombre d'animaux d'assez petite taille, tels que les dauphins et les marsouins, qu'on trouve sur nos côtes ; il comprend aussi le cachalot et la baleine.

ORDRE DES QUADRUMANES

LES SINGES, que nous trouvons d'abord en tête des mammi-

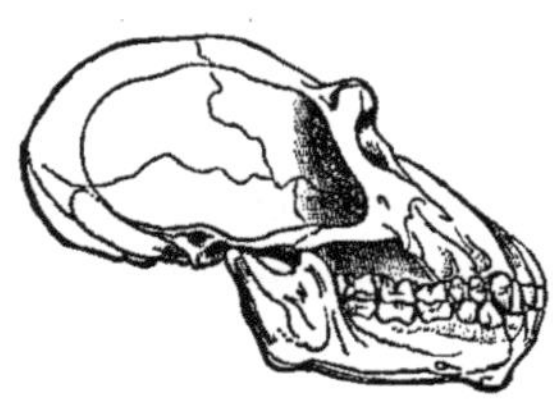

Crâne de singe.

fères, habitent les pays chauds. Le plus intelligent de tous est le chimpanzé; le plus fort et le plus méchant est le gorille. Tous deux habitent l'Afrique. Le gorille a la taille d'un homme; mais ses membres sont d'une force extraordinaire et peuvent, dit-on, tordre un canon de fusil. Il a des dents aussi terribles que celles du lion.

ORDRE DES INSECTIVORES

Chauve-souris volant.

Crâne de chauve-souris.

LES CHAUVES-SOURIS sont les seuls mammifères qui volent, quoi qu'ils soient loin de le faire avec la même aisance que les oiseaux ou les insectes. Ils sont couverts de poils, ont une bouche armée de petites dents aigues comme tous les animaux carnassiers, et enfin, quand on les tue, on trouve souvent la femelle portant son petit accroché à ses épaules et la tête en bas; elle vole partout avec lui.

Les chauves-souris sont des animaux nocturnes; ils ne sortent que le soir pour chercher leur nourriture, et ils dorment pendant le jour. Ils se mettent dans les endroits les plus obscurs, les cavernes, les vieux trous, les caves abandonnées, et c'est probablement parce qu'on en a souvent trouvé qui habitaient les tombeaux, qu'on a fait de ces petits mammifères une sorte d'animal funèbre dont on a peur. Rien n'est plus absurde. Il suffit de prendre une chauve-souris et de la regarder un peu pour voir que c'est à la vérité un animal fort singulier, mais qui n'a rien de terrible que ses petites dents avec lesquelles il mord ceux qui le tourmentent. On voit alors que l'aile de la chauve-souris est soutenue par un bras dont on reconnaît toutes les parties : le bras et l'avant-bras, au bout duquel est une véritable main extraordinairement grande, entre les doigts de laquelle l'aile est soutenue. Le pouce est libre et forme une sorte de crochet. Les pattes postérieures ont aussi les doigts disposés en crochets, et elles servent à l'animal pour se suspendre. Il s'attache avec ses griffes aiguës à la voûte des endroits qu'il habite, et si on y pénètre pendant le jour sans faire de bruit, on voit toutes les chauves-souris dormant ainsi la tête en bas, accrochées de tous les côtés.

Les chauves-souris ont grand appétit, et quand nous les voyons voltiger au crépuscule, c'est qu'elles cherchent leur nourriture. Elles ne mangent que des insectes, animaux nuisibles. Les chauves-souris sont donc des destructeurs de nos ennemis, et loin de les chasser et de les tuer, on devrait au contraire se réjouir d'en voir le plus possible, parce que ce sont pour le fermier des amis et non, comme on le croit sans raison, des animaux de malheur. On a donc le plus grand tort de les tuer et de les clouer aux portes des maisons, où ces pauvres bêtes ne servent plus à rien, tandis qu'elles étaient utiles de leur vivant.

On parle aussi quelquefois d'une chauve-souris effrayante qu'on appelle *vampire*, et qui suce, dit-on, le sang des hommes. Il est vrai qu'il y a dans les pays chauds, dans l'Amérique du Sud, une petite chauve-souris qui vient quelquefois pendant le sommeil sucer ainsi le sang des personnes endormies. Mais il n'en faut pas beaucoup pour remplir son estomac, et si la plaie ne coulait pas quelquefois après le départ du vampire, il ne ferait pas beaucoup plus de mal qu'une sangsue.

Taupe mangeant une courtilière

Les taupes sont insectivores encore plus que les chauves-souris, si cela est possible, et ont aussi des mœurs toutes particulières. Elles fouillent le sol et se font dans les champs et dans les prés des galeries dont elles rejettent la terre au dehors. C'est celle-ci qui forme les taupinières. La taupe vivant constamment sous terre n'a pas besoin d'y voir clair; aussi est-elle à peu près aveugle; on ne voit point ses yeux, qui sont très-petits et cachés sous son poil. Elle a pour fouir deux pattes de devant qui sont tout-à-fait disproportionnées pour sa taille; elles sont larges, fortes et armées de griffes solides. C'est avec cet outil qu'elle creuse la terre. Il n'y a certainement pas d'animal plus laborieux. La taupe dort peu et travaille presque jour et nuit, pour trouver sa nourriture. Elle est très-vorace, et on peut dire qu'elle a toujours faim. Quand elle n'a pas mangé depuis six heures, elle meurt de besoin. Mais elle est carnassière et ne mange absolument que des animaux, des vers de terre, des vers blancs, des courtillières, tous les insectes en un mot qu'elle trouve. C'est une grave erreur de croire qu'elle mange les racines des plantes; elle périt de faim dès qu'elle n'a pas de chair vivante à manger. La taupe serait donc aussi un animal très-utile si elle ne bouleversait pas la terre. Il y a des pays où des hommes qu'on appelle *taupiers* font industrie de la détruire, en mettant des pièges dans leurs galeries. Il y a au contraire d'autres pays où on les recherche et où les fermiers les achètent au marché pour les mettre dans leurs terres. Tout ceci dépend des cultures que l'on fait. Si le champ est plein de courtillières et si les taupinières ne gênent point la récolte, il y aura avantage à avoir des taupes; si la terre remuée par la taupe cause plus de dommage à la récolte que les insectes qu'elle mange, il y a avantage à n'avoir pas de taupes dans le champ. C'est au fermier à calculer ce qui vaut le mieux pour le produit de sa terre.

Musaraigne.

LA MUSARAIGNE. — C'est le plus petit de tous les mammifères. Elle est moins grosse que la souris. Elle se reconnaît à son museau beaucoup plus pointu, plus allongé, et à ses dents qui sont, comme celles des chauves-souris et des taupes, des dents d'animal

3

carnassier, petites, aiguës, faites pour broyer les insectes, tandis que la souris a des dents faites pour ronger le bois.

La musaraigne habite aux champs, où elle se fait des terriers ; elle détruit autant d'insectes qu'il en faut pour nourrir son petit corps. C'est donc une bête amie ; quoique son secours ne soit pas très-efficace à cause de sa taille, il faudra toutefois se garder de la détruire. On a cru que la musaraigne produisait par sa morsure une assez grave maladie qui affecte le pied des chevaux, mais c'est une erreur.

Le hérisson est le plus gros des mammifères insectivores de nos pays. Il fait une grande destruction d'insectes ou de limaces de toutes sortes ; il en mange moins peut-être que la taupe, mais du moins il ne nuit pas aux récoltes. Quand il a très-faim, il mange probablement des mulots, des lerots, des rats,

Hérisson.

animaux rongeurs aussi nuisibles que les insectes, et qui paraissent d'ailleurs redouter le hérisson, car ils s'éloignent des lieux que celui-ci habite. Il passe l'hiver endormi dans un trou. Sa peau est couverte de piquants, mais elle ne le protégerait pas bien s'il ne savait se rouler en boule quand il est menacé par quelque ennemi. Alors on ne voit plus ni pattes ni tête, et il attend ainsi que le danger soit passé.

ORDRE DES CARNASSIERS

Les ours. — Les animaux dont nous allons parler maintenant sont encore des carnivores ; mais ils ne se nourrissent plus

d'insectes. Cependant, si quelques-uns sont des animaux redoutables et méchants, l'homme en a su tirer parti; il les chasse
pour avoir leur peau qui est quelquefois d'un grand prix.

Les premiers que nous trouvons sont les *ours*. L'ours blanc
habite les glaces du Nord : il se nourrit de poisson; l'ours brun
habite les grandes montagnes. On le dresse et on le montre dans
les foires, en ayant soin de lui mettre une bonne muselière.
Toutefois, ce n'est pas la chair que semble préférer l'ours brun ;
il mange volontiers des fruits. On le voit se nourrir de racines
qu'il déterre avec ses griffes; il est très-friand de miel et monte
aux arbres, malgré sa lourdeur apparente, pour manger les nids
de guêpe. Les oursons sont gais et aiment à jouer, comme les
petits chats. La peau d'ours a longtemps servi à faire les bonnets
à poil des grenadiers ; aujourd'hui qu'on ne met plus cette coif-
fure ridicule, leur toison épaisse fait d'excellentes couvertures
dans les pays froids. Sa chair est très-bonne et sa graisse est
très-abondante.

Le *blaireau* est assez voisin des ours, quoi qu'il soit de beaucoup plus petite taille. Il vit chez nous et on le chasse, tant pour
avoir sa fourrure que parce qu'il détruit le gibier. Le blaireau,
quand il est attaqué par les chiens, se défend énergiquement; il
se met sur le dos et, avec ses griffes et ses dents, repousse l'attaque de ses adversaires, qui finissent toujours par l'emporter,
grâce au nombre.

Les martes. — Nous avons affaire ici à une véritable famille
d'animaux carnassiers qui se ressemblent beaucoup : elle comprend le *putois*, le *furet*, la *belette*, l'*hermine*, la *marte*, la
fouine, la *loutre*, tous animaux dont il faut parler.

Le *putois* doit son nom à l'odeur infecte qu'il répand; il se
réfugie en hiver dans les greniers et les granges, tandis que l'été
on le trouve dans les creux d'arbres et les terriers à lapin. C'est
un animal tout-à-fait nuisible; il tue les lapins et parfois les
oiseaux de basse-cour. Il s'élance comme un trait sur les lièvres
en s'attachant à leur cou et ne les lâche plus, malgré leur fuite.

Le *furet* s'élève depuis très-longtemps en Afrique, d'où on en fait venir beaucoup. C'est un animal domestique comme le chien, mais qui appartient à la famille des martes. Il dort presque continuellement et ne s'éveille que pour manger. C'est le plus terrible ennemi des lapins; on le lance dans leurs terriers et il les force à sortir; mais pour s'en servir il faut le museler, car sans cela il les égorgerait, sucerait leur sang et après, s'endormirait au fond du trou.

. La *belette* est le plus petit membre de cette famille, mais non le moins vorace. La belette est à peine grosse comme un rat; son pelage est brun noisette, le ventre blanc. Elle se réfugie aussi l'hiver dans les habitations, tandis que l'été elle vit dans les bois et y chasse les oiseaux sur les buissons. Elle attaque les poussins, mais les poules sont de trop gros morceaux. On voit quelquefois les moineaux se réunir en bandes et chasser une belette en voltigeant et en piaillant autour d'elle. Par contre, la belette détruit les rats et les souris, de sorte que si elle est assez mal vue dans les basses-cours, on aime à en avoir dans les granges; sa petitesse lui permet d'aller chasser les rats jusque dans leurs trous.

Hermine.

L'*hermine* est un peu plus grosse que la belette et lui ressemble beaucoup; elle vit dans les pays du Nord. L'hermine est fauve en été, mais en hiver elle devient toute blanche. C'est alors qu'on la chasse pour en avoir la fourrure d'hermine. Comme l'animal est très-petit, il faut un grand nombre de peaux pour fabriquer un seul manteau. On y applique ordinairement les bouts de queue de l'animal, qui restent noirs en tout temps.

La *marte* et la *fouine* sont de grands destructeurs d'œufs et d'oiseaux de basse-cour. On les chasse en conséquence. La marte se reconnaît à sa gorge jaune, la fouine à sa gorge blanche. Sur le dos leur pelage est fauve et donne une fourrure recherchée.

Les *loutres* se nourrissent de poisson et sont aussi à cet égard des animaux nuisibles; mais elles fournissent, d'un autre côté, une fourrure très-estimée, la *peau de loutre*. La loutre n'est pas très-agile sur terre, mais quand on l'a vue nager, on comprend que le poisson ne puisse lui échapper, tant elle déploie alors de souplesse et d'agilité. Toutefois, comme c'est un mammifère qui a besoin de respirer l'air, elle doit fréquemment revenir à la surface et ne peut rester longtemps sous l'eau. On trouve souvent des loutres qui se sont noyées en voulant entrer dans des nasses à prendre le poisson, d'où elles n'ont pu ensuite ressortir.

La civette est un animal des pays chauds, plus gros que la loutre, et qui se rapproche un peu des chats par son aspect. On chasse la civette pour se procurer une matière odorante qu'on trouve sur elle dans une espèce de poche située près de la queue. La civette vit en Afrique.

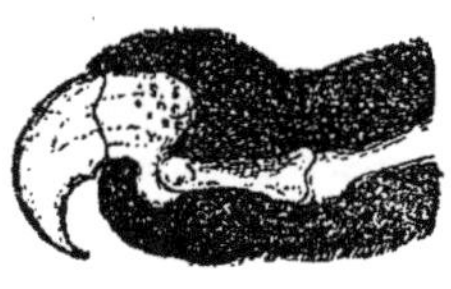
Griffe de chat.

Les chats. — La famille des chats comprend le *lion*, le *tigre*, la *panthère*, le *lynx*, qui ressemblent tout-à-fait, sauf la taille, à notre chat domestique. Ils sont comme lui armés des meilleures dents pour déchirer la chair, de griffes qui rentrent entre les doigts de manière à ne point s'user, et de pelottes sous les pattes qui leur permettent de marcher sans bruit comme des voleurs pour approcher de leur proie.

Le chat domestique vient du chat sauvage qu'on trouve dans les bois. La position qu'il occupe dans la maison n'est pas du tout la même que celle du chien. Le chien ne l'abandonne en aucun cas, même quand il n'est pas très-bien traité. Le chat est plus difficile et plus indépendant. Il semble qu'il ait fait avec le maître de la maison un traité où chacun s'est engagé à quelque chose. Le chat prétend être nourri, il faut qu'on lui laisse une place près du feu et toute liberté d'aller et de venir, moyennant quoi il promet de détruire les rats et les souris de la maison. Si on le maltraite, il s'en va. Le chat ne s'attache à la maison qu'autant qu'il y est bien. Il aime ceux qui le caressent et qui lui donnent de bons morceaux ; mais son amitié ne résiste pas à un mauvais traitement, et le coup de griffe est bien vite arrivé si on le taquine.

Dans la nuit, les yeux des chats brillent parfois et peuvent même effrayer les enfants, parce qu'ils ne voient que ces deux yeux sans apercevoir la bête. Cependant les yeux du chat ne sont pas brillants par eux-mêmes, ils ne font que renvoyer la lumière comme un miroir. Si on les voit briller la nuit, c'est qu'on a derrière soi une porte ou une fenêtre par laquelle vient un peu de clarté : c'est elle qui est renvoyée par les yeux de l'animal. — Quand le temps est sec en hiver et que le chat s'est bien chauffé auprès du feu, on entend, quand on le flatte, de légers craquements qu'on sent dans la main. Ce sont de petites décharges électriques, et en se mettant dans un endroit complétement obscur, on voit une foule d'étincelles jaillir du poil de l'animal quand on passe la main dessus.

Les *lions* et les *tigres* chassent les bœufs, comme le chat sauvage chasse les lapins. On parle de la générosité du lion et de la férocité du tigre. La vérité est que ces animaux sont plus ou moins méchants, selon leur caractère personnel. On voit dans les ménageries des tigres très-doux et des lions très-féroces. Le lion n'est pas davantage le roi des animaux ; aucun animal ne mérite ce titre. Le lion n'est ni le plus intelligent, ni le plus fort ; en cela l'éléphant tiendrait certainement la première place. Le

Tête de tigre.

lion a une crinière et la lionne n'en a pas. Le tigre se reconnaît à des barres noires sur le fond de sa fourrure qui est fauve. La *panthère* est plus petite et mouchetée. Il n'y a ni lions, ni tigres en Amérique, mais on y trouve des *jaguars* mouchetés comme la panthère.

Le *lynx* est un peu plus gros que le chat sauvage et se reconnaît à des touffes de poil qu'il porte au bout des oreilles.

Les fourreurs l'appellent *loup-cervier,* quoiqu'il n'ait rien du loup. Le *lynx* est très-rare en France. On croyait autrefois qu'il y voyait mieux que tous les autres animaux, et on dit de quelqu'un qui y voit bien qu'il a des *yeux de lynx.* Mais sa vue paraît être exactement comme celle des autres chats.

Les chiens. — Les chiens forment avec le loup et le renard une vraie famille. Le loup est redoutable en hiver, quand il a faim. Il s'approche alors des fermes et tombe sur les troupeaux qui sont mal gardés. En été, le loup trouve sa nourriture dans les bois : c'est ordinairement de petits mammifères et même des charognes. Le renard est célèbre par l'habileté qu'il

Renard.

déploie, soit pour entrer dans les endroits bien fermés, soit pour échapper aux chasseurs et aux chiens. C'est aussi un grand destructeur d'oiseaux de basse-cour. Quand il a satisfait sa faim, il sait très-bien emporter quelques poules mortes pour se faire une provision dans son terrier.

Quant au chien, tout le monde le connaît, et nous avons à peine besoin d'en parler. C'est l'animal domestique par excellence et l'ami de la maison; il aime son maître et son amitié résiste aux plus mauvais traitements. Il est intelligent et on le dresse à tout faire : à chasser, à garder les maisons la nuit ou les voitures, à conduire des aveugles, et même à faire les commissions. On cite des chiens qu'on a dressés à aller tous les jours chercher le journal de leur maître. On leur laisse aussi dans certains pays des enfants à garder, et on sait comment le

chien de berger surveille le troupeau. Dans tous les pays **du**
Nord, on emploie les chiens à traîner des voitures. En Belgique,
en Allemagne, on leur fait de petits harnais et on les attèle à
quatre ou cinq sur des voitures assez pesamment chargées; on
en voit d'autres qui traînent gaillardement leur maître. Certains
peuples qui vivent dans les glaces du Nord n'ont pas d'autres bêtes
de trait, et on les voit alors attelés à quinze ou vingt sur un seul
traîneau, courant sur la neige et faisant ainsi de longs voyages.

Les chiens n'ont pas d'aussi bonnes dents que les chats pour
déchirer la chair; leurs canines sont moins longues, moins
pointues; les molaires des chats sont tranchantes comme une
paire de ciseaux; la dernière molaire des chiens, au contraire,
est plate et faite pour broyer plutôt que pour couper.

La hyène, qui vit en Afrique, passe pour un animal terrible,
mais ne mérite point ce reproche; du moins elle n'est pas aussi
redoutable que le loup. On l'apprivoise facilement. Elle se nourrit
surtout de charognes et n'attaque les animaux vivants que quand
elle ne peut pas faire autrement. Comme on enterre peu profondément les morts dans les pays où elle vit, il n'est pas rare
qu'elle fouille la terre pour les manger, mais l'approche de
quelqu'un la fait fuir aussitôt.

Les phoques. — Ils forment une famille à laquelle on a donné

Phoque.

le nom d'*amphibies*. On désigne ainsi les animaux qui peuvent
vivre indifféremment sur la terre ou dans l'eau. Les phoques
sont d'ailleurs très-facilement reconnaissables pour des mammifères. Ils ont du poil et quatre membres armés de griffes, mais
qui, à la vérité, ne leur servent guère qu'à nager. On trouve les
phoques au bord de la mer, où on les chasse pour leur graisse

qui fournit de l'huile et pour leur peau dont on fait des blagues
à tabac, des casquettes et une foule d'objets. Les phoques, quand
ils sont à terre, se traînent péniblement sur le ventre. Ils ont de
grands yeux noirs et un regard très-doux. On les apprivoise facilement et on leur apprend à pousser quelques sons qui ressemblent vaguement à la voix humaine. Ce sont ceux qu'on
montre dans les foires sous le nom de *poissons parlant;* ils ne
sont pas des poissons et ne parlent pas.

ORDRE DES RONGEURS

Les écureuils se nourrissent de noix, de glands et de noisettes. Ils se bâtissent entre les branches des arbres des nids
comme ceux des oiseaux, assez grands pour loger toute leur famille. Ces nids sont faits de mousse et de bûchettes ; ils ont une
ouverture en haut et sont protégés par une espèce de toit qui
empêche la pluie d'y tomber. Les écureuils font aussi des provisions de noix et d'amandes dans les creux d'arbres, pour la
saison d'hiver. On les chasse dans certains pays pour avoir leur
fourrure, et ceux qui font ce métier ont, dit-on, l'adresse de les
tuer avec une balle à la tête, afin de ne pas gâter la peau.

Les *loirs* et les *lerots* sont de petits rongeurs qui habitent
aussi les jardins et les espaliers, dont ils mangent les fruits ; ce
sont par conséquent aussi des animaux extrêmement nuisibles.
Ils se font des nids comme les oiseaux.

La marmotte est beaucoup plus grosse que les écureuils ; elle
ne grimpe pas aux arbres et vit dans les terriers. Elle est célèbre pour dormir tout l'hiver. C'est un animal qui n'a rien de
gracieux, mais qui est très-doux. Il y en a beaucoup dans les
montagnes. Les enfants la prennent et vont la montrer de
village en village, partageant avec elle ce qu'on leur donne.
Quand arrive le froid, la marmotte qui s'est engraissée tout l'été
se blottit dans le fond d'un trou et s'endort jusqu'au printemps.
Quand elle se réveille, elle est toute maigre et se remet à manger
pour engraisser. Les marmottes vivent volontiers en compagnie ;

elles jouent sur les prés, mais avant elles ont soin de placer sur une roche plus élevée une espèce de sentinelle qui pousse un petit cri dès qu'elle aperçoit quelque chose qui peut troubler la fête, et toute la bande décampe.

Les RATS. — La famille des rats est la plus grande ennemie de nos habitations. La *souris*, à cause de sa petite taille, fait moins de mal que les autres, mais elle a une odeur particulièrement désagréable. Les rats sont de deux espèces, le *rat noir* et celui qu'on appelle *surmulot*. Le surmulot a le pelage d'un brun roussâtre. Tous deux n'existaient pas autrefois dans nos pays et sont venus de l'Asie. Leur voracité dépasse tout ce qu'on peut imaginer. Ils mangent souvent leurs petits, et si on en enferme plusieurs dans une boîte, ils se mangent les uns les autres jusqu'à ce qu'il n'en reste qu'un, le plus fort; encore est-il gravement blessé dans toutes les batailles qui ont eu lieu.

Il n'est pas rare de voir des souris et des rats qui sont entièrement blancs, on dit alors qu'ils sont *albinos*. C'est le nom qu'on donne aux hommes qui ont aussi, dès leur jeunesse, les cheveux tout blancs et les yeux roses. Ordinairement ils ne peuvent pas supporter la grande lumière. Les souris, les rats et les lapins blancs ont de même les yeux roses et ne paraissent pas y voir non plus très-bien au grand jour.

Les *campagnols* ou *rats des champs* se reconnaissent à leur queue terminée par une touffe de longs poils, tandis que celle des souris et des rats est écailleuse. Ils sont pour les campagnes le même fléau que les rats

Mulot.

pour les habitations. Leur taille cependant n'est pas beaucoup plus grande que celle d'une souris et leur pelage est d'un jaune brun en dessus et d'un jaune sale sous le ventre. Le campagnol vit de fruits et de racines, mais il préfère à tout le blé. Il mange les semailles ou coupe les tiges des céréales en maturité; il emporte dans son terrier ce qu'il ne peut ronger sur place et se fait ainsi un petit grenier d'abondance. On a vu, parfois, les campagnols se multiplier à tel point dans un canton, qu'ils sont devenus une véritable calamité publique en empêchant toute récolte.

Le *rat d'eau* est moins nuisible, mais cependant il détériore les berges des rivières et des étangs pour y creuser son trou.

LE CASTOR est un des plus gros rongeurs que l'on connaisse; il a bientôt fait avec ses dents de couper un arbre. Le castor est remarquable aussi par sa queue aplatie et couverte d'écailles. Il est célèbre par les cabanes qu'il se construit. On trouve des castors en

Castor.

France sur les bords du Rhône, mais là il ne creuse que de longs terriers; c'est dans les rivières écartées de l'Amérique du Nord qu'il bâtit ses villages. Plusieurs familles se réunissent, et quand l'emplacement est choisi, les castors vont sur la rive couper les branches et même les arbres dont ils ont besoin; ils les mettent à l'eau et les conduisent en nageant à l'endroit favorable. Alors avec ces branches mêlées à de la terre, ils font des cabanes parfois assez grandes, dans lesquelles ils habitent tous ensemble. Malheureusement ils deviennent de plus en plus rares. La fourrure des castors est une des plus recherchées et les chasseurs en font un grand massacre. On s'est servi longtemps de leur poil pour faire les chapeaux de castor, mais on l'a remplacée depuis par le poil moins coûteux du lapin.

LE CABIAI ou cochon d'Inde est un petit rongeur originaire des pays lointains, comme l'indique son nom, et qui s'est acclimaté chez nous. Comme il est à peu près sans défense, il ne saurait vivre à l'état sauvage. Mais on l'élève facilement en domesticité, où il multiplie avec une très-grande rapidité.

LE PORC-ÉPIC est un rongeur presque aussi gros que le castor, mais qui a les lourdes allures de la marmotte. Il doit son nom aux beaux piquants noirs et blancs qui poussent sur son dos, à la place et au milieu des poils. On trouve quelques-uns de ces animaux dans le midi de la France.

LES LIÈVRES forment une seule famille avec le lapin; tout le monde connaît leurs mœurs. Les lièvres et les lapins ont l'air de n'avoir que deux dents incisives à la mâchoire supérieure comme les autres rongeurs, mais en regardant avec soin on en voit deux autres petites cachées derrière les deux grandes. Les lapins pullulent d'une manière extraordinaire quand rien ne s'oppose à leur multiplication et qu'ils peuvent se répandre sur tout un pays. La lapine donnant de quatre à six portées par an, chaque portée produisant cinq ou six petits, et les jeunes pouvant à leur tour avoir des petits au bout de six mois, il est facile de se rendre compte de la rapidité avec laquelle ils se propagent. On a pensé à cause de cela qu'il serait facile de se faire rapidement une fortune en élevant des lapins. Mais c'est une grave erreur, parce qu'aussitôt qu'on en a beaucoup entassés dans un espace de terrain peu étendu, il arrive des maladies qui en tuent un très-grand nombre.

ORDRE DES PACHYDERMES

Éléphant.

L'ÉLÉPHANT habite dans les Indes et en Afrique. C'est le plus gros des pachyder-mes et de tous les mammifè-res terrestres. Il atteint jus-qu'à 2ᵐ50 de hauteur. Sa force est considérable et il est très-intelligent. Aux Indes, on le dresse à combattre, à chasser et à porter des matériaux très-lourds qu'il sait lui-même enlever avec sa trompe et déposer comme il convient. La trompe de l'éléphant est tout simplement son nez très-allongé et qu'il remue comme il veut. Il respire par l'extrémité de sa trompe percée de deux trous qui sont les narines. Il y a aussi, à cette extrémité, un petit appendice gros comme le doigt environ, dont l'éléphant se sert pour prendre les choses délicates. Il peut aussi bien avec sa trompe ramasser une plume ou la plus petite pièce de monnaie que soulever et emporter une pièce de canon. Les éléphants des Indes ne sont pas en général méchants, mais ils entrent quelquefois dans des colères terribles, et alors rien ne leur résiste. Ils ont à la mâchoire supérieure deux grandes dents qui sortent de la bouche et se recourbent en avant. On les appelle *défenses*; ce sont elles qui fournissent l'*ivoire* dont on fait une foule d'objets. Les défenses de l'éléphant des Indes ne sont pas plus grosses que le bras, mais celles de l'éléphant d'Afrique atteignent la dimension de la cuisse. On en fait un grand commerce. Aux Indes, l'homme qui conduit les éléphants s'appelle *kornac*; il se met à cheval sur leur cou. Il les pique ou leur tire les oreilles avec un crochet pour leur indiquer de quel côté ils doivent aller.

LE RHINOCÉROS est un autre gros mammifère qui habite comme l'éléphant les Indes et l'Afrique. Il ne rend pas les mêmes services et vit toujours à l'état sauvage. Ce qu'il offre surtout de particulier, c'est de porter sur le bout du museau une corne parfois très-longue et très-pointue. Certains en ont deux. La substance de cette corne ressemble à celle des vaches, mais elle est pleine au lieu d'être creuse, en sorte qu'on peut en tirer, dans l industrie, un bien meilleur parti; la corne du rhinocéros est parfois assez longue pour qu'on y taille une canne ou un manche de parapluie; mais c'est une matière qui est loin d'être aussi précieuse que l'ivoire.

LES CHEVAUX. — La famille des chevaux comprend le *cheval,*

le *zèbre* et l'*âne*. Le cheval est un des animaux les plus utiles à l'homme, qui l'emploie soit pour trainer des voitures, soit pour le porter. Les chevaux n'ont qu'un seul sabot à chaque pied, et l'usage est d'ajouter un fer sous le sabot pour l'empêcher de s'user trop vite. Les chevaux ont des dents incisives aux deux mâchoires; et quand ils sont méchants et qu'ils mordent, la blessure est terrible. Ils se défendent aussi par des *ruades*, soit d'un seul pied de derrière, soit des deux, et comme leur sabot est toujours ferré, ces ruades font ordinairement de graves blessures, et peuvent même tuer.

Pied de cheval.

Il y a beaucoup de races de chevaux qui ont toutes des qua-

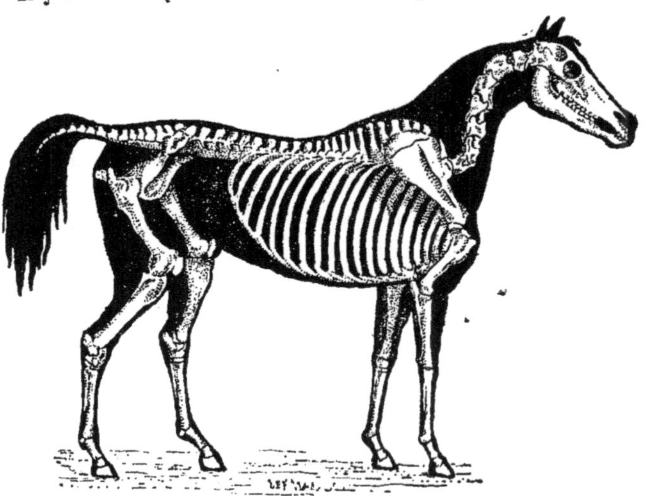

Squelette de cheval.

lités très-différentes. Les uns, comme les percherons et les normands, sont surtout bons pour le trait; les chevaux de race anglaise sont célèbres pour leur rapidité dans les courses; les chevaux arabes sont petits en général, mais extrêmement vigoureux; ils sont presque infatigables et résistent également à la chaleur et au froid; on les tient dehors au piquet et ils n'entrent jamais dans une écurie. Pour conduire le cheval, on lui met dans la bouche un *mors* qui appuie sur un endroit de la gencive appelé *barre*, où il n'y a pas de dents, et qui est très-sensible ; aussi l'animal s'arrête-t-il quand on presse un peu le mors sur les barres. Les chevaux devenus vieux ou qui se sont estropiés en tombant ne peuvent plus servir ; on les tue pour avoir le cuir. La chair n'est pas aussi bonne que celle du bœuf, mais comme elle coûte moitié moins, c'est une ressource dans certains moments où l'on ne peut pas faire de grandes dépenses et où il faut cependant se bien nourrir. C'est un aliment aussi sain que la viande de bœuf ou de mouton.

L'*âne* est bien loin de mériter la mauvaise réputation qu'on lui a faite ; c'est un animal sobre, patient et surtout consciencieux. Quand on ne le maltraite pas et qu'on lui donne assez à manger, il fait sa besogne avec entrain et gaiement. On lui reproche seulement d'être quelquefois très-entêté ; il a cela de commun avec le *mulet,* qui est le produit de l'âne et du cheval.

Le *zèbre* ressemble plus à l'âne qu'au cheval. Il est couvert de raies noires et fauves qui en font une belle bête.

L'*hémione* tient aussi le milieu entre l'âne et le cheval ; plus petit que celui-ci, plus élégant que le premier, c'est peut-être l'animal sauvage dont sont descendus les chevaux domptés par l'homme.

Les cochons. — S'il y a un animal utile au monde, qui coûte peu à nourrir et qui rapporte beaucoup, c'est le cochon. Le *sanglier,* qui habite le fond des grandes forêts, est son proche parent ; il est armé de canines saillantes qui prennent, comme les incisives de l'éléphant, le nom de défenses. Le sanglier en a quatre ; les canines de la mâchoire supérieure se redressent à côté des canines de la mâchoire inférieure. Les sangliers sont d'un naturel sauvage et féroce ; ils passent tout le jour dans leur retraite ou *bauge* et n'en sortent que la nuit pour aller à la recherche des fruits et des racines ; ils déterrent celles-ci avec le boutoir qui termine leur museau. Quand la femelle a mis bas, elle abandonne le mâle, qui mangerait ses petits ; on appelle ceux-ci des *marcassins.*

Le *cochon* vient du sanglier et lui ressemble beaucoup. Mais il n'est pas aussi méchant, quoiqu'on en ait vu parfois dévorer des enfants. Il mange tout et se plaît à se vautrer dans la boue. Il grogne toujours, mais il est cependant assez intelligent, et on peut le dresser à s'en aller chercher sa nourriture et à revenir à certaines heures. On l'engraisse pour le tuer, et on tire partie de son corps presque tout entier, en boudins, andouilles, saucisses, lard, jambon, langue fumée, etc...

L'HIPPOPOTAME est un gros pachyderme qui vit dans les fleuves

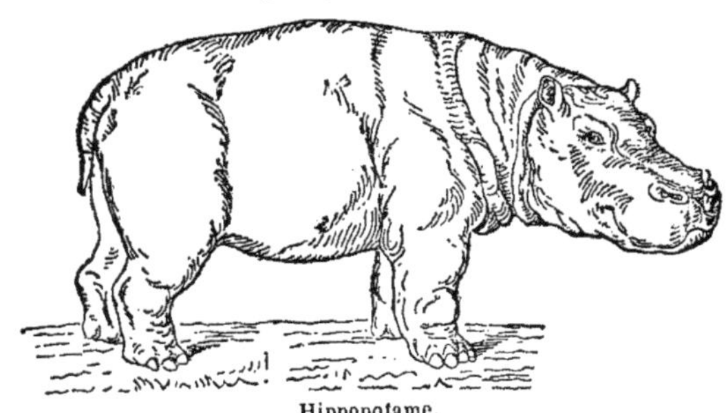

Hippopotame.

de l'Afrique ; à terre il a une démarche lourde et embarrassée. Mais dans l'eau il nage avec une grande aisance ; il plonge, il se roule sur l'eau avec autant d'agilité que le pourrait faire un poisson. Il mange le feuillage et les racines des arbres.

ORDRE DES RUMINANTS

LES CHAMEAUX sont des ruminants qui vivent dans les pays où il y a de grands déserts. Ils portent sur le dos une ou deux bosses de graisses quand ils sont bien nourris, mais qui diminuent quand on les laisse jeuner. Les vrais chameaux en ont deux et habitent l'Asie, du côté de la Perse, dans des contrées assez froides. Les dromadaires, au

Chameau.

contraire, n'ont qu'une seule bosse; ils habitent l'Arabie et l'Afrique. Comme ces animaux peuvent se passer plusieurs jours de prendre de la nourriture quand leur panse est pleine, ils sont devenus pour les pays de désert extrêmement précieux. Mais on a trop vanté leur sobriété. Le chameau sait se priver quand il n'a pas assez; mais il mange gloutonnement quand la nourriture est abondante. Il arrive au reste très-souvent qu'il meurt de besoin pendant le voyage, et les routes suivies par les caravanes sont pleines de ses ossements. Le chameau et le dromadaire fournissent aux peuplades de l'Orient du lait et de la laine qu'on tisse pour en faire des vêtements.

Il y a en Amérique un ruminant beaucoup plus petit que le chameau, mais qui rend les mêmes services. Il habite les montagnes des Andes et des Cordillières, et on l'emploie au transport des marchandises. Il a aussi une abondante toison, dont on commence à faire usage en France, sous le nom *d'alpaga*.

LA GIRAFE. — La girafe est le plus grand de tous les ruminants; son cou, extrêmement long, est surmonté d'une tête relativement petite. Le cou de la girafe, malgré sa longueur, est formé seulement de *sept vertèbres;* c'est le même nombre que chez l'homme et chez tous les mammifères, qu'ils aient comme l'éléphant la tête presque rentrée dans les épaules ou qu'ils aient le cou de la girafe. Celle-ci ne peut brouter que les feuilles des arbres déjà grands : quand elle veut prendre avec les lèvres quelque chose à terre, c'est tout un travail; elle éloigne peu à peu ses jambes de devant l'une après l'autre, comme quelqu'un qui fait le grand écart, pour que l'extrémité de son museau puisse toucher le sol.

Girafe.

LES CERFS se distinguent des autres ruminants par les *bois* que le mâle. seul ordinairement, porté sur là tête. Ces

Tête de cerf.

bois, malgré leur grande taille, tombent tous les ans, et repoussent d'autant plus grands que l'animal est plus âgé. Mais ils ne poussent pas durs comme ils deviennent ensuite. Quand, vers la fin de l'hiver, le cerf vient de perdre ses bois, ceux-ci laissent sur la tête deux plaies qui se ferment bientôt. On voit en même temps la peau se soulever; c'est le nouveau bois qui commence à pousser. Jusqu'à ce qu'il ait atteint sa taille toute entière, il est recouvert par de la peau et de la chair; puis vient un moment où cette peau meurt, se dessèche; elle s'en va par lambeaux, et il reste le bois, qui tombera à son tour avant un an. A sept ans, le bois des cerfs a une dizaine de ramifications; l'animal qui le porte est alors appelé *dix-cors*.

Le *daim* est plus petit que le cerf; le mâle a des bois beaucoup moins grands, et ces animaux ont ordinairement le pelage moucheté de taches blanches qui leur donnent une grande élégance. Ils vivent dans nos forêts.

Les *chevreuils* sont plus petits que les daims et n'ont qu'un bois très-court. Ils vivent par familles dont les membres ne se quittent point.

Le *renne* ressemble aussi un peu au cerf. C'est un des ruminants chez lesquels la femelle porte des bois aussi bien que le mâle; ils sont seulement beaucoup moins grands. Comme chez le cerf, ils tombent tous les ans. Le renne habite les pays froids, où il est, avec le chien, le seul animal domestique. Il broute

Tête de chevreuil.

en hiver les lichens qui poussent sur les troncs d'arbres, et cela suffit à sa nourriture. Les peuples de ces pays emploient sa peau, son lait et lui font tirer leurs traîneaux. Le renne a les fourches du pied très-larges et n'enfonce pas dans la neige.

LES ANTILOPES forment une famille qui comprend des ruminants sauvages, parfois de grande taille : ils ont, comme les
bœufs, des cornes véritables qui ne tombent point. C'est à cette
famille qu'appartient la *gazelle*, un des plus élégants mammifères
qu'il y ait, et le *chamois*, dont la chasse est la passion de tous les
montagnards. Ils risquent parfois les plus grands périls et on en
voit beaucoup perdre la vie en voulant approcher des troupes de
chamois. Celles-ci se tiennent ordinairement sur les pentes les
plus inaccessibles et elles placent de plus des sentinelles qui
avertissent la bande de l'approche du danger. Alors les chamois
se sauvent en faisant à travers les précipices et les rochers des
bonds prodigieux. C'est là qu'on les tire, mais toujours avec des
balles, ce qui fait qu'il faut être très-habile, et que c'est un
honneur de tuer ces jolies bêtes qui ne font aucun mal vivantes
et qui mortes ne rapportent rien. Les chamois s'appellent, dans
les Pyrénées, *isars*.

Les *chèvres* se reconnaissent, parce qu'elles ont le dessus du
museau ou *chanfrein* droit, au lieu que les
moutons l'ont bombé. La chèvre est une bête
douce, qui donne beaucoup de lait et qui
est contente pourvu qu'elle puisse grimper
sur quelque chose, une pierre, une roche
et même une branche d'arbre si elle est assez
près du sol. Le chevreau fournit une peau
qui, quand elle est bien préparée, est plus

Chèvre.

fine et plus souple qu'aucune autre. C'est avec elle qu'on faisait
autrefois les gants ; mais le chevreau est devenu très-cher et on
le remplace aujourd'hui par la peau de chien et la peau de surmulot.

Il y a en Asie certaines chèvres qui donnent une laine plus
fine et plus soyeuse que la plus belle laine des moutons. Ce sont
les chèvres d'Angora. C'est avec leur toison qu'on fabrique des
étoffes de prix connues sous le nom de *cachemires*.

Le mouton. — On élève le mouton pour sa viande et pour sa
laine. La domestication l'a rendu faible, timide ; il ne peut

se garder lui-même du moindre danger, et le berger et le chien ont toujours besoin de veiller sur le troupeau. On tond

Bélier.

ordinairement les moutons vers le mois de juin ou de juillet. Le poids de laine qu'on en retire varie suivant la race et il en est de même de la qualité; ils peuvent donner jusqu'à cinq kilogrammes de laine et plus, mais elle n'est pas pure; elle est pleine de suint dont on la débarrasse par le lavage. La laine la plus fine est la plus estimée; elle est donnée par des moutons appartenant à la race dite des *mérinos*. Elle est un peu frisée, tandis que les laines de qualité inférieure sont plus dures et plus raides. C'est avec la laine du mouton qu'on fait le drap, la flanelle, l'étamine, le tricot et une foule d'étoffes. La laine blanche prend les plus belles et les plus riches couleurs par la teinture. Enfin la graisse du mouton sert à faire le suif et la chandelle.

Le bœuf. — Quoique le bœuf ne donne point de laine, c'est, comme le mouton, un des animaux les plus utiles. On l'élève pour sa viande, son cuir, ses cornes, sa graisse; les vaches donnent leur lait avec lequel on fait le beurre et le fromage; enfin, dans beaucoup de pays les bœufs labourent et tirent les voitures comme ailleurs les chevaux. Les bœufs sont généralement lourds; cependant, quand on les excite, ils peuvent devenir méchants; la vue d'une étoffe rouge les fait souvent entrer en fureur. Ils se défendent avec leurs cornes et présentent la tête à leurs ennemis; quelquefois ils les lancent en l'air avec une grande force. Les bœufs ne craignent point les loups; quand ceux-ci font mine de les attaquer, ils se groupent en masse, mettent au centre les vaches et les veaux, et attendent bravement le loup ou même vont lui donner la chasse.

On a remarqué que les bœufs étaient susceptibles d'attachement, non seulement pour ceux qui les soignent, mais pour les autres animaux de leur espèce. Ceux qui sont habitués à être ensemble à la charrue et se connaissent, ne travaillent pas aussi bien quand on les sépare ou qu'on les met avec de nouveaux venus. Tantôt on fait travailler le bœuf avec le collier, comme les chevaux; d'autres fois on en attache une paire par les cornes au même *joug.*

La préparation qu'on fait subir à la peau du bœuf pour la transformer en cuir est la même qu'on emploie pour toutes les peaux *tannées.* On met les peaux dans des cuves profondes, avec de l'écorce de chêne broyée, et on les laisse ainsi pendant plusieurs mois. Au bout de ce temps, la peau ne pourrit plus, elle est souple et peut servir à tous les usages que l'on connaît.

Le lait de la vache est une ressource non moins précieuse que

Vache.

la viande du bœuf. On en tire deux aliments, le beurre et surtout le fromage, qui peuvent remplacer la viande et forment presque la seule nourriture dans certains pays. Le fromage, en particulier, soutient très-bien et développe même les forces du corps.

La quantité de lait que donnent les vaches varie beaucoup, suivant les races et suivant la nourriture qu'elles mangent. Les races de la Suisse, de la Hollande, de Flandre, de Bretagne et de Normandie sont celles qui en fournissent le plus, jusqu'à 16 et 18 litres par jour. Les pâturages excellents de ces pays donnent aussi un lait exceptionnellement bon. On trait deux fois par jour et on met le lait dans de grandes jattes; la crème, qui est la graisse du lait, vient nager au-dessus; on l'enlève et on la bat dans une baratte pour faire le *beurre.* Le reste du lait caille; on le met alors sur une claie ou dans un tamis pour qu'il égoutte; ce qui tombe est le *petit-lait,* et il reste une masse solide avec laquelle on fait par différents procédés les différents *fromages.*

Le *buffle* est un animal tout voisin de la vache, mais qui n'habite que les pays chauds. On s'en sert comme bête de trait; on l'élève pour sa chair, son cuir et son lait. Les buffles aiment l'eau et s'y mettent volontiers, tandis que les vaches qui sont mêlées à leurs troupeaux restent toujours sur la rive.

Le *yack* est aussi une espèce de bœuf qui vient de Chine et qui se fait remarquer par sa queue semblable à celle d'un cheval.

Le musc. — Nous devons encore signaler parmi les ruminants un petit animal de cet ordre, qui vit en Asie et qui fournit l'odeur bien connue sous le nom de musc. Elle est renfermée dans une poche placée sous la peau du ventre de l'animal. On le tue, on enlève cette poche avec le contenu, et on l'expédie au loin.

ORDRE DES MARSUPIAUX

Les marsupiaux comprennent les sarigues, les kanguroos, qui n'habitent que les contrées tropicales de l'Amérique et de l'Océanie. Ces animaux ont tous cette particularité d'avoir devant les mamelles une poche dans laquelle les petits se cachent lorsqu'un danger force leur mère à fuir, ou lorsqu'ils veulent téter. (Fig. de sarigue, voir p. 29.)

ORDRE DES CÉTACÉS

Baleine. — La baleine est le plus grand et le plus connu des mammifères de l'ordre des cétacés. On la chasse pour son huile et pour ses *fanons*, qui donnent la substance connue dans le commerce sous le nom de *baleine*, et qu'on emploie pour faire les parapluies, les corsets. L'huile à quinquet est en grande partie de l'huile de baleine; quant aux fanons, on les trouve dans la bouche.

Malgré sa taille énorme, qui atteint parfois 20 mètres de longueur, la baleine a le gosier très-étroit et ne peut avaler que de chétifs animaux. On comprend quelle quantité il en faut. Aussi la baleine n'habite que des mers où les eaux sont remplies de bêtes : elle ouvre son immense gueule qui se referme sur des milliers d'êtres gros comme des sardines ou au plus des harengs. Si elle avait, comme la plupart des cétacés, des dents écartées les unes des autres, cette proie s'en irait. Mais au lieu de dents, la mâchoire supérieure de la baleine porte des lames dures, rapprochées les unes des autres, comme les dents d'un peigne, et qui laissent passer l'eau en retenant les petits poissons et les mollusques. Ces lames sont les fanons.

La chasse d'un animal aussi gros est toujours une expédition périlleuse. On frète pour cela des navires appelés *baleiniers*, montés par des hommes hardis. Quand on est arrivé dans les parages où on espère trouver les baleines, on place un marin en vigie sur les mâts; dès qu'il aperçoit le souffle des évents d'une baleine, on navigue vers elle, et on met des barques à la mer. En avant de chaque barque est un pêcheur avec un *harpon;* c'est un dard au bout d'une grosse tige de fer et de bois, retenu par une corde très-forte, mais très-mince, enroulée sur une grande bobine dans la barque. Aussitôt qu'on est assez près, le harpon lancé va plonger dans les chairs de la baleine, qui se sent blessée et se met à fuir; la corde se déroule avec rapidité et les rameurs avancent de toutes leurs forces dans le même sens. Il arrive quelquefois que la baleine, ainsi attachée à la

Pêche à la baleine.

barque, l'entraîne très-loin. Elle revient cependant pour respirer à la surface, et on lui lance un second harpon; ou si on est assez heureux, on lui coupe les tendons de la queue, ce qui l'empêche de nager. L'énorme animal s'épuise vite, et quand il est mort, on le remorque vers le navire. Sa graisse le fait flotter. On découpe alors, sur tout son dos, de grosses tranches de lard, qu'on fait fondre et d'où on extrait l'huile.

CLASSE DES OISEAUX

TABLEAU N° 4.

Les oiseaux sont des animaux vertébrés qu'on peut toujours reconnaître à ce qu'ils ont le corps couvert de plumes et seulement deux pattes. Ils ont aussi le sang très-chaud; c'est pour cela qu'on dit d'un enfant par exemple qu'il a chaud comme une caille. Presque tous les oiseaux volent et leur corps semble fait pour fendre l'air. Il est pointu en avant par le bec, comme la proue d'un navire, et se termine en arrière par la queue avec laquelle l'oiseau dirige son vol, comme une barque se conduit avec le gouvernail. Tout dans l'oiseau favorise le vol : les plumes appliquées les unes sur les autres, comme les tuiles d'un toit, glissent dans l'air; les ailes, qui sont ses bras, s'étendent et se reploient contre le corps; elles sont mises en mouvement par des muscles très-gros, qui sont la plus grande partie de la chair de l'oiseau. Ce sont eux qu'on trouve de chaque côté de la poitrine attachés à un os muni d'une sorte de carène sur le milieu, qu'on appelle *sternum*. Aussi, plus la carène du sternum d'un oiseau est développée, plus il vole facilement. Il est aisé de voir la différence qu'il y a sous ce rapport entre le sternum d'un poulet, qui ne s'élève jamais de terre, et celui d'un canard, qui fait parfois de grands voyages. Les ailes sont munies de longues plumes qui s'étalent à la manière d'un éventail quand l'oiseau étend son aile et qui se reploient les unes sur les autres quand il la referme. La longueur de ces plumes est parfois considérable et dépasse l'extrémité de la queue de l'oiseau. Plus les ailes sont longues et pointues, mieux il vole.

Le croupion supporte les plumes de la queue que l'oiseau incline à droite ou à gauche pour diriger sa course. Il est très-facile en regardant voler les pigeons de voir comment ils s'en servent pour se conduire.

Squelette de coq.

Tous les oiseaux cependant ne volent pas également bien. Il y
en a, comme les poules, qui ont beaucoup de peine à quitter la
terre, et d'autres, comme l'autruche, qui ne peuvent pas voler.
D'autres, au lieu d'ailes, ont des espèces de rames plates
avec lesquelles il leur serait impossible de voler, mais dont ils se

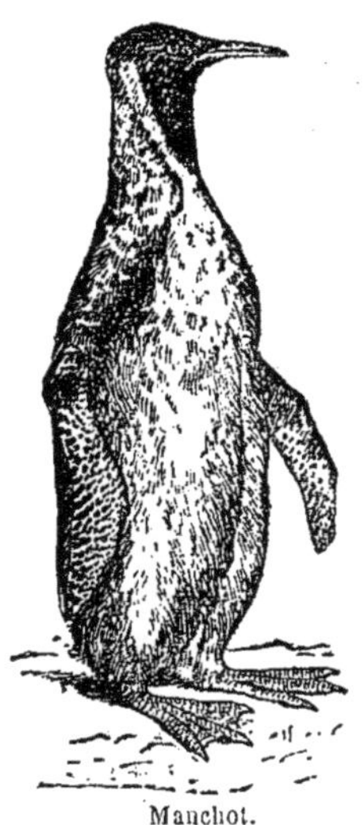

Manchot.

servent pour nager : ce sont les pingouins et les manchots.

Les os des oiseaux ne sont pas remplis, comme ceux du bœuf ou des autres mammifères, par de la moelle ; ils sont creux et pleins d'air, ce qui les rend moins lourds et facilite encore le vol.

Les oiseaux avalent ordinairement leur proie d'un seul trait. L'œsophage présente souvent le long du cou un renflement, bien connu des ménagères sous le nom de *phalle* ou *jabot*. Quand on tue un pigeon qui vient de manger, on trouve le jabot rempli de grain. Quand les pigeons roucoulent et gonflent leur cou, c'est qu'ils ont le jabot plein d'air. Les aliments passent ensuite dans le *gésier* : c'est un estomac dont les parois sont extrêmement épaisses et dont la surface est brillante et comme nacrée. L'entrée et la sortie de cet estomac sont très-voisines l'une de l'autre ; en sorte qu'il faut un peu d'attention pour distinguer l'œsophage par lequel les aliments arrivent dans le gésier, de l'orifice par lequel ils en sortent.

On trouve presque toujours le gésier rempli à la fois de grain et de petites pierres, que l'oiseau avale en même temps. Les parois du gésier sont formées d'un muscle extrêmement fort ; elles se contractent et se rapprochent pour broyer le grain entre toutes ces pierres. Le résultat de cette espèce de mastication passe ensuite dans un troisième estomac et dans l'intestin.

Les oiseaux qui se nourrissent de chair au lieu de grain n'ont pas de gésier, ou du moins celui-ci n'a pas des parois aussi épaisses et on n'y trouve point de pierres.

Les oiseaux respirent comme les mammifères, par une trachée-artère et des poumons. Ils ont aussi un larynx dans le gosier au haut de la trachée-artère, mais ils en ont encore un autre dans la poitrine, à l'endroit où la trachée-artère sé divise en deux bronches pour conduire l'air à chacun des poumons. C'est par ce second larynx qu'un canard peut encore faire entendre un cri alors qu'on lui a coupé le cou. Tandis que certains oiseaux ont une voix très-désagréable, d'autres chantent ou savent imiter les paroles de l'homme, comme les perroquets, le sansonnet, le geai.

Les oiseaux sont de tous les animaux ceux qui ont la meilleure vue : un épervier qui vole à une grande hauteur dans l'air aperçoit très-bien une musaraigne ou un mulot courant dans l'herbe et se laisse tomber sur lui ; on dit alors qu'il *fond* sur sa proie. Les oiseaux n'ont ordinairement pour oreille qu'un trou ; il en est cependant, comme les hiboux, qui ont une très-grande oreille, aussi large que celle d'un petit enfant ; elle est cachée dans les plumes sur le côté de la tête.

Les plumes des oiseaux servent à un grand nombre d'usages : pour écrire, pour la matelasserie et enfin pour le luxe. Ces plumes ont souvent les plus belles couleurs ; chez certains oiseaux, elles changent suivant les saisons. Beaucoup ont au printemps des plumes plus brillantes que pendant le reste de l'année ; on dit alors que l'oiseau a pris sa *robe de noces*.

Tous les oiseaux pondent des œufs. Ils sont blancs chez la poule, mais ils sont colorés ou tachetés chez d'autres oiseaux. On

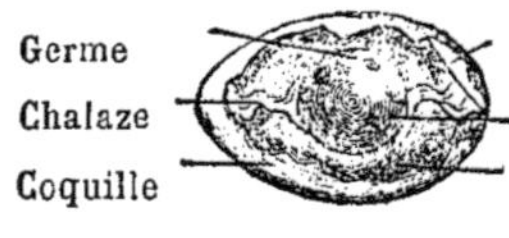

distingue dans l'œuf : 1° la *coque*, qui est dure, résistante ; 2° le *blanc*, formé d'*albumine*, qui a la propriété de durcir quand on la chauffe à peu près à la température de l'eau bouillante ; 3° enfin le *jaune*, sur lequel on remarque une petite tache plus claire, qui est le *germe*. Le jaune durcit également au feu. Sur un œuf frais auquel on fait, avec précaution, un trou en dessus, afin de voir le jaune en place, on découvre qu'il est enveloppé dans une espèce de peau très-mince, qui forme de chaque côté deux torsades flottant dans l'albumine vers les deux extrémités de l'œuf, et qu'on appelle les *chalazes*. On peut aussi voir, vers un des bouts de l'œuf, une place où l'albumine ne touche pas à la coque et qui est pleine d'air ; on l'appelle *la chambre à air*.

Pour que les œufs donnent des poussins, il faut qu'ils soient maintenus pendant un certain temps à une chaleur élevée. Dans nos pays, la mère couve les œufs en se tenant dessus et en n'en bougeant presque pas jusqu'à ce que les petits soient sortis. Ce sont eux qui cassent la coque à coups de bec pour se délivrer, et ils ont encore besoin pendant quelque temps d'être réchauffés par la mère ; ils vivent sous elle jusqu'à ce qu'ils soient devenus un peu grands. La chaleur et les soins de la mère ne sont pas cependant indispensables pour faire venir à bien des poulets, et on peut les couver artificiellement dans des appareils appelés *couveuses*, où la chaleur reste bien égale et suffisamment élevée pour que le poussin se développe. Avec quelques précautions, on arrive ainsi à avoir des petits poulets très-bien venus.

Les oiseaux, pour couver, se bâtissent ordinairement des nids, qui sont quelquefois de véritables chefs-d'œuvre de construction. Les uns sont solidement maçonnés avec de la terre, d'autres construits avec des branchettes ; il y en a qui sont flottants sur l'eau, et nous dirons pour chaque espèce ce que le nid peut avoir d'intéressant. Mais il faut avant tout être bien persuadé qu'on ne doit jamais détruire les nids, excepté ceux des oiseaux de proie, comme les faucons, les éperviers. Tous les autres nids doivent être respectés. Tous les petits oiseaux au sortir de l'œuf, sans exception,

Fauvette des roseaux.

mangent des insectes et ne mangent que des insectes. Même les espèces qui détruisent le grain, nourrissent toujours leurs petits avec des chenilles, des larves et toutes les bêtes les plus nuisibles à l'agriculture. Ceux qui ont vu les petits oiseaux dans le nid savent quel appétit ils ont. Ils sont toujours le cou tendu et le bec ouvert; c'est tout ce que peuvent faire les parents que d'aller chercher à manger pour cette famille d'affamés, et la destruction d'insectes à laquelle ils se livrent alors, a fait dire depuis longtemps *qu'au printemps il n'y avait pas une seule espèce d'oiseaux nuisibles.*

Au reste, il y a toujours un très-bon moyen de savoir si certains oiseaux sont utiles ou nuisibles aux agriculteurs, c'est d'en tuer de temps en temps un ou deux aux différentes époques de l'année et de voir la nourriture qu'ils ont dans l'estomac; si c'est du grain, l'oiseau est nuisible; mais si ce sont des débris d'insectes ou de vers blancs, l'oiseau est utile. C'est le meilleur moyen de juger du mérite de certains oiseaux, tels que les corneilles, qui sont tour-à-tour considérés comme utiles ou nuisibles. Seulement il ne faudra pas se borner à regarder une seule fois dans le courant de l'année ce qu'a mangé l'oiseau; il faudra recommencer aux différentes saisons, parce que tel oiseau qui mange du grain au moment de la moisson ou des semailles, par exemple, détruit les insectes pendant tout le reste de l'année, et c'est au cultivateur à calculer alors si le mal que lui fait l'oiseau en mangeant son grain est compensé ou non par l'avantage de voir détruire ses véritables ennemis, c'est-à-dire les insectes. D'une manière générale, on peut dire que tous les oiseaux se nourrissent d'insectes au printemps, de grains en été et d'herbe en hiver. Mais il ne faut pas oublier que pendant cette dernière saison beaucoup sont partis.

Il y a, en effet, un grand nombre d'oiseaux qui ont l'habitude de changer de pays, suivant les saisons, et de faire tous les ans ce qu'on appelle une *migration.* Ainsi, quand les insectes commencent à disparaître avec les premiers froids, toutes les hirondelles partent et vont vivre en Afrique, d'où elles reviennent au printemps de l'année suivante. Ces longs voyages sont très-fréquents parmi les oiseaux. Le froid les chasse tous vers le Sud. Ceux du Nord viennent chez nous pendant l'hiver pour trouver encore des eaux qui ne soient pas gelées; ceux de chez nous vont au Midi pour retrouver la chaleur et les insectes. Quand on traverse la mer Méditerranée, pour aller de France en Algérie, il n'est pas rare de voir des bandes de petits oiseaux venir s'abattre sur les vergues des navires et se reposer là quelque temps avant de reprendre leur grand voyage, dans lequel beaucoup périssent probablement.

ORDRES DES OISEAUX

Les oiseaux, comme les mammifères, ont été partagés en un certain nombre de familles dans lesquelles on a réuni ceux qui se ressemblent le plus. Les principaux ordres sont les suivants :

1º *L'ordre des oiseaux de proie ou rapaces*. — Il comprend des oiseaux qui sont tous carnassiers. Ils se reconnaissent à leur bec toujours très-fort, court et crochu, pour déchirer la chair. Ils volent ordinairement très-bien. Enfin ils ont les doigts libres de leurs mouvements et armés de griffes puissantes qu'on appelle des *serres*.

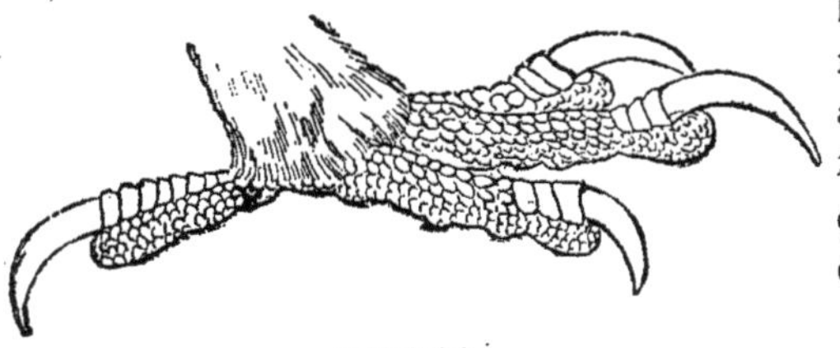

Patte d'aigle.

L'ordre des oiseaux de proie comprend la famille des faucons, celle des vautours et celle des chouettes.

2º *L'ordre des grimpeurs* est formé d'oiseaux qui ont généralement une petite taille. Mais on les reconnaît surtout à ce qu'ils ont toujours les pattes très-fortes pour saisir les branches avec deux ou trois doigts dirigés en avant, rapprochés et comme soudés, tandis que l'autre doigt ou les deux autres doigts sont dirigés en arrière, à l'opposé. Nous citerons parmi les grimpeurs la famille des perroquets, le coucou et les pics.

Patte de perroquet.

3º *L'ordre des passereaux*. — On appelle du nom de passereaux la plupart des petits oiseaux qui se nourrissent soit de graines, soit d'insectes, et qui tous volent avec facilité. Ils perchent plus volontiers qu'ils ne marchent; il en est toutefois, tels que l'alouette, qui courent très-bien. Le hochequeue marche aussi avec une certaine grâce; mais la plupart ne savent avancer sur le sol, comme le moineau, que par une suite de petits sauts. On a cependant rangé dans l'ordre des passereaux certains oiseaux très-différents de ceux-là, tels que le corbeau et le paradis. On pourrait presque dire qu'on appelle passereaux tous les oiseaux qui n'appartiennent pas aux autres ordres. On compte parmi eux les corbeaux, les paradis, la famille des becs-fins, celle des moineaux, les engoulevents, les martinets, les hirondelles, les martins-pêcheurs.

4° *L'ordre des gallinacées* comprend un grand nombre d'oiseaux qui volent assez difficilement, à l'exception toutefois des pigeons. Les uns sont élevés comme animaux domestiques, les autres sont un gibier recherché. Nous citerons : le dindon, le paon, la poule et le coq, le coq de bruyère, la perdrix, la caille, la pintade, le faisan, et enfin le pigeon.

5° *L'ordre des échassiers.* — On a rangé dans l'ordre des échassiers des oiseaux qui ont habituellement de grandes jambes, en sorte qu'ils semblent marcher sur des échasses, tels que l'autruche, les grues, le héron, la cigogne. On y joint aussi d'autres oiseaux plus petits : tels que les bécasses, les bécasseaux, les poules d'eau, les combattants, les vanneaux, qui ont aussi des jambes assez longues pour leur taille. Tous les animaux de cet ordre sont des coureurs agiles.

6° *L'ordre des nageurs ou palmipèdes.* — Cet ordre renferme tous les oiseaux qui nagent et qui ont pour cela les pieds *palmés*, c'est-à-dire avec les doigts réunis par une membrane qui en fait des sortes de rames au moyen

Patte de canard.

desquelles ces oiseaux avancent sur l'eau ou même dans l'eau; car il en est beaucoup parmi eux qui plongent et vont poursuivre au-dessous de la surface le poisson dont ils font leur nourriture. On peut citer parmi les oiseaux nageurs : les mouettes, les cormorans, les pélicans, les canards, les cygnes, les oies, les manchots et les pingouins.

ORDRE DES OISEAUX DE PROIE OU RAPACES

FAUCONS. — La famille des faucons comprend, avec ceux-ci, les aigles, les éperviers, les émouchets, les milans, les buses. Tous sont des animaux redoutables aux lapins, aux perdrix, aux alouettes et à la masse des petits oiseaux qui mangent les insectes; ce sont donc des ennemis qu'on doit poursuivre partout. On les appelle les *oiseaux de proie* proprement dits : ils ont un bec crochu et des ongles très-forts et très-pointus qu'on nomme des *serres* et avec lesquels ils saisissent leur victime; ils la tuent et ils la déchirent à coups de bec. On emploie dans certains pays les faucons pour chasser; on les dresse sans trop de difficulté, et alors on les emporte en chasse sur le poing. On leur couvre la tête d'un capuchon qui les empêche de voir; quand on aperçoit le gibier, le chasseur enlève le ca-

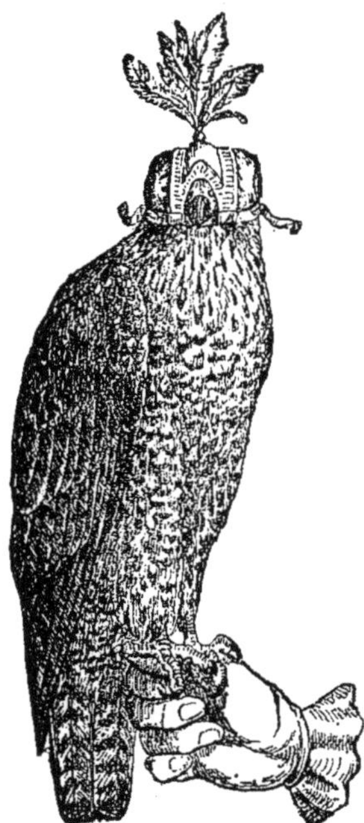

Faucon de chasse.

puchon du faucon et il lui montre la proie. On peut chasser avec le faucon soit d'autres oiseaux, tel que le héron, soit des lièvres ou même des animaux plus gros; l'oiseau chasseur fond sur eux et leur ouvre la tête d'un coup de bec. Les faucons employés pour la chasse sont surtout le *faucon sacré* et le *pèlerin*. Ce dernier, qui est plus commun, est presque gros comme une buse.

Les *aigles* n'habitent que les pays de montagne; ils font ordi-

Tête d'aigle.

nairement leurs nids dans les rochers; ils les composent de branchages mal assemblés sur le sol : c'est ce qu'on appelle l'*aire* de l'aigle. Il y a des aigles qui sont assez forts pour enlever des agneaux et qui pourraient même enlever de petits enfants. Cela, bien qu'étant quelquefois arrivé, est heureusement très-rare.

Vautours. — Les vautours habitent les pays chauds; on

Tête de vautour.

n'en voit que très-rarement en France; ils peuvent être attirés de fort loin par l'odeur des charognes. Ils ne se nourrissent pas en général de proie vivante et ne mangent que les animaux morts. Quelques-uns sont très-gros. Ils ont, comme les faucons, un bec crochu, mais moins fort; ils ont aussi les ongles moins recourbés, et se posent plus volontiers à terre. Ils se font surtout remarquer par leur cou qui est dégarni de plumes. C'est à la famille des vautours qu'appartient l'oiseau qui vole le plus haut, le *condor*, qu'on voit planer au-dessus des plus grandes montagnes de l'Amérique.

Chouettes. — La famille des chouettes comprend les hiboux, les ducs, les effrayes, les chats-huants, et enfin les chouettes. Ce sont aussi des oiseaux carnassiers, comme le montre leur bec recourbé et leurs griffes toutes semblables à celles des faucons; mais, cependant, ils sont plutôt amis de l'homme que ses ennemis. Ils se rapprochent des habitations, et font une chasse active aux mulots, aux campagnols, aux souris. Une chouette

Chouette.

peut très-bien, dans une maison, remplacer un chat, et on n'y verra plus de souris. Ils mangent aussi beaucoup d'insectes, qui ne sortent que la nuit. Tous ces oiseaux ont une physionomie qui les fait vite reconnaître : leurs deux grands yeux sont tournés en avant, au lieu d'avoir, comme les autres oiseaux, les yeux regardant de chaque côté de la tête, à droite et à gauche. Ils ont aussi, souvent sur la tête, des aigrettes qui simulent des oreilles. Celles-ci sont très-grandes, comme nous l'avons dit, mais il faut écarter les plumes pour les découvrir. Les hiboux, comme beaucoup d'autres animaux, ont la propriété d'y voir la nuit, et probablement mieux que pendant le jour, dont ils fuient la lumière. Ils se réfugient alors dans leurs trous, et c'est sans doute l'habitude qu'ils ont de vivre dans les endroits déserts, comme les cimetières, qui a fait prendre ces oiseaux pour des animaux de malheur. En réalité, il n'y a aucune bête qui mérite d'être regardée comme telle. Et c'est aussi une grossière erreur que de croire que les hiboux viennent pousser leur cri sur la maison où se trouve une personne mourante. Si on l'entend alors quelquefois, c'est que le malheur qui frappe la maison tient tout le monde éveillé et qu'on écoute l'oiseau crier comme toutes les nuits; seulement, les autres nuits on dort, et personne n'y fait attention. Autrefois, le hibou, loin d'être regardé comme un oiseau de malheur, passait pour être le plus sage des animaux; il ne mérite pas plus une des deux réputations que l'autre.

ORDRE DES GRIMPEURS

Perroquets. — Ces oiseaux viennent tous des pays lointains;

Tête de perroquet.

mais leur belle couleur, leur intelligence et la facilité qu'ils ont à parler, les ont fait rechercher chez nous; ils volent mal, et se nourrissent de grain qu'ils cassent en petits morceaux avec leur bec avant de l'avaler, et de fruits, qu'ils savent prendre avec leur patte. Ils ont aussi une langue charnue, tandis qu'elle est ordinairement dure et cornée chez les autres oiseaux.

Le coucou. — Le coucou émigre en hiver et ne passe que l'été chez nous. On le trouve dans les forêts; il a le dos cendré avec le ventre blanc marqué de fines raies noires et grises ; il ressemble un peu à l'épervier par son plumage, mais il s'en distingue facilement par ses pattes dont les doigts sont rapprochés, deux en avant et deux en arrière. Le coucou mange un nombre considérable de chenilles; il doit surtout sa célébrité à son habitude de faire couver ses œufs et élever ses petits par d'autres oiseaux.

La femelle produit deux œufs dans l'espace de deux ou trois jours. Elle les pond à terre, dans le premier endroit venu. Aussitôt que l'œuf est déposé sur le sol, elle le prend avec son bec et elle va le placer dans le nid d'un autre oiseau ordinairement plus petit qu'elle. Mais cependant elle ne l'abandonne pas pour cela, et si elle s'aperçoit que l'oiseau néglige cet œuf, elle le reprend et va le mettre dans un autre nid. Quand le jeune coucou est éclos au milieu de la famille où il a été ainsi placé, il commence à chercher à se débarrasser des autres petits. En s'aidant de son croupion et de ses ailes, il se glisse sous eux, il les soulève avec son dos jusqu'au bord du nid et les jette dehors, en sorte qu'il reste seul à prendre la nourriture que les propriétaires du nid apportent sans paraître s'apercevoir que leurs petits sont remplacés par cet étranger. C'est tout ceci qui a fait dire le mot *ingrat comme un coucou.*

Les *pics* sont des mangeurs d'insectes et des grimpeurs

par excellence. Ils se reconnaissent à leur bec droit et fort et aux plumes de leur queue, qui sont toujours usées par le bout, parce qu'ils s'appuient sur elles. Leurs ongles crochus s'attachent aux écorces et leur permettent de courir le long des troncs

Pic épeiche.

d'arbres et même sous les grosses branches. Leur plumage a quelquefois de belles couleurs. Ils sont d'un naturel sauvage et leur vie se passe dans une activité continuelle. Leur langue est d'une longueur extraordinaire et peut se projeter hors du bec à une grande distance; ils l'enfoncent sous les écorces et dans les trous du bois pour aller y saisir les insectes qui s'y cachent. Le pic a souvent aussi l'habitude de donner contre les troncs d'arbres de forts coups de bec, afin d'en chasser les insectes. Après chaque coup, il fait le tour du tronc pour voir s'il a réussi à faire sortir quelques chenilles ou quelques larves de dessous l'écorce. On a dit à cause de cela qu'il allait voir après chaque coup de bec s'il avait percé l'arbre de part en part. C'est un conte comme on en a tant inventé, chaque fois qu'on n'a pas bien compris les actions des animaux.

ORDRE DES PASSEREAUX

Les *martins pêcheurs* sont des passereaux; ils ont, comme les

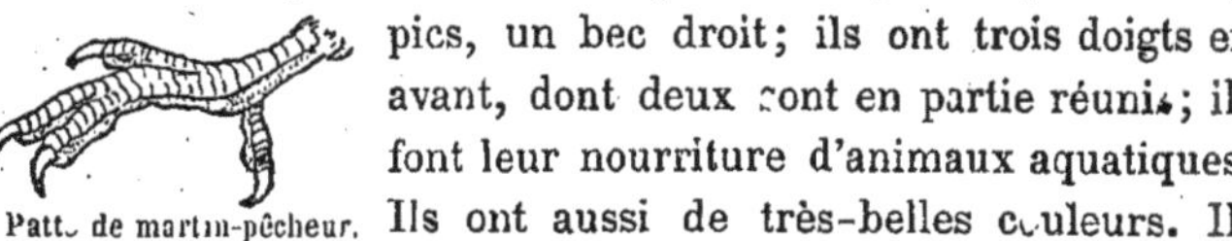

Patte de martin-pêcheur.

pics, un bec droit; ils ont trois doigts en avant, dont deux sont en partie réunis; ils font leur nourriture d'animaux aquatiques. Ils ont aussi de très-belles couleurs. Ils sont doués d'une patience extraordinaire. On les voit souvent immobiles sur les branches ou sur les pierres au bord de l'eau, guettant ce qui peut passer et se précipitant comme un trait sur la proie qu'ils ont vue. Souvent aussi ils pêchent en volant, et alors s'enfoncent d'un coup d'aile dans l'eau d'où ils ressortent aussitôt avec l'animal qu'ils sont allés chercher. Ils font leurs nids dans les trous des berges, dont ils consolident seulement la paroi. Ils y déposent de quatre à huit œufs ordinairement blancs, que le mâle et la femelle couvent alternativement, de même qu'ils s'occupent ensemble de nourrir les petits en leur apportant le produit de leurs pêches.

Les *engoulevents* se font remarquer par un bec énorme quand il est ouvert, quoique la partie cornée du bec soit petite. Leur plumage est sombre. On les appelle parfois *crapauds volants*, et on a raconté sur ces oiseaux une quantité de fables absurdes. On a cru, par exemple, qu'ils viennent traire les chèvres, tandis qu'ils viennent seulement chercher dans le poil des moutons ou des chèvres les insectes qui s'y trouvent et dont ils les débarrassent. Comme ils n'ont point d'autre nourriture que les moustiques, les cousins et tous les insectes du soir, les engoulevents sont en réalité des oiseaux

Tête d'engoulevent.

très-utiles, qu'il faut se bien garder de détruire. Ils ne passent pas l'hiver chez nous ; ils émigrent à l'automne, quand leur nourriture commence à diminuer. Leur nid n'est qu'un simple trou pratiqué au pied d'un arbre ou d'un rocher, ou même dans le milieu des sentiers des bois ; on y trouve deux œufs marbrés de taches bleuâtres sur fond gris.

Les *martinets* semblent ne se plaire qu'à voler ; ils ont des ailes extrêmement longues et des pattes si courtes qu'ils ont la plus grande difficulté à marcher. Au contraire, comme leurs ongles sont très-fins et très-pointus, ils s'accrochent aisément aux murailles.

Le martinet arrive chez nous au printemps, un peu plus tard que les hirondelles et repart un peu plus tôt qu'elles. Il établit son nid sous les corniches des habitations ou sous les avant-toits, ainsi que dans les crevasses des murailles et des rochers, mais lorsqu'il retrouve celui qu'il a construit l'année précédente, il ne se donne pas la peine d'en faire un nouveau ; il le tapisse avec des plumes qu'il a rencontrées voltigeant dans l'air, ou qu'il saisit en rasant le sol et que parfois même il va voler aux nids des autres oiseaux et en particulier des moineaux. Quelquefois aussi le martinet, au lieu de construire un nid, se contente de réparer celui d'un autre oiseau qu'il arrange à son usage, et la femelle y pond 3 ou 4 œufs tout blancs.

Les *hirondelles*. — Les hirondelles ont un bec tout petit en apparence, mais qui est fendu jusqu'aux yeux. Elles se nourrissent d'insectes qu'elles attrapent au vol et vivent par troupes nombreuses.

C'est vers les premiers jours d'avril qu'on voit arriver les hirondelles aux nids qu'elles ont construits les années précédentes. A l'approche de l'hiver, elles se réunissent en multitude sur un toit ou sur un arbre, puis après une grande agitation accompagnée de cris qui ressemblent au tumulte d'une délibération, elles partent pour leur voyage de plusieurs centaines et même plusieurs milliers de kilomètres.

Aucun oiseau, au reste, ne semble voler avec autant de facilité que les hirondelles ; elles mangent, elles boivent et parfois même savent donner la nourriture à leurs petits en volant. Elles sont essentiellement insectivores et rendent par conséquent de très-grands services à l'agriculture. Leurs nids sont ordinairement placés contre les maisons ou les édifices. Ils sont maçonnés en terre dans les angles des murs ou des corniches, avec une petite ouverture par laquelle le ménage entre et sort. Toutes les hirondelles qui vivent dans un même endroit paraissent aimer leur société et savent au besoin se secourir mutuellement, soit pour raccommoder un nid qui a été en partie détruit, soit pour chasser quelque moineau qui, se croyant le plus fort, est venu s'en emparer ; toutes les hirondelles se mettent à le harceler, et le voleur est bientôt obligé de fuir. Les hirondelles s'occupent beaucoup de leurs petits et les nourrissent si bien que ceux-ci pèsent quelquefois autant que les parents ; ensuite elles leur apprennent à voler. Pour exciter les jeunes à voler et à quitter le nid, on voit parfois les parents leur montrer de loin, dans leur bec, quelque insecte dont ils sont friands.

Nous avons dans nos pays deux variétés principales d'hirondelles. L'*hirondelle de fenêtre* est d'un blanc pur sur toute la région inférieure du corps, tandis que le dessus est d'un noir lustré, à reflets bleus ; elle est moins familière que l'*hirondelle de cheminée*, qui n'a pas comme elle le ventre blanc ; elle arrive aussi un peu plus tard. Cette dernière fait son nid jusque dans les écuries, sous les hangars, et on la voit parfois habiter dans les charronneries, au-dessus de l'enclume, sans que le bruit des marteaux et les étincelles du fer rouge semblent l'effrayer.

Hirondelle.

Les *oiseaux mouches* et les *colibris* sont les plus petits des oiseaux, et en même temps ceux dont les plumes ont le plus d'éclat. Elles offrent des reflets métalliques de toutes les couleurs, jaunes,

Oiseau mouche de grandeur naturelle.

bleus, verts, violets, rouges. Mais les oiseaux mouches n'habitent point nos pays, et ne se trouvent que dans les contrées chaudes de l'Amérique. Les plus petites espèces pondent des œufs qui sont à peine plus gros qu'un pois. Les colibris volent sans cesse; ce sont des animaux braves, batailleurs, et qui n'ont pas peur de se défendre contre des ennemis beaucoup plus forts, mais moins agiles.

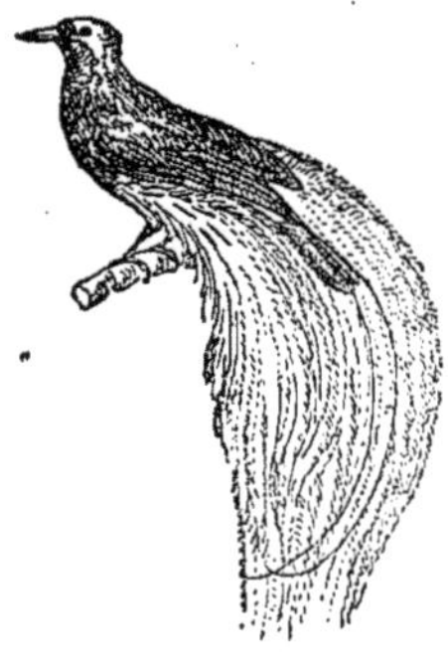

Oiseau de paradis.

Les *oiseaux de paradis* sont aussi de très-beaux oiseaux des pays chauds, gros à peu près comme des pies. On les chasse pour faire avec leurs plumes des ornements de toilette. Les sauvages, qui vendent aux marchands les oiseaux de paradis, avaient l'habitude autrefois d'enlever les pattes, pour laisser croire qu'ils ne se reposaient jamais à terre ou sur les arbres. Mais les oiseaux de paradis ont des pattes comme tous les autres oiseaux et elles sont même assez laides.

La *pie-grièche* est un passereau dont le bec crochu rappelle un peu celui des oiseaux de proie. C'est, du reste, un oiseau carnassier et brave; il chasse les gros insectes, et à défaut de ceux-ci, les roitelets et les tout petits oiseaux. Quelquefois, quand il les a tués, il les accroche aux épines, comme à un garde-manger, et les laisse là quelque temps avant de les dévorer.

Corbeaux. — La famille des corbeaux comprend plusieurs espèces d'oiseaux que nous avons tous en France : le grand corbeau, la corneille mantelet, noire avec le dos et le ventre gris; la corneille freux, noire avec des reflets bleus et la base du bec dénudé; la corneille choucas, plus petite que les autres, avec le dessus de la tête gris cendré, et enfin les geais et les pies. Tous ces oiseaux ont un bec fort, à bord tranchant, et ils sont presque tous habillés de couleur sombre, comme des oiseaux en deuil. C'est probablement pour cette seule raison qu'on les a aussi regardés comme de mauvais présage. Cette croyance n'a pas plus de raison d'être que toutes celles du même genre. Tous ces animaux sont en général intelligents; on les élève facilement; ils aiment la maison et apprennent aussi à répéter quelques paroles.

Le véritable *corbeau* est un gros oiseau entièrement noir, assez rare, et qu'on ne trouve que dans les pays peu habités. Il vit seul avec sa femelle et niche dans les trous de rochers. Le nid est formé à l'extérieur de racines et de branches d'arbre, et en dedans de mousse ou d'herbe. La femelle pond en mars 5 à 6 œufs d'un vert pâle et bleuâtre, avec des taches. Le mâle aide à couver et à élever les petits. Les corbeaux sont courageux et ne craignent ni les chats ni les chiens; ils s'attachent à leur maître; on en a vu, qui avaient abandonné la maison pour reprendre la vie sauvage, revenir d'eux-mêmes là où ils trouvaient tous les jours leur nourriture sans se donner de mal. Enfin, ils vivent très-longtemps et peut-être, ainsi qu'on le dit, un siècle.

Les *corneilles* sont beaucoup plus petites que le corbeau et vivent en troupes, soit dans les futaies, soit dans les clochers des églises. Elles s'en vont au loin, par bandes, chercher leur nourriture, qui diffère selon le pays et selon les saisons. On les regarde dans certains endroits comme nuisibles et dans d'autres comme utiles. Nous avons indiqué les moyens de vérifier, dans chaque contrée, ce qu'il en est. Le soir, toute la troupe regagne la futaie ou le clocher et, après avoir poussé de grands cris, s'endort.

Les *pies*, tout au contraire des corneilles, vivent par couples et recherchent le voisinage des habitations. Elles ont le plumage noir, avec le ventre blanc, ainsi qu'une partie des ailes. La pie est célèbre par son perpétuel babillage et par sa tendance à ramasser et à cacher tout ce qu'elle trouve. Elle fait en automne des provisions de fruits secs pour l'hiver. Les deux sexes travaillent à la construction du nid. Souvent placé à la cime des arbres, il est formé à l'extérieur avec des bûchettes consolidées par un mortier de terre gâchée, et se trouve couronné par une sorte de toit fait de petites branches épineuses solidement entrelacées. Il y a une entrée et une sortie. Le fond du nid est garni de racines fines et flexibles. La femelle pond 7 ou 8 œufs, que le mâle couve avec elle.

Le *geai* a le plumage plus brillant que les autres oiseaux de sa famille ; il est intelligent et on peut lui apprendre à siffler et même à parler comme le perroquet.

Le *merle*, le *loriot* et la *grive* font une petite famille d'oiseaux de nos pays. Le loriot est d'un beau jaune et fabrique un nid toujours suspendu comme un berceau à la fourche d'une branche. Il le coud à cette place avec des herbages et aussi avec des bouts de corde, de ficelle ou de rubans qu'il sait toujours se procurer. — Le merle a la réputation d'être rusé et les oiseleurs ont de la difficulté à le prendre. Le mâle est noir avec un bec jaune ; la femelle est brune en dessus et variée de gris et de brun roussâtre à la gorge. Pendant la belle saison, il n'est pas rare de voir les merles habiter les jardins jusqu'au milieu des villes. Ils mangent à la fois des fruits et des insectes. Le nid est très-rapidement construit, quelquefois en moins de huit jours, dans les buissons ou les arbres peu élevés. Il est fait en dehors avec de la mousse et de la terre détrempée et en dedans d'herbes sèches. La femelle y pond quatre à six œufs. Les petits ne mangent, quand ils sont tout jeunes, que des insectes ; plus tard ils aiment aussi les fruits pulpeux comme les raisins ou les baies de genévrier. — La grive, qui a la poitrine mouchetée de taches noires et le dessous des ailes jaunes, ne vient dans nos pays qu'au printemps, puis ensuite elle revient à l'époque des vendanges. Les grives chantent mieux que les merles et sont plus estimées des chasseurs pour leur goût.

Tête de grive.

Troglodyte.

Becs-fins. — La famille des becs-fins comprend les fauvettes, les rossignols, les alouettes, les grimpereaux, les mésanges, les roitelets, et enfin le troglodyte, le plus petit oiseau de nos pays. La plupart mangent des insectes et beaucoup ne mangent que cela, comme les rossignols, qu'il faut nourrir, même en captivité, avec des vers. — Le rossignol, quand il est en liberté, chante surtout pendant que la femelle couve, comme pour la distraire. — Parmi les fauvettes, celle des roseaux coud habilement son nid à quelques roseaux, un peu au-dessus de l'eau. Les alouettes ont aussi un chant joyeux, qu'elles font surtout entendre quand elles s'envolent droit en haut. L'hiver, beaucoup émigrent, d'autres se rapprochent des habitations, et alors on en prend un grand nombre. — Les mésanges ne sont guère plus grosses que les roitelets. Ce sont de petits oiseaux vifs, alertes, batailleurs et qui font un grand carnage d'insectes.

Mésange.

Ils s'attaquent aux guêpes, aux abeilles, et savent les prendre sans être piqués, ce qui les tuerait certainement. Les mésanges font de jolis nids de mousse à la naissance des grosses branches. Elles savent le recouvrir au dehors de lichen, en sorte qu'on ne le distingue pas du tronc de l'arbre. Ce nid est entièrement fermé et ne présente qu'une ouverture large à passer le doigt; le dedans est tapissé de plumes et de duvet au milieu duquel la femelle dépose ses œufs.

La *bergeronnette* ou *hoche-queue* est un joli petit oiseau qui se plaît au bord des eaux. On le reconnaît à son ventre blanc et à sa marche qui est toujours aisée et élégante. Il fait à chaque pas un mouvement avec sa queue, qui lui a valu le nom qu'il porte.

Moineaux. — La famille des moineaux comprend, avec ceux-ci, les *bruants*, les *ortolans*, les *chardonnerets*, les *serins*, les *pinsons*, les *gros-becs*, les *linottes* et les *bouvreuils*. Tous sont reconnaissables à leur bec qui est droit, court, large à la base et pointu. Ce sont de grands mangeurs de grain, et ils sont pour la plupart redoutables à l'agriculture,

Tête de gros-bec.

excepté pendant tout le temps qu'ils font le nid, couvent et élèvent les petits; à ce moment, ils ne se nourrissent eux-mêmes et ne nourrissent leur progéniture qu'avec des larves et des insectes.

Les *bruants* vivent dans les bois en été; ils viennent en hiver par bandes dans les cours des fermes s'abattre sur le fumier pour y trouver ce qui reste de grain. Les nids sont assez différents, mais il semble y avoir un grand attachement de famille, et souvent, quand les petits sont devenus grands, ils continuent de vivre avec les parents.

Les *ortolans* ne viennent en France que pendant la saison la plus chaude; ils habitent les vignes et les champs de blés; on les prend et on les engraisse pour les manger ensuite, comme un mets très-délicat.

Le *serin* est originaire des îles Canaries; mais il s'est multiplié en domesticité dans nos pays, et on en fait aujourd'hui un certain commerce; on l'élève pour sa belle couleur jaune et aussi parce qu'il apprend facilement à chanter et à siffler.

Quant au *moineau*, il est bien connu de tout le monde comme un oiseau hardi, voleur, audacieux, vivant aussi bien à la ville et aux champs, quêtant aux fenêtres en hiver et dévalisant les granges chaque fois qu'il peut y entrer. Les nids des moineaux sont toujours des constructions assez importantes, mais mal faites. Ils les placent sur les arbres ou dans les trous. C'est à propos des moineaux surtout que s'est posée la question de la destruction des oiseaux, et il est certain qu'au moment des semailles et de la récolte, et même en hiver quand il peut, le moineau mange beaucoup de grain. Mais, d'autre part, il élève dans son nid une nombreuse famille et, pour nourrir celle-ci, le père et la mère, pendant tout le temps, ne font qu'aller chercher des chenilles, des insectes pour les rapporter à leurs voraces petits. Il suffit, pour en avoir la preuve, de regarder le sol au-dessous d'un nid de moineaux; il est souvent couvert de têtes et d'ailes d'insectes qu'ils ont laissées comme étant des parties trop dures. Pour le moineau, plus encore que pour les autres oiseaux, il faut donc se demander si réellement le mal qu'il fait dans certaines saisons n'est pas compensé et au delà par le bien qu'il fait à une époque de l'année, quand il passe toute la journée à détruire des multitudes d'insectes qui mangent les plantes en bourgeons et les fruits en boutons.

ORDRE DES GALLINACÉS

La *perdrix* appartient à l'ordre des gallinacés. Elle se fait dans nos champs un nid grossier d'herbes sèches, réunies dans un trou du sol. Elle y pond quinze à vingt œufs d'un gris blanchâtre, qui éclosent après trois semaines. Les parents montrent ensuite aux perdreaux à gratter la terre pour y chercher des larves de fourmis. Mais comme tant de poussins ne pourraient pas tenir sous l'aile de la perdrix, le

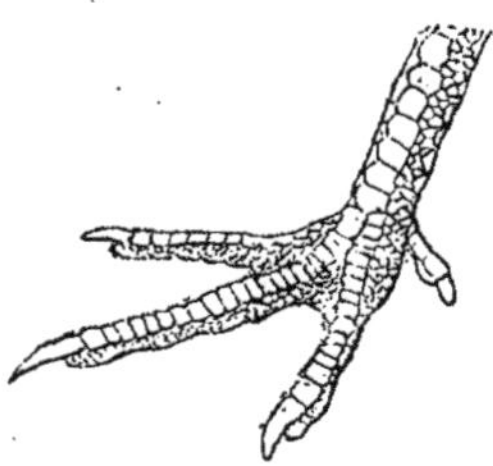

Patte de perdrix.

père et la mère s'accouvent côte à côte pour les abriter tous.

Les *cailles* arrivent chez nous au printemps et repartent vers le mois de septembre. Comme elles volent mal, elles attendent, pour partir, un vent favorable et ne traversent que des mers où elles trouvent de distance en distance des rochers et des îles pour se reposer.

Le *paon*, le *faisan* et la *pintade* sont recherchés surtout

Faisan.

comme oiseaux de luxe. Le paon est peut-être le plus beau de tous les oiseaux ; mais le mâle seul a à la queue de grandes plumes brillantes que l'on connaît, qu'il peut relever et étaler comme un éventail ; on dit alors qu'il *fait la roue*. La femelle du paon est grise et n'a pas cet éclatant plumage. C'est au reste le cas ordinaire chez les oiseaux, que le mâle est plus paré que la femelle : cette différence est bien sensible dans l'ordre des marcheurs; la femelle du paon, celle du faisan et la poule ont de moins belles plumes que les coqs, les paons et les faisans.

Les paons et les faisans sont originaires de l'Asie, d'où ils ont été apportés chez nous. Il en est de même des pintades. Enfin, c'est en Asie seulement et aux Indes qu'on trouve le coq et la poule à l'état sauvage. Le dindon, au contraire, a été trouvé en Amérique et nous est venu après la découverte de ce pays.

Le coq et la poule sont, pour la nourriture de l'homme, une très-grande ressource par leur chair d'abord et ensuite par les œufs dont on fait un commerce étendu. Il y a un grand nombre de races de poules domestiques qui ont des qualités un peu différentes : les unes sont recherchées pour la délicatesse de la chair; d'autres sont surtout bonnes couveuses; il y en a qui pondent plus que les autres. Mais aucune race n'a toutes ces qualités réunies.

Le poussin de la poule sort de l'œuf après vingt-et-un jours de couvée. Chaque poule peut élever vingt-cinq à trente poussins. On peut changer ses œufs, en ajouter et même faire élever à la poule des petits d'une autre espèce, des canards, par exemple; elle s'en acquitte très-bien et n'est inquiète que quand elle les voit aller à l'eau, où elle ne peut pas les suivre. La poule a un courage extraordinaire pour défendre ses poussins, même contre des animaux beaucoup plus forts qu'elle.

Pigeons. — Les pigeons forment, avec les tourterelles et les ramiers, une famille où tous se ressemblent beaucoup. Ils ont un bec assez faible, un vol toujours puissant, et se portent mutuellement beaucoup d'affection. Quand ils sont sauvages, ils placent leur nid indifféremment à terre, ou sur les arbres, ou dans les roches, mais celui-ci est toujours assez mal fait. Il n'y a que deux œufs que le mâle et la femelle couvent tour à

Pigeon.

tour. Les petits naissent presque sans plumes et avec les yeux
encore fermés comme les chats; les parents leur témoignent un
vif attachement; ils les nourrissent en leur dégorgeant une
partie de la nourriture qui est restée dans leur jabot.

On élève les pigeons pour les manger et pour tirer partie de
la fiente qu'on recueille dans les pigeonniers et qui constitue un
excellent engrais, quand on l'a mêlé à d'autres substances, telle
que de la terre.

Les pigeons ont la propriété, quand on les a enlevés du pigeonnier, d'y revenir à travers les airs, d'une très-grande distance. Les races qui savent ainsi retrouver leur route sont
désignées sous le nom de *pigeons voyageurs*. On leur fait faire
quelquefois de très-grands voyages, mais ils réussissent toujours
beaucoup mieux au printemps et en été que pendant l'hiver. On
emporte au loin une cage de pigeons pris dans un colombier,
puis à cent, à cinq cents, quelquefois à mille kilomètres ou
plus, on les lâche. On voit alors les pigeons s'élever à une grande
hauteur, tourner quelque temps dans l'air, puis prendre tout-à-
coup leur vol à tire-d'ailes dans la direction de leur colombier, où
ils arrivent après un, deux ou trois jours, exténués de fatigue.
On a souvent employé les pigeons voyageurs pour porter des
messages, et l'on sait les services qu'ils ont rendus pendant le
siége de Paris, malgré la saison qui était tout-à-fait défavorable.
En hiver, en effet, ils voyagent beaucoup plus difficilement et
retrouvent moins bien leur pigeonnier qu'au printemps ou en
été.

ORDRE DES ÉCHASSIERS

L'autruche est à la fois le plus grand des échassiers et le
plus gros oiseau que l'on connaisse; il a environ deux mètres
de haut et le corps aussi gros que celui d'un cheval. L'autruche
habite les déserts de l'Afrique; elle ne vole pas, mais court avec
une très-grande rapidité. Ses œufs sont plus gros que la tête
d'un enfant et d'un beau jaune; la coque est très-dure. Elle

les dépose dans le sable, et la chaleur du soleil suffit à les faire éclore. On chasse l'autruche pour de belles plumes qu'elle a à

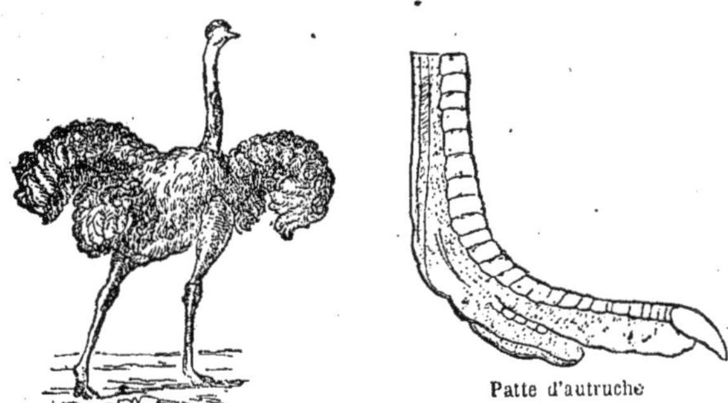

Patte d'autruche

Autruche.

l'aile et sous la queue. Il s'en fait un très-grand commerce.

Les *grues* sont les plus grands oiseaux qui viennent dans nos

Grues.

pays. Elles ont un plumage gris cendré, et font de grands voyages. Notre climat est trop chaud pour elles l'été, et on les voit alors s'envoler vers le Nord; en hiver elles reviennent vers le Sud. Leur vol est puissant; ce sont des animaux voyageurs par excellence. Quand elles doivent partir, elles se rassemblent en bandes et se placent dans les airs sur deux files réunies en avant, écartées en arrière. Elles gardent toujours cet ordre et on les voit passer ainsi à une très-grande hauteur dans le ciel. Celle qui est à la tête du triangle n'y reste qu'un certain temps, puis elle va à l'arrière, où il y a moins d'effort à faire, et une autre prend sa place pour fendre l'air.

Les grues, comme les autres échassiers, dorment en mettant la tête sous leur aile. Souvent aussi elles relèvent une patte et se tiennent ainsi, pendant des heures, immobiles sur une seule jambe.

Les *hérons* ont le plumage cendré, avec une huppe noire

Héron.

derrière la tête et le devant du cou blanc tacheté de plumes noires. Ils se plaisent pendant le jour au bord des lacs et des rivières, et la nuit se retirent dans les bois ou dans des futaies qu'on réserve pour eux, et auxquelles on donne le nom de *héronnières*. Ils font leur nid le plus haut qu'ils peuvent sur les arbres, et volontiers au sommet des peupliers. Les ailes du héron sont grandes, son vol est puissant et il peut s'élever très-haut; quand il est poursuivi par un oiseau de proie, c'est son moyen de salut : il essaye de gagner le dessus. Il est aussi d'une patience extrême quand il guette sa proie au bord de l'eau, et reste là des heures sans bouger.

Les plumes avec lesquelles on fait les aigrettes sont fournies par une espèce de petit héron tout blanc, qui habite les pays chauds et qui aime à se percher sur les cornes et sur le dos des buffles et des bœufs.

Les *cigognes* se nourrissent aussi de mollusques, qu'elles

Cigogne.

pêchent dans les eaux; mais au lieu d'être sauvages, comme les hérons, elles semblent rechercher la société de l'homme; elles font, comme les grues, de longs voyages, pour chercher, pendant l'hiver, un climat plus doux, puis elles reviennent au printemps bâtir leur nid dans les maisons et les cheminées. On en voit beaucoup dans les villes et les villages d'Alsace, où on leur ménage même des places,

quand on construit les toits : chaque maison est heureuse de
posséder un nid de cigognes, et on se garde bien de leur faire le
moindre mal. On ne les chasse et on ne les prend jamais, et l'on
a remarqué que tous les ans c'est le même couple qui revient
prendre possession du même nid.

ORDRE DES PALMIPÈDES

Les *mouettes* ou *goëlands* ont un vol puissant; elles habitent
les bords de la mer et font leurs nids dans des trous, sur les
rochers inaccessibles; malgré leur beau plumage blanc, elles
ne se nourrissent guère que des animaux morts rejetés par le
flot. Dès que l'orage menace, les mouettes inquiètes volent çà
et là et poussent des cris perçants que connaissent bien les
marins. Il n'est pas rare de les voir, entraînées par le vent,
voler dans les campagnes bien loin de la mer; mais elles ne
tardent pas à reprendre leur chemin vers la côte. En mer,
quand elles sont fatiguées, elles se reposent sur les vagues;
elles nagent aussi bien qu'elles marchent et qu'elles volent. (Patte
de palmipède, voir p. 63.)

Les *cormorans* sont des oiseaux au plumage sombre, qui
vivent comme les mouettes, au
bord de la mer; mais ils ne
mangent que du poisson vivant.
Les cormorans se mettent sur
une roche, et restent immobiles
jusqu'à ce qu'ils aperçoivent la
proie qui leur convient; ils se
précipitent dans l'eau et l'attrapent. On peut réduire le cormoran en domesticité et l'employer à la pêche; mais alors il

Cormoran.

faut lui mettre un collier qui lui serre le cou; ne pouvant plus
avaler le poisson, il le rapporte.

Le *pélican* est rare dans nos pays, quoi qu'il y vienne quelquefois. Il vit aussi de poisson, mais qu'il pêche ordinairement

Tête de pélican.

dans les fleuves; il a un bec énorme, et, au-dessous de celui-ci, une grande poche élastique dans laquelle il met sa pêche avant de l'avaler ou quand il veut l'apporter à ses petits. Le pélican a un beau plumage blanc; mais quand il revient à son nid avec le poisson qu'il a tué, il arrive quelquefois que le devant de son cou et de sa poitrine est taché de sang; c'est sans doute ce qui avait fait croire à cette fable qu'il se perçait le flanc pour nourrir ses petits; cette histoire n'est pas plus vraie que mille autres faites sur le compte des oiseaux.

Les cygnes, les oies et les canards forment dans l'ordre des nageurs une famille caractérisée par son bec large et aplati. Ils ont tous aussi des plumes très-moëlleuses, dont on fait un grand commerce pour la matelasserie.

Le *cygne* est élevé en domesticité pour la beauté de son plumage blanc; mais on le trouve aussi à l'état sauvage dans les grands marais. Il fait son nid parmi les roseaux desséchés, et pond au mois de février sept ou huit œufs d'un gris verdâtre. La couvée dure environ six semaines; la femelle s'en occupe seule; mais le mâle ne la quitte pas et la défend contre les ennemis qui pourraient l'inquiéter.

L'*oie* est un oiseau précieux pour la basse-cour; mais on le trouve aussi chez nous par troupes à l'état sauvage. Il fait de grandes migrations et vole alors comme les grues en formant un triangle, afin de fendre l'air avec plus de facilité. Les oies ne méritent pas, au reste, la réputation qu'on leur a faite; ce sont des animaux intelligents, malgré qu'ils n'en aient pas l'air. En domesticité, les oies fournissent les plumes à écrire et du duvet. Les premières sont les plumes des ailes qu'on arrache deux fois par an. On leur fait ensuite subir une préparation qui les rend cassantes et permet de les tailler avec le canif. Quand on élève les oies pour la table, on ne se contente plus de les envoyer paître dans les champs : on les enferme et on leur donne à manger tant qu'elles peuvent en prendre ; parfois même on les met dans de petites cages où elles ont à peine la place de remuer. L'animal devient alors gras et donne une graisse très-recherchée. En même temps, le foie a doublé ou triplé de volume ; on l'enlève après avoir tué l'oiseau et on le prépare dans des pâtés ou dans des terrines pour en faire ce qu'on appelle des *foies gras*.

Les *canards* sont, comme les oies, une grande ressource pour l'alimentation ; leurs plumes ont aussi du prix. On les engraisse comme les oies, et les *foies gras* de canards sont encore plus estimés que ceux d'oie.

Le canard sauvage passe l'été dans le Nord et revient dans nos pays vers le mois d'octobre. Il arrive par petites bandes qui voyagent le soir ou la nuit, mais qui font en volant un bruit qu'on reconnaît aisément. Ils se dispersent sur les marais et sur le bord des rivières.

Canard eider.

CLASSE DES REPTILES

TABLEAU N° 5.

Les reptiles sont des animaux vertébrés, c'est-à-dire ayant un squelette comme les mammifères, les oiseaux et les poissons; mais leur forme diffère beaucoup, comme on le voit, par les *tortues*, les *lézards*, les *serpents*, les *grenouilles* et les *salamandres*, qui sont des reptiles. Ils se distinguent tout d'abord des oiseaux et des mammifères en ce qu'ils n'ont pas le sang chaud ; ils sont froids. Il n'y a, au reste, parmi tous les animaux que les oiseaux et les mammifères qui aient ainsi le sang à une température élevée.

Beaucoup de reptiles ont le corps couvert d'écailles. Ils pondent presque tous, comme les oiseaux, des œufs d'où sortent les petits ; ils respirent l'air par des poumons comme les mammifères et les oiseaux, mais leur respiration est très-lente; leur cœur bat aussi moins vite. La rapidité des mouvements respiratoires augmente un peu quand ils ont chaud ; alors ils sont parfois très-agiles ; au contraire, le froid les engourdit et ils peuvent à peine remuer. En général, ce sont des animaux silencieux et qui ne font entendre qu'un sifflement assez faible. Il faut excepter les grenouilles, qui ont un coassement bruyant et fort ennuyeux.

Les reptiles ont été divisés en quatre ordres : les *cheloniens*, qui comprend les tortues; les *sauriens*, ce sont les lézards, les crocodiles, les orvets; tous les serpents venimeux ou non sont des *ophidiens ;* enfin, on range dans les *batraciens*, les grenouilles, les salamandres, les tritons; ces quatre mots sont tirés du grec, et désignent exactement dans cette langue les animaux qui représentent chaque ordre.

CHELONIENS, TABL. N° 5.

LES TORTUES. — Les tortues sont des reptiles lourds et qui semblent enfermés dans une cuirasse. Celle-ci est formée par leur peau recouvrant des plaques d'os. Il est donc bien évident que les tortues ne peuvent pas sortir de leur carapace. Quand on déchire un peu les écailles qui sont sur celleci, on voit aussitôt le sang couler. Les tortues sont aussi remarquables par leur bec corné, qui ressemble beaucoup à celui des oiseaux, tandis que tous les autres reptiles

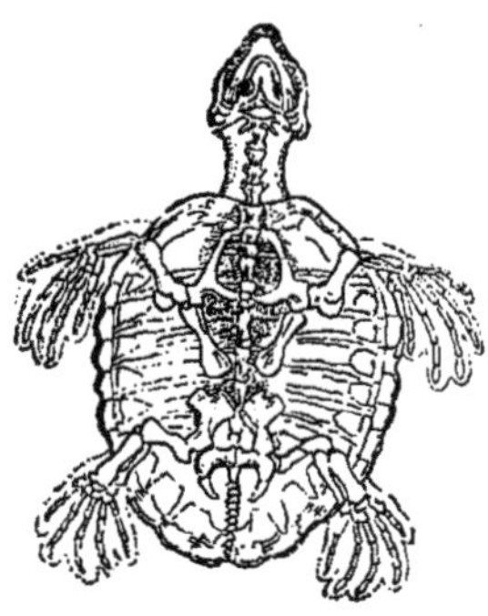

Tortue.

ont des dents comme les mammifères. On distingue les *tortues de mer* et les *tortues de terre*.

Les tortues de mer atteignent quelquefois une très-grande taille, jusqu'à 2 mètres de long; leurs pattes antérieures sont aplaties et disposées comme des rames pour nager; on les rencontre quelquefois à de très-grandes distances en mer, flottant sur l'eau. Elles pondent sur les plages désertes et sablonneuses. On les chasse pour leur chair,

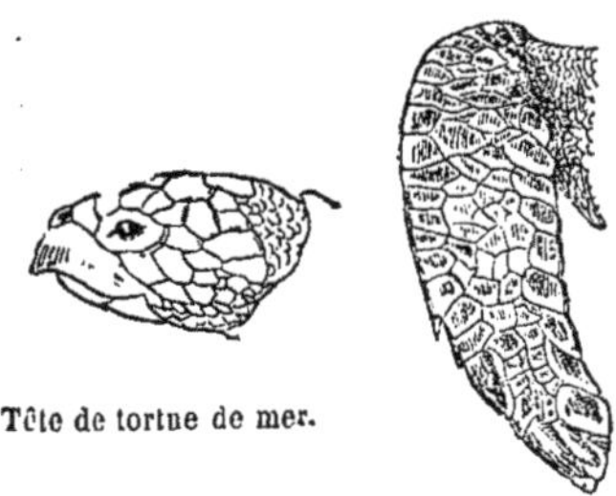

Tête de tortue de mer.

Patte antérieure de
tortue de mer.

qui rappelle, quand elle est cuite, celle de la tête de veau. Pour les prendre, on s'en approche la nuit quand elles sont à terre et on les renverse sur le dos; elles ne peuvent plus se retourner, et on les tue.

Les tortues de terre n'ont pas une taille aussi grande et leurs pattes de devant, au lieu d'être faites en nageoire, sont fortes et armées de griffes avec lesquelles ces animaux creusent des trous où ils s'engourdissent pendant la saison d'hiver. La carapace des tortues de mer est recouverte de larges plaques d'une belle couleur brune. Ce sont ces plaques qui constituent la matière commerciale appelée l'*écaille*, dont on fait des peignes et une foule d'objets. Ces plaques sont minces ; mais on fond l'écaille, à laquelle on peut ensuite donner l'épaisseur que l'on veut.

SAURIENS, TABL. N° 5.

Saurien vient d'un mot grec qui signifie lézard.

LES LÉZARDS. — Nous n'avons chez nous, pour représenter les reptiles de cette famille, que de petits lézards gris et verts, que l'on trouve le long des murailles abandonnées, pendant les jours les plus chauds de l'été. Sur les pierres, sur le sable où frappe le soleil, ils sont d'une agilité prodigieuse ; mais, dès que la nuit vient ou qu'il fait un peu froid, ils s'engourdissent. Ils sont braves malgré leur petite taille, et si on présente le doigt à un lézard qui montre la tête hors de son trou, il se jette dessus et le mord avec ses petites dents aigues. Ils mangent ordinairement les insectes et les limaçons. Mais une particularité curieuse, c'est que si on prend un de ces reptiles par la queue, celle-ci vous reste dans la main et l'animal se sauve sans paraître souffrir de cette mutilation ; au reste, la queue, quand elle a été ainsi cassée, repousse vite.

On observe le même fait sur un autre animal de nos bois qui a la forme d'un serpent et qu'on nomme l'*orvet*. Il est aussi d'une extrême fragilité et casse sa queue dès qu'on le saisit par le bout du corps. L'orvet n'a pas de membres et glisse comme un serpent ; mais, cependant, ses yeux dorés sont abrités par des paupières, tandis que les serpents n'en ont point. C'est un animal extrêmement doux, tout-à-fait inoffensif, qui n'a pas même de dents pour mordre et qui sort de temps à autre de sa bouche sa petite langue noire bifurquée à l'extrémité, comme celle de tous les lézards et des serpents, mais qui ne peut faire aucun mal.

LES CROCODILES. — Les crocodiles sont des espèces de grands

Tête de crocodile.

lézards qui habitent les fleuves des pays chauds. Ils peuvent atteindre une taille considérable et jusqu'à 5 ou 6 mètres de long. Ils ont une gueule armée de dents pointues et sont très-voraces.

Ils vivent surtout de poissons. Ils viennent se chauffer au soleil sur le rivage et ne se remuent alors qu'avec difficulté; mais ils retrouvent toute leur agilité dans l'eau, où ils peuvent plonger pendant un temps assez long.

OPHIDIENS, TABL. Nº 5.

Ophidien, en grec, veut dire serpent.

LES SERPENTS. — Nous n'avons en France que deux races de serpents dont l'un est venimeux, la *vipère*, et dont l'autre ne l'est point, la *couleuvre :* la vipère est plus petite que la couleuvre ; elle se reconnaît tout d'abord à sa couleur jaune, sur laquelle se détache une large ligne noire, qui décrit des ondulations le long du dos. Sur le dessus de la tête, cette ligne noire est double et forme un V.

La vipère seule est venimeuse. Quand on ouvre la bouche d'une vipère morte, ce qu'il faut toujours faire avec de grandes précautions, parce qu'il y a encore du danger, on découvre, outre un grand nombre de dents fines et aigues, deux dents beaucoup plus grandes que les autres. Elles sont, de chaque côté de la mâchoire supérieure, appliquées contre elle et en partie recouvertes par un repli de la peau. Ces dents, qui portent le nom de *crochets*, ne sont pas, en effet, comme les autres, solidement plantées dans la mâchoire : elles se couchent contre la gencive ou se redressent selon la volonté de l'animal, par une articulation qu'elles ont à la base. Quand on examine de près un de ces crochets, on voit en avant, vers la pointe, une petite fente, et si on le casse, on découvre qu'il est creux comme un tube. Ce canal de la dent et cette fente donnent passage au venin. Celui-ci est formé par une glande placée au milieu du muscle qui redresse le crochet quand l'animal veut mordre ; le muscle, en se contractant, comprime la glande à venin et celui-ci coule dans la plaie par le canal de la dent. Les crochets ainsi mobiles à leur base ne sont pas très-solides, et souvent la vipère les laisse dans la chair, mais ils sont bientôt remplacés par d'autres cachés dans la gencive qui viennent prendre la place de ceux arrachés. La présence de ces crochets permet toujours de reconnaître une morsure de vipère d'une morsure de couleuvre, même avant que le venin ait commencé à agir. Dans une morsure de couleuvre, toutes les dents font, comme de grosses aiguilles, des trous égaux ; dans une morsure de vipère, au contraire, on distingue tout d'abord deux trous plus grands que les autres, et qui sont dus aux crochets.

La morsure de la vipère est toujours dangereuse ; elle peut rendre un homme très-malade et peut tuer un enfant. Quand on a été mordu, la première chose à faire est, comme dans tout accident, d'envoyer chercher un médecin. En l'attendant, il sera toujours prudent de faire saigner la blessure le plus possible et de la sucer, pourvu qu'on n'ait aucun mal soit aux lèvres, soit à la bouche, car on pourrait alors prendre par là le venin qu'on retire de la plaie. Il faut aussi laver celle-ci avec de l'alcali ou ammoniaque si on en a sous la main. Enfin, on mettra un lien un peu serré sur le membre mordu ; au-dessus du coude si on a été blessé à la main ; au-dessus du genou si c'est à la jambe. Ce lien ne doit jamais être assez serré pour que le membre devienne froid, immobile ou insensible. C'est le médecin, du reste, qui doit régler cela.

La *couleuvre* n'a pas de crochets et n'est pas par conséquent venimeuse. On l'apprivoise assez facilement. Elle aime beaucoup le lait, mais il lui serait de toute impossibilité de traire les vaches comme on le dit quelquefois. La couleuvre et la vipère changent de peau tous les ans. L'épiderme se détache d'une seule pièce, d'abord autour des lèvres ; puis ensuite l'animal passe et repasse entre les pierres, afin de retourner cet épiderme tout le long de son corps jusqu'à ce qu'il sorte enfin de cette vieille peau, comme d'un gant.

Les serpents ne mangent que des proies vivantes, qu'ils avalent sans les déchirer et sans les broyer. C'est ainsi qu'une vipère mange d'une seule bouchée une souris ou un petit rat. Elle se jette sur lui, le tue et le prend par la tête. On voit alors les mâchoires du serpent s'ouvrir démesurément, et, peu à peu, engloutir une proie plus grosse que son propre corps. Après qu'il l'a avalée, il reste quelque temps immobile et comme fatigué des efforts qu'il a faits, tandis que sa tête reprend ses proportions ordinaires.

Il y a, en Amérique, une très-grosse espèce de serpents, le serpent *boa*, qui peut ainsi avaler un mouton, après l'avoir broyé dans les anneaux de son corps ou contre un tronc d'arbre. Le serpent boa n'est pas venimeux.

Il en est autrement de deux espèces de serpents qui sont, au contraire, beaucoup plus venimeux que la vipère : l'une est le *serpent à lunettes* et l'autre le *serpent à sonnettes*. Le serpent à lunettes habite l'Afrique. Il doit son nom à un dessin qu'il a sur le cou et qui représente assez exactement une de ces paires de lunettes qu'on portait autrefois et qui se mettaient comme les lorgnons, sur le nez. Ces serpents jouissent de la propriété de gonfler d'air leur cou, ce qui leur donne un aspect étrange. Ils se dressent sur la queue quand on les tourmente, et, dans certains pays, les jongleurs les montrent au public, mais ils ont eu soin, auparavant, de leur enlever leurs crochets en leur donnant à mordre une pièce d'étoffe qu'on tire vivement dès que l'animal y a enfoncé les dents; alors, ils ne sont plus dangereux, ou du moins leur morsure n'est pas plus à craindre que celle des couleuvres.

Le *serpent à sonnettes* habite l'Amérique et est un des plus venimeux que l'on connaisse. Il a, au bout de la queue, une série de pièces cornées, dures, qui font un certain bruit quand il les agite avec rapidité; c'est à cette particularité qu'il doit son nom.

Bout de la queue du serpent à sonnettes.

Tous les serpents, comme les lézards, ont une langue fourchue qu'ils tirent quelquefois et qu'on appelle à tort leur *dard;* elle est molle et ils ne peuvent faire avec elle absolument aucun mal. Il faut toujours, dans un pays, détruire le plus de vipères qu'on peut, mais il n'y a aucune raison pour faire de même des couleuvres. Les vipères, contrairement à la plupart des serpents, ne pondent pas d'œufs et mettent au monde des petits vivants.

BATRACIENS, TABL. N° 5.

Le nom de cette famille vient d'un mot grec qui veut dire grenouille; elle comprend aussi les salamandres. Tous ces animaux se rapprochent beaucoup des autres reptiles; mais ils en diffèrent, d'abord par cette particularité qu'ils n'ont pas d'écailles et que leur peau est nue, et surtout parce qu'ils sortent de l'œuf sous une forme différente de celle qu'ils auront plus tard; c'est ce qu'on appelle *se métamorphoser.* Une grenouille, par exemple, vient de pondre. Les œufs sont transparents comme une gelée et on voit bientôt dans chaque œuf le vitellus (il n'est point

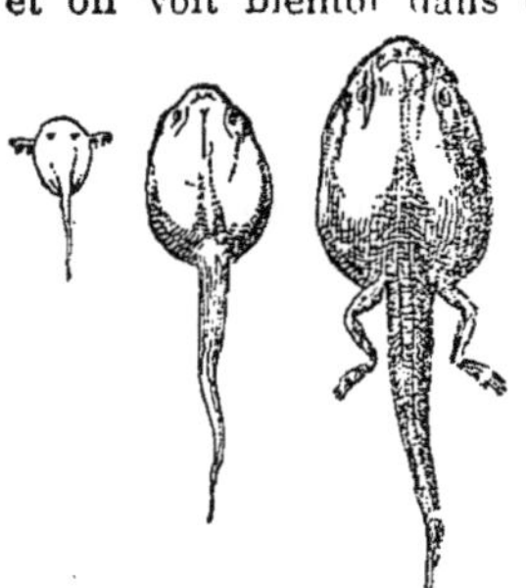

Tétard.

jaune comme dans la poule, il est brun) se transformer en un animal qui ne ressemble nullement à la grenouille : il se compose d'une grosse tète et d'une queue, on l'appelle *têtard.* Il a, de chaque côté, deux houppes qui sont des *branchies* et il n'a point de poumons. Il ne *respire* pas l'air de l'atmosphère. Mais il y a toujours dans l'eau une certaine quantité jours dans l'eau une certaine quantité d'air : c'est lui qui forme de petites bulles contre les parois d'un vase où on fait chauffer de l'eau. Les têtards respirent cet air au moyen de leurs branchies en forme de houppes. Plus tard, celles-ci disparaissent, et le têtard grossit, mais sans changer de formes. Il mange des herbes aquatiques, puis, à un certain moment, on voit pousser à l'extrémité de son corps, de chaque côté de l'origine de la queue, deux pattes qui ne lui servent encore à rien, mais qui deviendront les grandes pattes de la grenouille. En même temps la queue diminue, les pattes de devant se montrent; la queue, plus tard, disparaît tout-à-fait, et on a devant soi une petite grenouille qui commence à grandir pour avoir la taille qu'elle doit atteindre. Mais, dès ce moment, sa vie est complétement changée. Elle n'a plus de branchies, elle a des poumons; elle a besoin de respirer l'air et elle sort volontiers de l'eau; elle ne se nourrit plus de verdure, elle mange des insectes; la grenouille a accompli sa métamorphose. Tous les batraciens ont des métamorphoses qui ressemblent plus ou moins à celle-ci. Dans le premier âge, on dit qu'ils sont à l'état de *larves*.

Les grenouilles se laissent prendre très-facilement à un hameçon ou l'on a mis une petite loque rouge. On les vend sur les marchés pour la consommation.

Les *crapauds* vivent plus volontiers sur la terre que dans l'eau; ils mangent les petites limaces, les insectes; c'est par conséquent dans les jardins un animal utile et qu'il ne faut pas détruire. On le voit sortir de sa retraite dans les soirées humides. Si alors on veut le prendre, il remplit d'air ses poumons et se gonfle. En même temps il rejette souvent son urine pour fuir plus vite et l'on avait cru que c'était un venin qu'il lançait; il n'en est rien et le crapaud n'est point venimeux comme on l'entend dire ordinairement, ou du moins il n'a de venin que dans les petits tubercules qui recouvrent la peau de son dos. Mais comme il n'a aucun moyen de le faire pénétrer dans le corps des autres animaux, ce venin n'est nullement dangereux. La femelle pond dans l'eau et les petits ressemblent exactement aux têtards de grenouilles; ils abandonnent l'eau aussitôt qu'ils sont métamorphosés et restent dans les prés humides.

Il y a d'autres batraciens dont la forme se rapproche beaucoup de celle des lézards; ils ont quatre pattes à peu près égales et une queue; ce sont les tritons et les salamandres. Les *tritons* vivent dans les mares et se reconnaissent à leur peau nue et à

Triton.

leur ventre d'une belle couleur orangée. Le mâle a, tout le long du dos, mais seulement au printemps, une crête taillée en dents de scie. Les petits naissent aussi sous la forme de têtards.

La *salamandre* habite les lieux humides, mais ne va pas volontiers à l'eau. Elle n'est pas beaucoup plus grosse que les tritons et se reconnaît à des marbrures jaunes se détachant sur sa peau noire. C'est, comme le triton, un animal tout-à-fait inoffensif, et on ne sait d'où a pu venir la fable que quand on le mettait dans le feu il ne brûlait pas.

Si on veut conserver des batraciens vivants, il ne faut pas, — excepté pendant qu'ils sont à l'état de têtard — les tenir constamment dans l'eau. Pour conserver les grenouilles, par exemple, le meilleur moyen est de les mettre dans une cage, ou mieux encore, sous une de ces cloches en toile métallique qu'on a pour préserver la viande des mouches. Il faudra seulement mettre dans la cage ou sous la cloche une soucoupe avec de l'eau, où les grenouilles iront de temps à autre. Pour les nourrir, le mieux est de pendre, dans un coin de la cage ou de la cloche, un petit sac avec des asticots; ceux-ci se transforment en mouches et les grenouilles les mangent.

CLASSE DES POISSONS

TABLEAU Nº 5.

Les poissons sont des animaux dont le sang est froid, comme celui des reptiles, mais qui vivent toujours dans l'eau; ils respirent au moyen de branchies. Celles-ci ont la forme de peignes et sont d'un beau rouge; on les voit quand on soulève les *ouïes*. Les poissons respirent en prenant l'eau par la bouche et en la faisant passer par les ouïes. Au contact des branchies, l'air qui est contenu dans l'eau, abandonne son oxygène et prend en échange l'acide carbonique du sang, en sorte que la respiration des poissons ne diffère pas, au fond, de celle des mammifères et des oiseaux; seulement elle se fait avec l'air contenu dans l'eau, au lieu de se faire avec l'air de l'atmosphère.

Les membres des poissons sont remplacés par des nageoires; mais ils avancent dans l'eau, surtout quand ils veulent aller vite, par les mouvements de leur queue seule. Beaucoup ont dans le corps une vessie complètement fermée et pleine d'air qui les aide à se soutenir dans l'eau. La plupart des poissons sont très-voraces et avalent leur proie d'un seul coup.

Ils pondent un grand nombre d'œufs, mais qui sont souvent très-petits; quand l'animal est plein d'œufs, on dit qu'il est *œuvé* ou *rogué*; dans le commerce, on appelle *rogue* ou *frai* les œufs de poissons. On a calculé qu'un saumon peut pondre 27,000 œufs, un brochet 50,000, une sole 100,000, un maquereau 500,000, et enfin une morue de 3 à 9 millions d'œufs.

Le squelette des poissons n'a pas toujours la même nature.

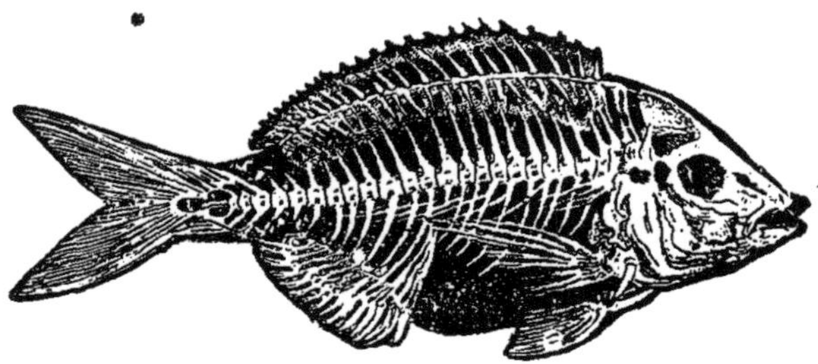

Squelette de poisson.

Chez les uns, il est formé d'arêtes dures et piquantes ; chez d'autres, au contraire, comme dans la raie, l'esturgeon, la lamproie, il n'y a pas d'arêtes, mais seulement un squelette formé de cartilages coriaces qui craquent sous les dents. On a divisé à cause de cela les poissons en deux grands ordres : celui des *poissons osseux* qui ont des arêtes, comme le saumon, le hareng, le brochet, et celui des *poissons cartilagineux*, qui n'en ont point.

Les mœurs des poissons sont en général assez peu connues, et nous parlerons surtout des espèces qui fournissent un aliment abondant et toujours à bon marché.

Pour observer les mœurs de certaines petites espèces de poissons et en général de tous les animaux qui vivent dans l'eau, on peut toujours se construire un *aquarium* à bon marché avec une cloche de verre, comme en ont les maraîchers, que l'on renverse entre les pieds d'un tabouret retourné. Pour entretenir un aquarium, ou plutôt pour qu'il s'entretienne tout seul, il y a plusieurs précautions à prendre. On mettra au fond quelques petits galets avec une pierre ou deux, surtout des silex ayant des trous. On aura soin de mettre l'aquarium dans un endroit qui ne sera ni trop sombre ni trop exposé au soleil. Il est bon d'y pendre à fleur d'eau un pot avec une plante aquatique. On pourra y répandre aussi quelques lentilles d'eau, mais il faut toujours que la surface en soit très-peu couverte. Enfin, une dernière recommandation importante est de ne pas mettre dans l'aquarium trop d'animaux, ni de trop gros, ni des bêtes carnassières qui mangeraient les autres. On oublie souvent qu'il faut songer à nourrir les bêtes d'un aquarium comme on nourrit un oiseau en cage ou un chien à la chaîne. On tâchera de découvrir la nourriture agréable aux animaux qu'on élève; sans doute quelques-uns trouveront ce qu'ils aiment dans l'eau, mais il ne faut jamais compter sur cela. Si les animaux ne sont pas nombreux, s'il y a quelques plantes, si on ne jette pas trop de nourriture de manière à gâter l'eau, celle-ci se conserve indéfiniment avec sa limpidité; il est inutile de la changer. On découvrira au bout de quelque temps des petits insectes, des petits mollusques dont on ne soupçonnait pas la présence. Quant aux parois de verre, elles se couvrent de conserves, mais on les nettoie sans rien déranger avec un bout de chiffon noué à un bâton.

On peut entretenir sans plus de difficulté un aquarium d'eau de mer, quand une fois il a été rempli. Il suffit alors de faire une marque qui indique le niveau de l'eau. Quand celle-ci par évaporation est descendue au-dessous de la marque, on ajoute de l'eau *douce* jusqu'à la marque, et on peut de la sorte conserver très-longtemps certains animaux de mer vivants.

Carpes. — Les *carpes* forment une grande famille avec les *barbeaux*, les *tanches*, les *ablettes*, et enfin les *poissons rouges;* les écailles des carpes sont larges et arrondies ; tous ces poissons se nourrissent de végétaux et ne mangent que rarement une proie animale.

La *carpe* habite nos fleuves; elle se plaît aussi dans les étangs, où elle atteint parfois une très-grande taille. On a eu la preuve qu'elle vivait très-longtemps, au moins cent cinquante ans.

On pêche *l'ablette* pour se procurer une sorte de poussière argentée qui est sous ses écailles et avec laquelle on fabrique les fausses perles.

Quant au *poisson rouge,* il a été apporté de Chine il y a environ un siècle, et il s'est si bien multiplié dans nos pays qu'il est aujourd'hui très-commun.

Saumons. — La famille des saumons ne comprend avec elle

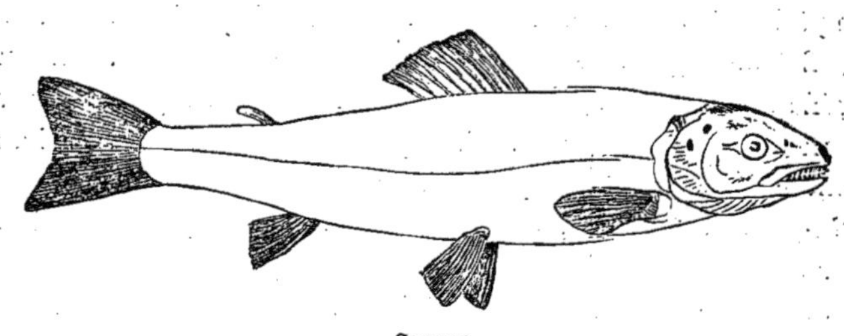

Saumon.

que les truites. Les jeunes saumons ont au reste, comme les truites, la peau marquée de petites taches de couleur. Les saumons habitent la mer, mais ils remontent tous les ans dans les fleuves et les rivières, quelquefois très-loin, pour y venir frayer. Quand ils ont pondu, ils retournent à la mer jusqu'à l'année suivante. La chair du saumon est rouge, et recherchée dans les pays où ces animaux ne sont pas très-communs, comme en France. Leurs œufs sont relativement gros. On peut, après qu'ils ont été pondus, les transporter à de grandes distances dans de la mousse humide, afin de les mettre dans des rivières où les saumons ne remontent pas habituellement. Les petits, quand ils viennent d'éclore, restent d'abord immobiles au fond de l'eau; ils commencent ensuite à nager et prennent leur route vers la mer.

Harengs. — La famille des harengs comprend à la fois les *harengs*, les *anchois* et les *sardines* : c'est une de celles qui fournissent les plus grandes ressources à l'alimentation.

L'anchois se trouve surtout dans la Méditerranée et la sardine sur les côtes de Bretagne. On pêche celle-ci avec des filets flottants, à fleur d'eau, et on la prépare de deux manières : on la sale dans des barils et on la livre ainsi au commerce, sous le nom de *sardine pressée* ou *sardine d'Anvers*; ou bien on la fait frire, et on la met avec de l'huile dans des boîtes de fer-blanc, que l'on soude ensuite : c'est la *sardine à l'huile*.

7

Le hareng apparaît sur nos côtes par troupes, comme les sardines, mais il forme des *bancs*, comme on les appelle, plus considérables; il vient aussi plus tard; tandis que les sardines se pêchent en été, le hareng ne commence à paraître que vers la fin de septembre ou le commencement d'octobre. On en prend alors des quantités prodigieuses, et dans les ports de mer il ne coûte presque rien. C'est par centaines que les navires vont le pêcher. On le prend avec des filets flottants, d'une très-grande longueur, où le hareng s'engage par les ouies. Quand la pêche est bonne, il ne faut pas plus de deux heures pour que le filet soit chargé de poisson. On vend le hareng frais, mais on lui fait aussi subir différentes préparations; on le sale, on le marine dans le vinaigre, et enfin on le *saurit* en le mettant dans la fumée d'un feu fait avec des bois résineux.

Le *thon et le maquereau.* — Le thon est un gros poisson qui peut atteindre jusqu'à 1^m50 de long. On le pêche dans la Méditerranée, où il apparaît par grandes troupes. Il ressemble beaucoup au maquereau. On le prend soit avec des lignes, soit avec des filets, où on en enferme un grand nombre qu'on tue ensuite à coups de gaffe.

Le maquereau se pêche surtout dans l'Océan atlantique et dans la Manche; on le sale et on en fait un grand commerce.

L'*épinoche.* — C'est un tout petit poisson qui vit dans les étangs, les rivières et les ruisseaux. Il se reconnaît aux épines qu'il a sur le dos et de chaque côté. Il les dresse quand il est menacé et fait avec elles des bles-

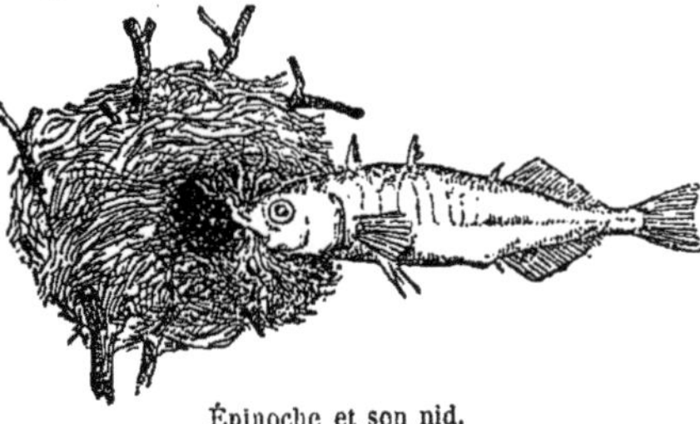

Épinoche et son nid.

sures qui sont douloureuses, mais qui ne sont point venimeuses comme on le croit parfois. Les épinoches sont agiles, et au printemps prennent de très-belles couleurs bleues et rouges qu'ils perdent ensuite. Ils font au fond de l'eau de véritables nids : ils

amassent de petits cailloux, des herbes, et déposent là leurs œufs
que le mâle et la femelle ne cessent pas de surveiller un seul
instant. Ils ne s'écartent jamais et agitent constamment l'eau
dans le voisinage du nid. Il est facile, dans des mares peu profondes ou dans des rivières abritées d'arbres, de les voir se
livrer à tous ces soins, pourvu qu'on approche avec précautions et sans les effrayer.

La *morue*. — De tous les poissons qui servent à la consommation de l'homme, la morue est celui qu'on pêche en plus grande quantité. Tous les ans les dif-férents ports de France

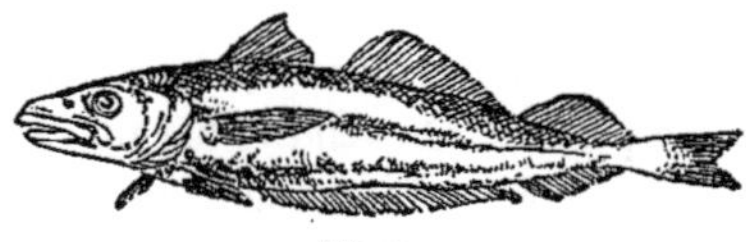

Morue.

envoient des centaines de navires pêcher la morue sur les côtes
d'Amérique. Elle fréquente nos rivages, mais elle ne serait
pas assez abondante pour qu'on en puisse rapidement charger
un navire. On va la chercher sur les côtes d'Islande et surtout
près de l'île de Terre-Neuve, dans une région où la mer n'est
pas très-profonde, et qu'on appelle le *banc de Terre-Neuve*.
C'est par milliers que les navires arrivent là de tous les pays pour
passer la saison de pêche. On prend la morue avec des lignes
et sa voracité est telle qu'il n'est pas nécessaire de choisir l'appât
qu'on met au bout. Quand le poisson est amené à bord, on lui
coupe la tête, puis on l'ouvre tout de son long. Les œufs ou *rogue*
sont mis de côté pour servir d'appât aux pêcheurs de sardine.
Le foie sert à faire *l'huile de foie de morue*, qui est un remède
très-utile en médecine pour les dartres, les scrofules et les maladies de poitrine. Enfin la morue étant ainsi ouverte par le
ventre, on l'étale et on la met entre deux couches de sel; au
bout de quelques jours, on jette cette première saumure et on
renouvelle le sel, puis on place le poisson ainsi préparé dans
des barils pour être rapporté en Europe. Parfois, au lieu de saler
la morue, on se contente, après l'avoir étalée, de la faire sécher.
Elle devient dure comme une planche, et on la connaît alors dans
le commerce sous le nom de *stokfish*.

Poissons plats. — La famille des poissons plats comprend le *carrelet*, la *limande*, le *flet*, le *turbot*, la *barbue*, la *sole*.

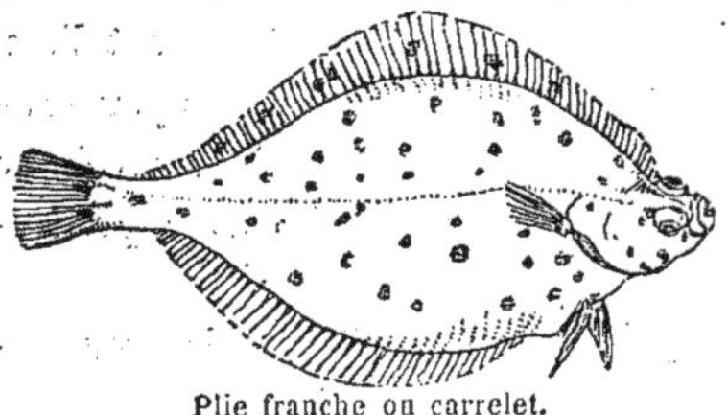

Plie franche ou carrelet.

Tous ces poissons ont un aspect particulier et dont on ne se rend pas compte tout d'abord. On croit reconnaître le dos qui est brun et où sont les deux yeux et le ventre qui est blanc ; mais on est frappé de leur voir la bouche de travers. Quand on les vide, on s'aperçoit aussi que les intestins sont d'un seul côté. Ces poissons offrent, en effet, une existence à part. Au lieu d'avoir le ventre en dessous et le dos en dessus, ils ont un côté blanc et tourné vers la terre, et un côté brun et tourné vers le ciel ; et l'œil, qui ne leur servirait pas s'il était en dessous, est venu se mettre à côté de l'œil qui est en dessus. Pour placer un des poissons dont nous parlons dans sa véritable situation, de manière à le comparer, par exemple, à un hareng, il faut le redresser dans une attitude qu'il ne prend jamais lui-même, le côté foncé à droite, le clair à gauche. Et alors on verra que, sauf les yeux, toutes les parties sont dans la même relation que celle du maquereau. La queue est verticale ; les arêtes sont dirigées en haut et en bas ; la bouche est horizontale ; enfin les branchies, les intestins ont leur situation habituelle. Ces poissons sont donc des animaux qui vivent sur le côté et qui nagent sur le côté. Ce sont tous d'excellents mets pour la table.

L'anguille. — Elle habite la mer, les fleuves et jusqu'aux moindres fossés ; elle vit même dans un baquet ou dans une terrine. On peut en élever ainsi, qui grossissent pendant des années et atteignent la plus grande taille, c'est-à-dire près de 1 mètre de long. L'anguille se nourrit de petits poissons, de vers et de grenouilles. Au printemps, on voit le long des grands fleuves de prodigieuses quantités de très-petites anguilles presque transparentes, qui remontent le cours de l'eau, vers la source du fleuve. On peut alors les prendre par milliers en puisant simplement avec des seaux. Les anguilles, comme plusieurs autres poissons, n'ont pas d'écailles sur la peau, et celle-ci sert à faire des lanières qui sont réputées pour leur solidité. — On pêche en mer un poisson qui ressemble beaucoup à l'anguille, le *congre;* il est toutefois beaucoup plus gros et relativement moins long : il atteint parfois la grosseur de la cuisse.

L'esturgeon. — C'est un grand poisson dont le corps est couvert de plaques d'os qui sont rugueuses comme des limes. Il a sous sa tête, qui se prolonge en avant, une bouche étroite et

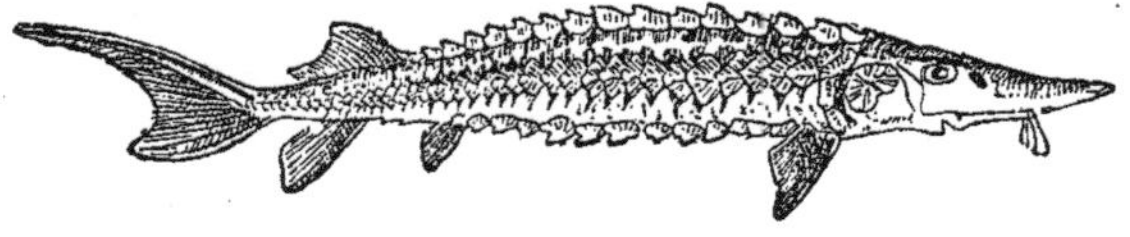

Esturgeon.

ne peut manger que de petits animaux marins, malgré sa grande taille. Il habite la mer, mais il pond dans les fleuves, où on le pêche. Sa viande, ses œufs, sont l'objet d'un grand commerce en Russie. Les œufs se vendent sous le nom de *caviar.* Enfin, avec sa vessie natatoire, on fabrique la *colle de poisson* dont on se sert dans beaucoup d'industries. On découpe la vessie en petits morceaux que l'on fait sécher au soleil. C'est avec la colle de poisson qu'on fait la *colle à bouche.* On s'en sert aussi en cuisine pour confectionner des gelées; mais c'est surtout dans l'industrie qu'elle trouve le plus d'emplois.

La raie. — La raie est un poisson plat comme le turbot et les plies, mais il suffit d'en regarder une, un seul instant, pour s'assurer que, dans la raie, le côté blanc est bien le ventre, et le côté brun, le dos. La bouche, située sous la pointe que fait la tête, est à sa place habituelle, et les intestins sont bien au milieu du corps.

Les raies ont parfois une taille considérable et alors leur bouche est armée de dents pointues et tassées l'une contre l'autre. Elles mangent surtout beaucoup de crâbes.

Les raies, au lieu d'avoir un grand nombre de petits œufs

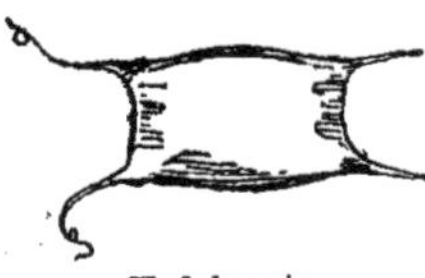

Œuf de raie.

ronds comme ceux des autres poissons, n'en pondent que peu, et ceux-ci ont une forme toute particulière. Ils sont à peu près carrés et aplatis avec les quatre angles prolongés en pointe. La coque de l'œuf ressemble à une peau dont l'aspect est parfois satiné. Le jaune est aussi gros que celui d'un œuf de poule et flotte dans une albumine transparente; ces œufs portent, dans certains pays, les noms de *coussinets* ou de *souris de mer;* souris, parce qu'ils sont soyeux comme le dos d'une souris, et coussinets, parce qu'ils ont assez bien, en effet, l'apparence d'un petit coussin avec quatre rubans aux coins.

La *torpille.* — On pêche sur les côtes de la France un poisson

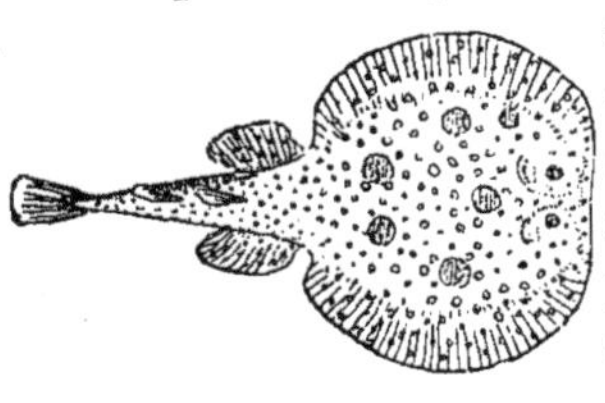

Torpille.

qui ressemble un peu à la raie et qui donne, quand on le tourmente, des secousses électriques très-fortes; c'est la torpille. Plusieurs poissons peuvent ainsi donner des secousses, mais celles de la torpille sont les plus redoutables; elles engourdissent les bras et, si l'animal est vigoureux, l'effet que l'on éprouve quand il lâche sa décharge électrique est celui qu'on ressentirait d'un violent coup de bâton donné sur l'épaule.

Les *requins.* — Ils ne sont pas tous de la taille de ceux qui

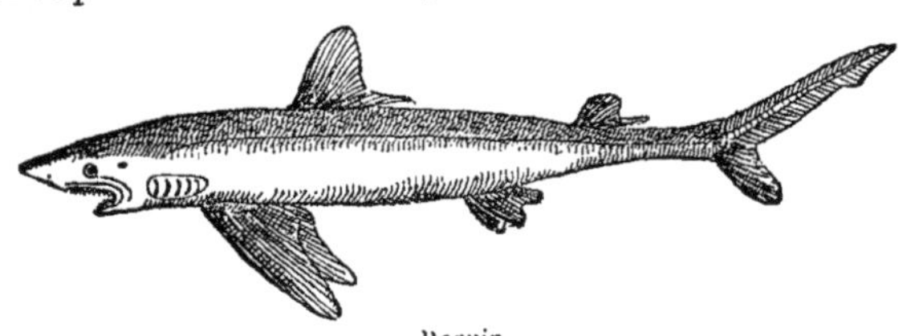

Requin.

peuvent saisir dans la mer les jambes d'un baigneur et en arracher la chair. Des poissons beaucoup plus petits, ceux que nous connaissons sous les noms de *chiens de mer* et de *chats de mer,* sont, sauf la taille, de véritables requins. Tous les poissons de cette espèce ont la bouche garnie, comme celle des raies, de plusieurs rangs de dents, seulement les requins les ont très-aiguës et très-tranchantes. C'est avec elles qu'ils déchirent la proie qu'ils ne peuvent pas avaler d'un seul morceau. En arrière des dents qui leur servent, il en pousse toujours d'autres, en sorte que si, par hasard, quelques-unes sont cassées, ou arrachées, ou usées, elles sont bientôt remplacées et au complet. Ces animaux sont toujours affamés, et on les voit suivre les navires pour manger ce qu'on jette à la mer. Il suffit alors d'attacher un morceau de viande à un croc solide, retenu par une chaîne, pour les prendre; si on employait une corde, elle pourrait être coupée par leurs dents.

La *lamproie*. — Nous terminerons la liste des poissons et en particulier des poissons cartilagineux par la lamproie. Elle a le corps fait comme celui d'une anguille, mais il semble qu'elle manque de tête.

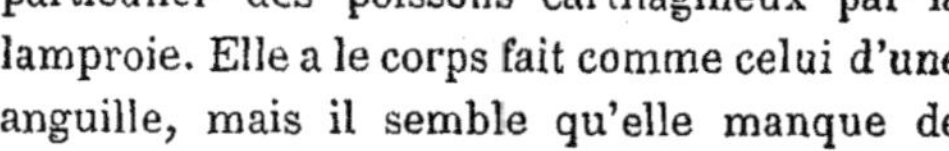

Tête de lamproie.

Il n'y a en avant qu'une large ventouse avec laquelle elle s'attache aux rochers comme une énorme sangsue.

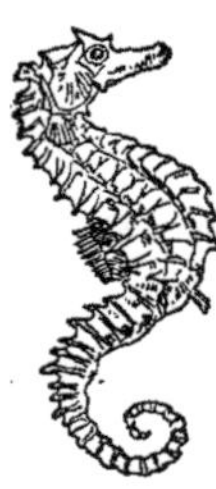

Les *hippocampes*. — On appelle ainsi, d'après un mot grec qui signifie cheval, des poissons dont la tête rappelle, en effet, un peu celle du cheval. Ils nagent au moyen d'une petite nageoire qu'ils ont dans le dos, en conservant la singulière attitude que représente la figure. Le reste du temps ils se tiennent droits, la queue enroulée autour de quelque plante marine.

Hippocampe.

EMBRANCHEMENT DES ARTICULÉS

Quand on examine un insecte, un hanneton par exemple, on remarque tout d'abord une grande différence avec les animaux qui nous ont occupés jusqu'à présent, tels que les mammifères, les oiseaux, les reptiles et les poissons. Les insectes et toutes les bêtes dont il nous reste à parler n'ont pas de vertèbres, pas de squelette; ils ont été appelés à cause de cela *invertébrés*, c'est-à-dire sans vertèbres. Mais, parmi les animaux invertébrés, il en est, comme les insectes et les crustacés, qui ont une enveloppe formée d'anneaux plus ou moins durs, articulés les uns aux autres. On a fait de ces animaux un embranchement spécial sous le nom d'*articulés*, tiré de leur nature. Les membres, comme on le voit sur le hanneton ou sur l'écrevisse, sont aussi formés de petits cylindres durs articulés les uns au bout des autres. Tous les articulés qui ont des mâchoires, les ont latérales. — Leurs yeux ne ressemblent pas non plus à ceux des vertébrés : il n'y a ni pupille, ni cristallin. On ne voit, quand on regarde l'œil d'un insecte, qu'une surface bombée, comme dépolie et ayant un éclat spécial, tantôt rougeâtre, comme dans les mouches, ou verdâtre, comme dans les demoiselles. Si on examine de près les yeux d'une écrevisse, on voit que cet œil bombé a l'aspect d'un crible avec une quantité de petits trous. C'est chacun de ces petits trous en réalité qui est un œil, et tous les articulés, les insectes comme les autres, ont par conséquent, au lieu d'un œil de chaque côté de la tête, deux amas d'yeux dont chacun est trop petit dans beaucoup de cas pour qu'on puisse l'apercevoir sans un verre grossissant.

Les pattes sont toujours au nombre de *six* chez les insectes. Les araignées ont huit pattes et forment une classe à part, les crustacés en ont dix pour la plupart, d'autres plus ou moins ; certains myriapodes en ont un nombre souvent considérable.

CLASSE DES INSECTES

TABLEAU N° 6.

GÉNÉRALITÉS.

Le nom d'insecte vient d'un mot latin qui signifie *formé de morceaux séparés*.

Les insectes subissent des *métamorphoses*, c'est-à-dire qu'ils ne sortent pas de l'œuf sous la forme qu'ils auront plus tard. Ils changent aussi de peau, dans certaines circonstances; ces changements s'appellent des *mues*. Les insectes subissent ordinairement deux métamorphoses; ils passent par conséquent par trois états : celui qu'ils ont depuis l'instant où ils sortent de l'œuf jusqu'à leur première métamorphose ou l'*état de larve;* celui qui sépare la première métamorphose de la seconde, l'*état de nymphe* ou *chrysalide;* le troisième état est celui d'*insecte parfait.*

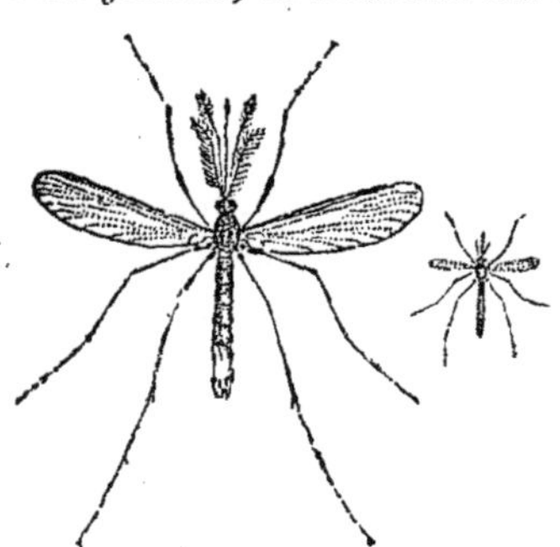

Cousin grossi.

Larve de cousin grossie.

État de larve. — Dans cet état, les insectes ont souvent la forme d'un ver, et on emploie ce nom pour les désigner : les larves de papillon sont les chenilles; le ver blanc ou man deviendra hanneton; l'asticot deviendra une mouche à viande, et ainsi d'une foule d'insectes.

Les mœurs de larve diffèrent souvent beaucoup des mœurs de l'insecte parfait qui en sortira. D'abord, les larves ne volent jamais. Il y a beaucoup de larves qui vivent dans l'eau, tandis que l'insecte parfait est aérien : ceci arrive, par exemple, pour les *cousins*. D'autres larves vivent sous terre, comme le *ver blanc*, tandis que le hanneton vit sur les arbres ; les larves ne font pendant presque toute leur vie que manger, aussi la plupart sont-elles nuisibles à l'homme. Les larves ont un nombre de pattes qui peut varier ; quelquefois elles n'en ont pas du tout, comme les asticots. Enfin, elles ont des mues fréquentes à mesure qu'elles grandissent.

Beaucoup de larves se filent comme le ver à soie un cocon, dans lequel elles s'enferment pour subir leur première métamorphose.

État de nymphe ou de chrysalide. — Cet état est celui où on trouve le ver à soie dans le cocon quand on l'ouvre avant que le papillon en sorte. Le ver à soie est revenu sur lui-même ; il est ordinairement d'une couleur brune ; il remue les anneaux de la partie

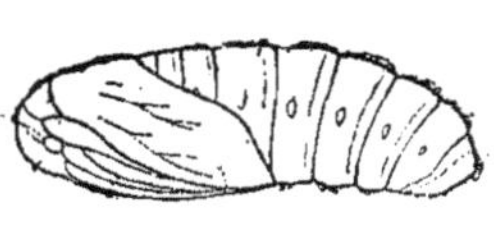

Chrysalide.

postérieure de son corps qui se termine en pointe, mais ce sont les seuls mouvements qu'il puisse faire. Il n'a pas de membres apparents et ne mange pas ; toutes les nymphes des insectes, cependant, ne sont pas ainsi immobiles, et il y en a qui ressemblent beaucoup, soit à la larve, soit à l'insecte parfait.

État d'insecte parfait. — Après que la nymphe est restée un certain temps immobile, on voit la peau qui l'enveloppe se déchirer ou se fendre et l'insecte parfait en sortir avec la forme qu'il doit toujours garder. C'est l'organisation de celui-ci que nous allons maintenant essayer de faire connaître.

Le corps de l'insecte (on peut prendre un hanneton pour exemple) semble constitué tout entier par un certain nombre d'anneaux solides placés les uns à la suite des autres et formant trois régions bien distinctes : la tête, le thorax et l'abdomen. Ces anneaux, comme d'ailleurs ceux qui forment les membres, portent le nom de *segments*.

La tête présente la bouche, les antennes et les yeux. Les antennes sont des espèces de petites cornes qu'on retrouve chez

Antenne de papillon.

Antenne de hanneton.

Antenne de calandre.

beaucoup d'articulés. Elles ont des formes très-diverses, comme on peut le voir en comparant celles d'un papillon, d'une calandre et d'un hanneton. Dans le papillon, elles sont constituées par un grand nombre de tout petits articles bout à bout. Dans le hanneton, ce sont des lames qui semblent former un éventail. Dans la calandre, les antennes sont coudées à angle droit. Les insectes se servent de leurs antennes pour tâter les objets ou le terrain autour d'eux.

La bouche diffère beaucoup suivant les insectes, mais elle ne ressemble jamais à celle des vertébrés, elle n'a jamais de mâchoire inférieure mobile. On pourra très-bien examiner la bouche des insectes sur une grosse sauterelle verte; on verra

j i Cou.
g Œil.
d Antenne.
f Front.
c Palpe.
a Mandibule.

Bouche d'insecte.

alors que les mâchoires ou les *mandibules*, comme on les appelle, se meuvent latéralement; il y en a une à droite et l'autre à gauche, qui s'éloignent et se rapprochent latéralement pour saisir ou broyer la nourriture, au lieu de s'élever et de s'abaisser, comme cela a lieu chez les animaux vertébrés. Mais tous les insectes sont loin d'avoir la bouche constituée comme

a Cou.
b Œil.
c d Antenne
h Palpe.
f g Trompe.

Tête de mouche grossie.

celle de la sauterelle. Beaucoup ont à la place des mandibules un *suçoir* avec lequel ils piquent la peau de l'homme et des animaux, comme les taons, les punaises, les puces. — Il suffit de regarder une mouche se posant sur un morceau de viande ou de sucre pour voir qu'elle a, au lieu de bouche, une *trompe* avec laquelle elle pompe sa nourriture. Les papillons ont aussi une longue trompe enroulée qu'ils étendent pour la plonger jusque dans le fond des fleurs, afin d'y prendre le nectar. De chaque côté de la bouche ou de la trompe, les insectes présentent une seconde paire d'antennes beaucoup plus petites et qui portent le nom de *palpes*. On les voit très-bien chez la sauterelle.

Les yeux des insectes, comme ceux des autres articulés, sont multiples et à facettes. Ils sont placés de chaque côté de la tête.

Le *thorax* porte les pattes et les ailes.

Les pattes sont toujours au nombre de six.

Les ailes ont des caractères variés qui ont servi à les classer.

Tous les insectes ne volent pas ; beaucoup, comme les puces, les poux, les chiques, n'ont pas d'ailes. D'autres n'ont que deux ailes, comme les *mouches*. D'autres, enfin, en ont quatre. Parmi ces derniers, on en trouve chez qui les quatre ailes sont pareilles, comme les papillons, les demoiselles, les guêpes; chez d'autres insectes à quatre ailes, au contraire, les deux ailes antérieures diffèrent parfois beaucoup des deux autres, comme chez le hanneton et aussi la sauterelle. Dans ce cas, la première paire d'ailes porte le nom d'*élytres*.

Le thorax est surtout rempli par les muscles qui meuvent les ailes et les pattes. Les organes de la digestion sont dans l'abdomen. Pour la respiration, les insectes présentent des organes spéciaux qu'on retrouve aussi chez les araignées, mais qui ne sont ni des poumons ni des branchies : quand on enlève les ailes d'un hanneton, par exemple, on découvre sur chaque anneau de l'abdomen, à droite et à gauche, deux petites empreintes que l'on appelle *stigmates*. Ces empreintes sont des ouvertures où viennent s'aboucher de fins vaisseaux remplis d'air et qui communiquent par les stigmates avec l'extérieur. Ces vaisseaux portent le nom de *trachées*. Ils ont une belle nuance argentée, et rien n'est plus facile que de les voir en ouvrant l'abdomen d'un hanneton, avec un peu de précaution, sous l'eau : on découvre aussitôt tous ces conduits qui semblent autant de fils d'argent et qui se répandent au milieu des organes du corps de l'insecte. C'est par ces *trachées* qu'il respire.

Œufs de punaise sur une feuille, et grossis.

Les insectes pondent des œufs souvent en grand nombre. Ils ont soin de les déposer dans les endroits où les larves, qui en doivent sortir, trouveront leur vie. Si la larve est aquatique, l'insecte, quoique aérien, va pondre dans l'eau.

Les insectes, surtout par le grand appétit de leurs larves, sont des bêtes nuisibles; c'est le fléau de l'agriculture, et l'homme souffre bien plus par eux que par les tigres, les lions ou les serpents venimeux. Il y a, à la vérité, des insectes qui en mangent d'autres, et qui sont, par conséquent, des auxiliaires utiles pour l'homme, mais ils sont peu nombreux. Et c'est à cause des dévastations des insectes que tous les mammifères insectivores et tous les oiseaux qui s'en nourrissent, doivent être regardés comme les plus grands amis des cultivateurs. — Il faut compter cependant quelques insectes, comme l'abeille, le ver à soie et la cochenille dont l'homme a su tirer parti, mais ce sont des exceptions.

On a divisé les insectes en plusieurs ordres qui sont caractérisés, soit par la nature de leur bouche, soit par le nombre et la nature de leurs ailes. Nous donnerons les caractères qui les distinguent, en parlant de chacun d'eux.

ORDRE DES COLÉOPTÈRES

Les insectes qui appartiennent à l'ordre des coléoptères ont quatre ailes. Les deux premières sont dures, cornées, ce sont des *élytres ;* les deux autres sont membraneuses, minces, transparentes ; elles se referment en se pliant en deux et se mettent alors sous les premières qui les recouvrent comme un *étui*. On peut très-bien voir cela sur un hanneton qui vient d'être arrêté dans son vol ; les ailes sont encore déployées et dépassent les élytres, sous lesquelles on les voit peu à peu disparaître. Les coléoptères ont des métamor-

Hanneton foulon, mâle.

phoses complètes. Ils ont tous des mâchoires latérales pour broyer. Ils peuvent, dans certains cas, serrer avec elles, mais ils ne piquent point comme les cousins. Ils n'ont jamais non plus d'appareil à venin comme les abeilles à l'extrémité de l'abdomen. On peut donc toujours prendre en sûreté un coléoptère pour l'examiner dans sa main ; il ne fera jamais d'autre mal que de pincer quelquefois un peu fortement la peau avec ses mandibules.

Cicindèles. — Ce sont de petits coléoptères carnassiers, et par conséquent des auxiliaires pour l'homme. Les cicindèles se distinguent par un corselet (on appelle ainsi la partie du thorax qui est entre le cou et la naissance des ailes) plus étroit que la tête et les élytres. Ce sont des insectes qui volent au grand soleil. Ils sont d'un beau vert, avec quelques taches jaunes. Ils sont agiles et poursuivent leur proie avec acharnement : celle-ci est toujours de petits insectes. A l'état de larves, les cicindèles se creusent dans le sol un trou cylindrique qu'elles déblaient en portant au dehors la terre et les graviers. Leur tête a en dessus une concavité qu'elles

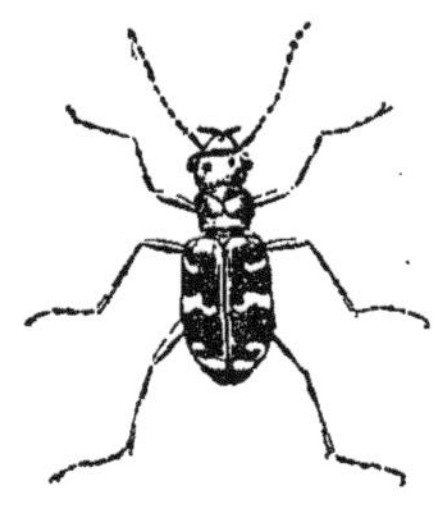

Cicindèle.

remplissent et dont elles se servent comme d'une hotte; elles viennent la vider en dehors du trou, en se reposant de temps à autre quand elles sont trop chargées. Dès que leur puits est fini, elles se tiennent à l'entrée, la tête passant au dehors, et guettent les fourmis et les petits insectes. Les cicindèles préfèrent les terres arides et les sables.

Les *scarabées canonniers* ressemblent assez aux cicindèles; on les appelle de leur véritable nom *brachines*. Ils doivent celui qu'on leur donne communément, à la facilité qu'ils ont, quand on les poursuit, de faire avec l'extrémité de leur abdomen une petite détonation en lançant une vapeur désagréable qui arrête ou éloigne l'ennemi qui les poursuit. On les nomme aussi *bombardiers*.

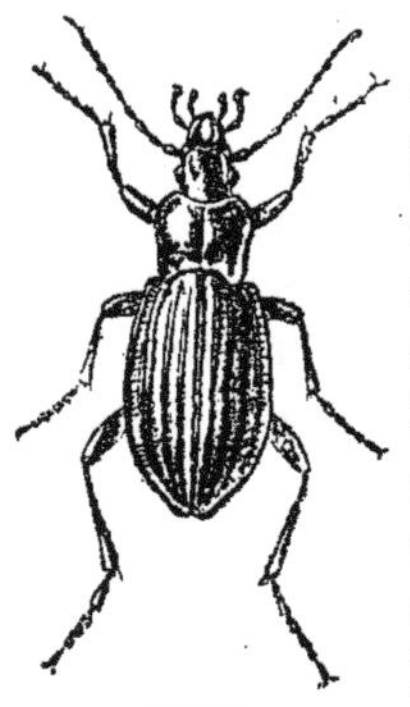

Carabe.

Les *carabes* sont des coléoptères qui ne volent point. Ils ont des élytres, mais si on les soulève, on ne trouve pas d'ailes au-dessous. Leur corselet est carré. Les carabes sont agiles : les uns sont noirs et d'autres ont de belles couleurs métalliques, vert ou or. Ils font un grand ravage de chenilles, et comme ce sont les plus gros de tous les insectes carnassiers, ce sont les meilleurs auxiliaires de toute leur classe pour l'homme. Leur corps exhale une odeur forte. Quand on les prend, ils rendent par la bouche une liqueur noirâtre, fétide, âcre. Si elle tombe dans l'œil, elle produit une douleur très-vive, mais qui n'est suivie d'aucun accident grave. — Le *carabe doré*, qu'on appelle aussi *jardinière*, est d'un beau vert doré ; ils vivent généralement à terre.

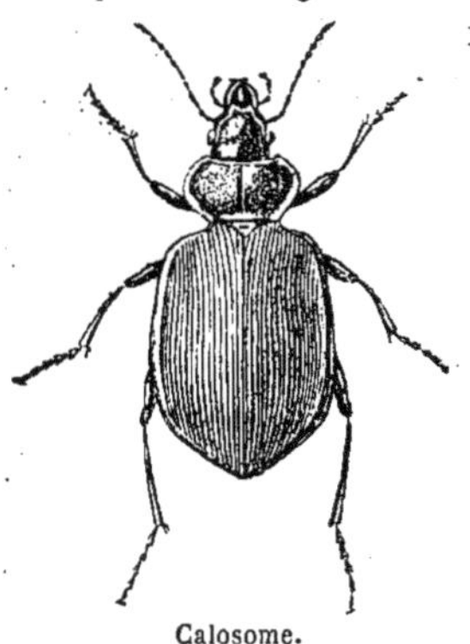

Calosome.

Les *calosomes* ne se nourrissent que de chenilles ; ils vivent sur les arbres ; ils sont d'une voracité extraordinaire, même quand ils sont repus ; ils courent après les chenilles, les mordent avec leurs mandibules, font sortir les viscères et les laissent mourir ainsi ; ils chassent sans relâche et sont de précieux auxiliaires pour détruire les chenilles velues de processionnaires.

Les *dytisques* nagent et passent une partie de leur vie dans l'eau. Ils ont pour cela des pattes qui sont aplaties, en forme de rames. Seulement, ils ont besoin de venir constamment à la surface pour respirer l'air dont ils gardent toujours, même au fond de l'eau, une provision sous leurs élytres. Ce sont des animaux très-carnassiers, et ils s'attaquent même aux tritons et les dévorent vivants. Le soir, ils sortent de l'eau, déploient leurs ailes et vont voler au loin. On les voit alors arriver dans les appartements dont la lumière les attire. Quand on les prend, ils exhalent de la surface de leur corps une liqueur onctueuse, blanche comme du lait et qui est d'une extrême fétidité. Les larves vivent constamment dans l'eau, sont carnassières comme l'insecte parfait ; elles ont des mandibules pointues qui se croisent et avec lesquelles elles pincent vigoureusement.

Les *gyrins* sont ces petits insectes qu'on voit tournoyer comme des gouttes de vif argent sur l'eau des mares, où il est si difficile de les prendre. On leur donne, dans certains pays, le nom de *tourniquets*. Leur dos est noir, mais il doit à son poli de refléter la lumière du soleil avec l'éclat d'un bouton de métal.

Les *hydrophiles* ressemblent un peu, par leur forme et par

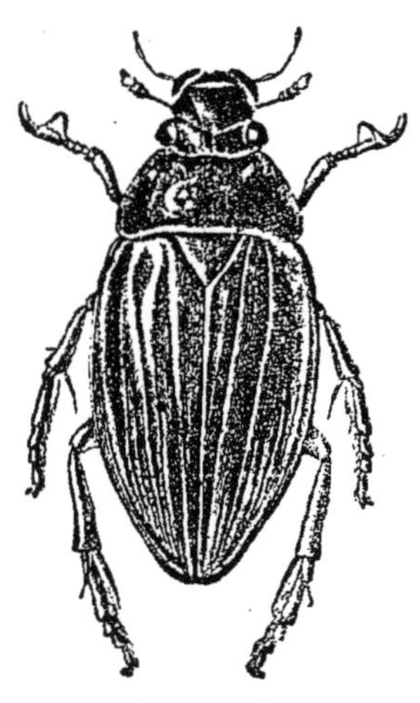
Hydrophile, mâle.

leurs mœurs, aux dytisques, mais ils sont plus gros. C'est le plus grand insecte d'eau de nos pays. Comme les dytisques, ils passent le jour dans les mares. Ils nagent et volent très-bien, mais ils marchent avec difficulté. Ils peuvent rester longtemps sous l'eau, mais doivent cependant venir de temps à autre respirer l'air à la surface. Le soir, ils s'envolent. Leurs larves sont très-grosses, noires, ridées, et nagent avec aisance. Elles vivent exclusivement dans l'eau. Elles sont extrêmement voraces. Elles se font aussi remarquer par l'habitude qu'elles ont, lorsqu'on les prend, de se rendre immédiatement molles et flasques comme si elles étaient mortes. Quand le moment est arrivé pour elles de subir leur première métamorphose, elles sortent de l'eau et vont sur le rivage se creuser un trou dans la terre, fermé de tous côtés. C'est là que la larve se transforme en nymphe et celle-ci en insecte parfait.

Les *staphylins* se reconnaissent à des élytres de forme carrée, beaucoup plus courtes que l'abdomen dont les anneaux se prolongent en arrière des ailes. Leurs antennes sont insérées devant les yeux. Ils sont agiles et courageux. Ils courent vite et s'envolent facilement. Quand ils s'abattent, ils cachent aussitôt leurs ailes sous les élytres ; mais comme celles-ci sont très-courtes, les ailes, pour s'y placer, doivent se replier trois ou quatre fois. Quand ils sont menacés, ils relèvent leur abdomen dont l'extrémité devient verticale. Il y a beaucoup d'espèces de staphylins ;

la plupart sont fort petits; le plus grand et aussi le plus commun, est le staphylin odorant, qui est tout noir et qu'on voit courir dans les chemins. Tous sont très-voraces et dévorent soit des insectes, soit des chairs en décomposition; ils se mangent aussi les uns les autres. On rencontre les staphylins particulièrement dans les lieux humides, surtout sous les pierres.

Ceci est au reste un renseignement qu'il faut retenir quand on cherche des insectes; le meilleur moyen d'en trouver, est de retourner le plus de pierres qu'on peut et les plus grosses qu'on voit; c'est toujours là que se logent de préférence une foule d'insectes et qu'on est sûr de les rencontrer.

Les *buprestes* ont des élytres qui recouvrent tout l'abdomen; ils offrent en même temps des antennes qui sont disposées comme des scies. Le *bupreste vert* est un petit insecte d'un beau vert bronzé. La larve vit dans le bois; l'insecte parfait, sur les arbres et sur les fleurs; les buprestes ressemblent assez aux taupins, mais ils ne sautent point comme eux. Ils volent rapidement. Quand on les prend, ils ramènent leurs pattes et *font le mort*. Ils restent ainsi très-longtemps sans mouvements, et ce n'est que peu à peu qu'ils commencent à remuer une patte, puis deux, et puis s'en vont très-vite dès qu'ils croient le danger passé.

Les *taupins* ou *scarabées à ressort*, quand on va les prendre, font aussi le mort comme les buprestes et se laissent tomber sur le sol. S'ils sont sur le ventre, ils étalent bientôt leurs pattes pour s'enfuir; mais s'ils sont sur le dos, on les voit alors se détendre comme un ressort et sauter à une grande hauteur. Quand on a pris un taupin, il suffit de le placer sur une table, les pattes en l'air, pour voir comment il s'y prend. Il se soulève d'abord en se raidissant sur sa tête et sur le bout de son corps. Puis tout-à-coup il se détend; le corselet et la base des élytres viennent frapper la table et le contre-coup lance l'insecte à plus de 50 centimètres de haut. S'il retombe sur les pattes, il s'en va; s'il tombe sur le dos, il recommence. Comme il donne en se détendant un petit son et comme il continue les mêmes efforts quand on le tient, on lui a donné les noms de *maré-*

chal ou de *toc-marteau*, parce qu'il semble frapper l'enclume. On l'appelle aussi dans d'autres pays *cracheur*, parce que chaque fois qu'il se détend il jette en même temps un liquide vert. Les larves des taupins se trouvent sous les pierres, dans le terreau. Elles font parfois de grands dégâts en rongeant les racines du blé.

Le *ver luisant*, qu'on trouve au bord des chemins, dans les chaudes soirées d'été, n'a pas d'ailes et ressemble beaucoup à une larve. C'est cependant l'état parfait de l'insecte, mais des femelles seulement. Les mâles volent comme les autres coléoptères ; ils ont quatre ailes, dont deux élytres. Il suffit de mettre quelques vers luisants dans une touffe d'herbe sur sa fenêtre, à la campagne, pour voir les mâles arriver en volant autour d'eux. Quand on examine de près un ver luisant, on peut s'assurer que c'est l'intérieur de son corps qui est lumineux, et non la surface. Quand on tourmente l'animal, il éteint cette lumière et la laisse reparaître dès qu'il est tranquille. Le ver luisant n'est pas le seul animal qui produise de la lumière ; il y a dans les pays chauds d'autres insectes qui donnent une lumière bien plus vive. Quelques *taupins lumineux*, par exemple, enfermés dans une petite cage que l'on fait exprès, suffisent dans certains pays pour éclairer une chambre.

Les *nécrophores* ou *enterreurs* sont des coléoptères un peu plus petits que le hanneton, auquel ils ressemblent. Ils ont les élytres noires traversées de bandes jaunes. Ces insectes doivent leur nom à leurs habitudes : pour pondre, ils cherchent quelque petit mammifère mort, tel qu'un rat, une taupe ou une souris, ou bien un oiseau ou une grenouille : ils y déposent leurs œufs, puis ils commencent alors un grand travail pour lequel ils se mettent toujours plusieurs ;

Nécrophore.

il s'agit d'enterrer le cadavre ; pour cela, ils s'enfoncent au-dessous de lui et creusent la terre en la rejetant sur le côté, de sorte que le corps enfonce peu à peu et finit par se trouver dans un trou assez grand pour le contenir; alors ils le recouvrent par la terre déblayée et s'en vont. Cet ouvrage demande quelquefois deux jours aux nécrophores qui l'ont entrepris et qui s'y mettent avec une grande ardeur. Les larves naissent ainsi au milieu de la nourriture qu'elles préfèrent. Ce sont des vers d'un blanc grisâtre.

Les *dermestes* sont de petits coléoptères longs d'un centimètre environ; ils ont les élytres noires avec un point blanc sur chacune. La larve est toute hérissée de poils; elle mange le fromage, le lard, les pelleteries, la laine, les plumes; sa voracité est extrême, elle entame jusqu'aux vieux os. C'est le plus grand ennemi des collections d'histoire naturelle, parce qu'elle mange les peaux empaillées.

Le *hanneton* est bien certainement un des insectes les plus nuisibles que l'on connaisse; à l'état parfait, il dévore les forêts; à l'état de larve, il mange les racines des moissons. Les larves, que l'on nomme *vers blancs* ou *mans*, éclosent environ six semaines après que les œufs ont été pondus par les hannetons sur

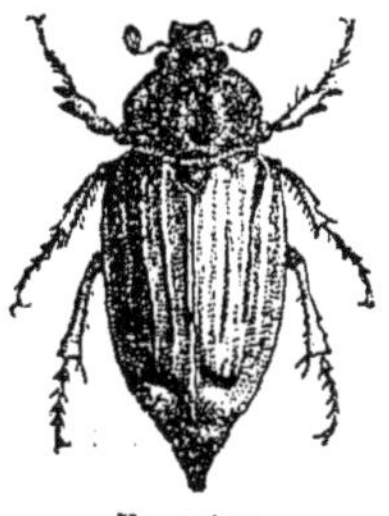

Hanneton.

Larve ou ver blanc.

la terre. Elles y entrent aussitôt pour grossir et vivre là trois ans avant de se métamorphoser. Elles cheminent près de la surface et mangent toutes les racines qu'elles peuvent rencontrer, ce qui fait mourir les plantes. Dès que le froid se fait sentir, les vers blancs s'enfoncent profondément dans le sol et s'engourdissent jusqu'au printemps suivant. Dès que celui-ci arrive, ils remontent de quelques décimètres vers la surface et recommencent pendant une année entière leurs ravages.

C'est alors que les vers blancs sentent approcher le moment de leur métamorphose. Ils s'enfoncent de nouveau dans la terre, plus profondément que la première fois, quelquefois à près d'un mètre. Là, ils creusent une petite chambre ovoïde dont les parois sont bien lisses. Alors a lieu leur métamorphose : le ver blanc devient une nymphe molle, blanchâtre, sur laquelle on distingue déjà les membres de l'insecte parfait. Cette nymphe prend peu à peu de la consistance et se colore en brun. Elle reste ainsi pendant tout l'hiver.

Quand arrive le mois de février, la seconde métamorphose a lieu, la nymphe se transforme en hanneton, mais il est alors très-mou, jaunâtre; ce n'est que peu à peu qu'il devient dur et qu'il se colore. Vers le mois de mars ou d'avril, selon qu'il fait plus ou moins chaud, le hanneton se rapproche de la surface du sol d'où il sort dans les premiers jours de mai, quand il y a déjà des feuilles; alors il commence une autre série de ravages : il envahit les arbres sur lesquels il dort pendant la journée, mais à la chute du jour, il s'envole et commence à dévorer les feuilles. En moins de quinze jours, les hannetons ont quelquefois dépouillé des forêts entières de tout leur feuillage. Puis la femelle pond : pour cela, elle abandonne les arbres; avec ses pattes, qui sont dentelées, elle creuse une petite fosse et y dépose ses œufs, au nombre de cinquante à quatre-vingts, et d'une couleur jaune clair. Ensuite elle meurt, et c'est trois ans après qu'on reverra les hannetons sortis de ses œufs; c'est pour cela que les années où il y a beaucoup de hannetons reviennent ordinairement après des périodes régulières de trois ans.

On a dû rechercher tous les moyens pour se délivrer de ce terrible ennemi; mais comme il se cache sous terre, il est toujours difficile de l'atteindre. Le meilleur procédé est de ramasser avec grand soin les hannetons qu'on trouve dans la terre retournée par la charrue ; mais on comprend que ce moyen n'est bon que quand les hannetons sont encore près du sol, au printemps ou au commencement de l'automne. Il faut, quand on veut les détruire en masse, faire le labour à la profondeur exacte où sont les vers blancs. S'ils sont très-près de la surface, à 5 ou 6 centimètres, comme cela arrive parfois, un labour profond en découvre très-peu ; s'ils sont loin, un labour superficiel est tout-à-fait inutile. Mais il n'est pas difficile de s'assurer d'abord avec une bêche à quelle profondeur sont les mans et à quelle profondeur il faut par conséquent labourer.

A l'état parfait, il n'y a qu'un moyen de détruire les hannetons, c'est d'en ramasser le plus qu'on peut, et les mairies doivent les payer le plus cher possible. Il faut cependant faire ici une remarque. Les hannetons qu'on paye à ceux qui les ramassent, doivent être bien vivants, car sans cela il est inutile de les prendre ; de plus, on devra les payer très-cher dans les premiers jours où ils apparaissent et diminuer ensuite le prix. La raison est que dans les premiers jours ils n'ont point encore pondu ; c'est par conséquent tout bénéfice ; au lieu qu'il ne sert pas à grand'chose de ramasser à la fin de la saison des hannetons qui ont déjà déposé dans la terre cinquante ou soixante œufs, d'où sortiront les années suivantes autant de vers blancs ; il est inutile, à cette époque, de continuer la chasse des hannetons, et c'est perdre l'argent de la commune que de les payer.

Les hannetons ainsi ramassés, mélangés à de la terre, forment un bon engrais. Le meilleur moyen de les tuer est de plonger les sacs où on les apporte dans l'eau bouillante.

Cantharides. — On appelle souvent du nom de cantharides tous les coléoptères qui sont d'un beau vert. Mais la véritable cantharide n'habite que le centre et le midi de la France, où on la trouve aux mois de mai et de juin sur les jasmins, les frênes, les lilas. On fait pour la pharmacie un grand commerce de cantharides ; pour les chasser, on se couvre le visage et les mains, et on va le matin secouer sur des draps les branches des arbres où ces insectes aiment à se mettre. On les tue ensuite en les plongeant dans le vinaigre, ou en les mettant dans un tamis sous lequel on fait bouillir du vinaigre. Puis on les renferme dans des vases bien clos, pour que les mites ne s'y mettent pas. Mais si les mites peuvent manger impunément les cantharides, il n'en est pas de même de l'homme, pour qui la cantharide est un poison terrible. Elle sert à fabriquer la pâte à vésicatoire : en regardant celle-ci de près, il est aisé d'y découvrir des petits points verts brillants, qui sont des morceaux des élytres de l'insecte. Ce sont les cantharides qui font agir la pâte à vésicatoires comme un fer chaud ou comme de l'eau bouillante, en soulevant l'épiderme pour former une cloche pleine d'eau.

La *calandre* se reconnaît comme toute la *famille des charançons*, dont elle fait partie, à sa tête prolongée en bec et à ses antennes coudées. Les calandres ont une démarche lente, mais se cramponnent avec force. Elles attaquent le grain et font d'énormes dégâts en anéantissant les récoltes dans les greniers.

La calandre du blé, qu'on appelle aussi tout simplement *le charançon*, vit dans les tas de blé, en se tenant cachée près de la surface sans s'y enfoncer plus que quelques centimètres et sans jamais paraître au dehors. Sa couleur est d'un brun marron, son corselet est couvert de petits points, et ses élytres de sillons très-fins. On jugera des dégâts que peut faire le charançon quand on saura qu'il dépose chacun de ses œufs dans un grain de blé différent ! Il y creuse pour cela un trou

Charançon.

presque imperceptible. La larve, qui naît ainsi au milieu même de sa nourriture, dévore le grain sans en sortir, puis se métamorphose, et c'est alors seulement que le charançon perce l'écorce du blé pour aller pondre à son tour.

On a dû nécessairement chercher tous les moyens de se préserver d'un ennemi pareil, et on a bientôt remarqué que la calandre ne vivait au milieu des grains de blé qu'à la condition que ceux-ci ne roulaient point les uns sur les autres. Il lui faut

avant tout du repos. Elle fuit dès qu'on la trouble. Le moyen
était par conséquent trouvé de s'en débarrasser : c'est de remuer
le blé, soit à la pelle, soit en disposant les tas dans les greniers de
manière que tout bouge dès qu'on en prend un sac.

Les *bostriches* ont le corps ovoïde, allongé ; leurs antennes
sont courtes, terminées en massue. Ce
sont de très-petits coléoptères, dont les
larves sont extrêmement nuisibles aux
arbres. Elles s'établissent entre le bois
et l'écorce et creusent là des canaux

Bostriche grossi

tortueux qui sont presque toujours
remplis par la sciure formée des débris de leur
travail. Elles vivent ainsi deux ans, après quoi
elles se construisent une coque en sciure de bois
agglutinée par des filaments de soie. Elles y
passent l'hiver sous la forme de nymphe, et ce

Larve de bostriche
grossi et de gran-
deur naturelle.

n'est qu'au printemps suivant qu'elles sortent de
leur prison à l'état parfait.

Les *longicornes* constituent parmi les coléoptères une famille

Longicorne.

Larve de longi-
corne.

que l'on reconnaît à leurs antennes grêles et recourbées souvent
comme les cornes d'un bélier. Les longicornes ont aussi des
larves qui se creusent dans le bois de longues galeries. Pour en
sortir, on les voit quelquefois entamer les lames de plomb dont
on recouvre les charpentes des toits. Elles taillent ce métal avec
leurs mandibules, aussi facilement que le bois lui-même.

Coccinelle. — Nous finirons la liste des coléoptères par un

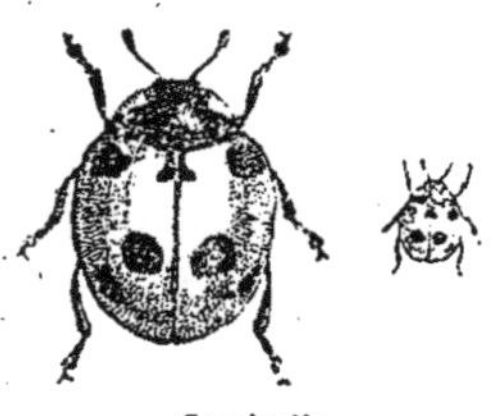

petit insecte que tout le monde connaît sous les noms de *bête à bon Dieu* ou de *vacote*. C'est la coccinelle. Elle est carnassière et détruit les pucerons, les petits moucherons. C'est donc un ami de l'homme. Malheureusement sa taille ne lui permet pas de nous rendre de grands

Coccinelle.

services. Mais il semble au moins que nous ne méconnaissons pas cet ami là, car tout le monde se garde de lui faire du mal.

ORDRE DES LÉPIDOPTÈRES

Il comprend les insectes que nous appelons communément papillons. Ils ont quatre ailes semblables, couvertes d'une pous-

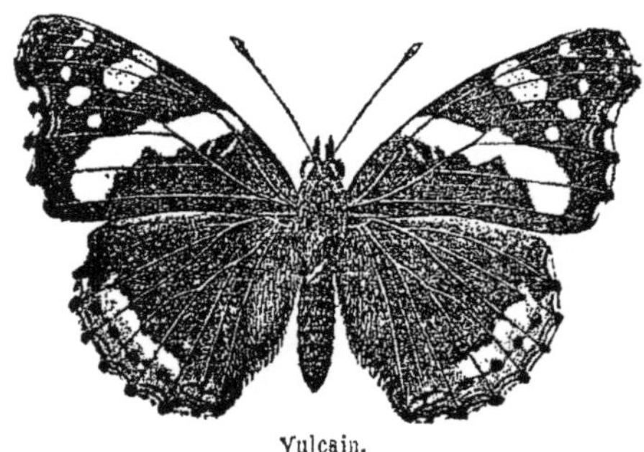

sière qui reste aux doigts quand on les froisse. Ils ont à la place de mâchoire une trompe enroulée. Leurs métamorphoses sont complètes. Ce n'est pas à l'état parfait, avec leur fait, avec leur

Vulcain.

trompe, que les papillons peuvent faire beaucoup de mal; mais leurs larves ou chenilles ont des mâchoires comme celles des coléoptères et font souvent de grands ravages.

Vers à soie. — Parmi les lépidoptères on doit citer avant tout le ver à soie, l'un des insectes les plus utiles. Sa vie se compose de sept âges, cinq pour l'état de larves et les deux derniers pour les états de chrysalide et de papillon. Les cinq premiers âges demandent vingt-quatre jours, les deux derniers demandent seize jours. Ce n'est donc qu'au bout de quarante jours que l'œuf a produit un papillon qui pond de nouveaux œufs, après quoi il meurt. On élève dans le midi de la France un grand nombre de vers à soie; on les appelle *magnans*, et les établissements où on les nourrit prennent le nom de *magnaneries*.

Quand on s'aperçoit que les œufs vont éclore, on dispose près d'eux des feuilles de mûrier. Les petits vers, à peine sortis de l'œuf et tout noirs, vont sur elles et commencent à manger. On les place sur de grandes claies où on ne cesse pas un seul instant de les surveiller et de les soigner.

Chaque âge se termine par une mue. Celle-ci est précédée d'une maladie de l'animal qui dure un jour et pendant lequel le ver lève la tête, ne change pas de place et ne mange pas. Quand la peau est tombée, il est encore assez longtemps sans manger. Entre les mues, il a au contraire un redoublement d'appétit.

Le premier âge dure quatre jours; il faut avoir soin, pendant ce temps, de couper les feuilles qu'on donne à manger aux vers, parce qu'ils ne les attaquent que par le bord; plus tard, cette précaution est inutile. Le cinquième âge est le plus long et celui où l'appétit du ver est d'abord le plus considérable; mais bientôt il cesse de manger; il semble devenir plus transparent; il cherche à grimper, et file çà et là des bouts de soie; c'est ce que l'on appelle l'époque de la *monte*. Alors on garnit les tablettes de petites branches de genêt ou de bouleau pour que les vers puissent y placer facilement leurs cocons. Quand on élève seulement quelques vers à soie, il suffit de les mettre dans des cornets de papier où ils paraissent se trouver très-bien.

Le ver met trois jours à filer son cocon, après quoi il s'y transforme en chrysalide. La soie sort par de petites ouvertures situées près de la bouche. Le ver attache son fil à une place, puis il retire la tête, le fil se dévide, et il va l'attacher plus loin. Tout le cocon, excepté la bourre extérieure, est formé d'un seul fil ordinairement sans interruption. Il peut mesurer 300 mètres de long. Si on ouvre le corps d'un ver à soie au moment où il va filer, on voit très-bien deux longs sacs, repliés sur eux-mêmes, jaunes et qui sont pleins d'une substance gluante qui n'est autre que la soie. Elle devient solide et se file à mesure qu'elle sort. Dans certains pays, on prend dans le corps des vers à soie ces sacs que l'on étale et qu'on laisse sécher. On a ainsi des **brins** d'une véritable soie, mais qui sont beaucoup plus gros que la soie ordinaire ; seulement ces brins sont toujours très-courts. On les vend dans le commerce sous le nom de *crins de Florence*, et les pêcheurs s'en servent pour leurs lignes.

Quand on laisse les cocons en place dans les branches où les vers les ont mis, on voit au bout de quinze jours environ le papillon sortir, en écartant et en cassant les fils. Il ne vole **pas**, il a seulement des pattes munies de crochets, avec lesquelles il se cramponne ; il ne mange pas ; il s'occupe de suite à pondre. On le met sur des feuilles de papier ou de carton, où il dépose ses œufs l'un près de l'autre, puis il meurt. Ces œufs sont la provision pour l'année suivante, et portent dans le commerce le nom de *graine*. On en vend et on en achète beaucoup chaque année dans tous les pays qui produisent la soie, et on va en chercher jusque dans les contrées les plus lointaines, où la soie est plus belle que chez nous.

Mais le papillon, en sortant du cocon, détériore la soie et la casse. Pour éviter cela, on ne garde pour faire des papillons qu'un certain nombre de cocons et on tue les chrysalides des autres en les exposant à la chaleur. Le cocon peut alors être dévidé tout entier comme un peloton de fil, de même qu'il a été filé tout entier d'un seul bout. Pour cela, on le met dans l'eau tiède, après l'avoir débarrassé de la bourre de soie qui est tout autour ; on le frotte avec une brosse légère pour trouver le fil, et quand on tient celui-ci, il n'y a plus qu'à tirer doucement au moyen d'un dévidoir qui dévide ordinairement un grand nombre de cocons à la fois. On réunit ensuite plusieurs de ces fils pour en faire la soie avec laquelle on fabrique des étoffes recherchées pour leur beauté et aussi pour leur solidité, car la soie est plus forte que le chanvre ou le lin.

Les bombyx. — Le ver à soie appartient à la famille des bombyx, qui sont en général des animaux nuisibles, parce qu'ils mangent, comme le ver à soie, les feuilles des arbres, sans produire en échange une substance précieuse comme la soie, qui compense largement le prix des feuilles de mûrier. C'est à cette famille des bombyx qu'appartient le *grand paon*, le plus beau papillon de notre pays, dont les ailes sont grises avec une belle tache en forme d'œil. C'est encore à la même famille que se rattache le *bombyx processionnaire* qui dévore les feuilles de nos arbres quand il est à l'état de chenille. Celle-ci vit sur le chêne ; plusieurs se réunissent pour filer une espèce d'abri qui a quelquefois deux ou trois décimètres de longueur avec une entrée étroite. Les larves n'en sortent qu'en ordre, marchant à la suite les unes des autres, deux à deux, trois à trois, quatre à quatre, en formant une espèce de procession qui a parfois une grande longueur. Une seule chenille est en tête et semble la diriger. Aussi donne-t-on à ces chenilles le nom de *processionnaires*. Elles sont couvertes

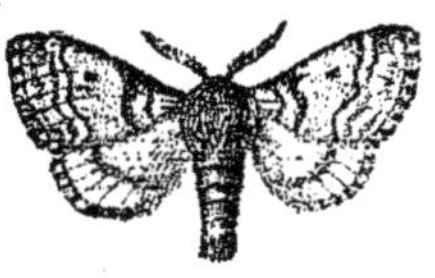

Bombyx processionnaire, mâle.   Bombyx processionnaire, femelle.

de poils raides et pointus qui entrent dans la peau quand on prend l'animal et font éprouver de vives démangeaisons ; c'est ce qu'on appelle le *poil à gratter*. Si par hasard on passe sous un nid de processionnaires dans un bois, au moment où le vent agite l'arbre, on reçoit quelquefois de ces poils ; on ne tarde pas alors à être couvert de boutons qui causent des démangeaisons insupportables et amènent la fièvre.

La *noctuelle*, la *teigne*, la *pyrale*, sont de petits papillons qui ne volent que le soir ou la nuit et dont les chenilles, malgré leur petitesse, causent de grands ravages. Celles des teignes vivent volontiers sur les étoffes, et après avoir coupé la laine du drap, s'en font des étuis qu'elles traînent avec elles comme une cuirasse. Les brins de laine sont réunis dans ce cas par des filaments d'une soie extrêmement fine que filent ces chenilles. Comme elle grossit, il lui faut bien agrandir son étui; pour cela, elle le fend et y ajoute une pièce nouvelle. Si elle a changé de drap, si par exemple elle vivait d'abord sur du drap noir et qu'elle habite maintenant du drap rouge, la pièce ajoutée à son étui sera rouge et le reste noir.

La chenille de la pyrale est l'ennemie de la vigne. Elle éclot vers la fin de l'été, mais l'hiver ne la tue pas. Elle se réfugie au pied du cep ou dans les fentes des échalas, et là se construit un abri en soie qui la protège du froid. Quand revient la chaleur, quand

 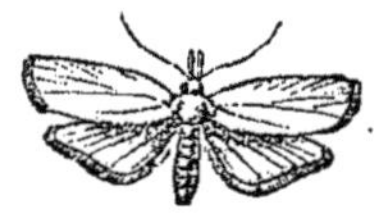

Mâle de la pyrale de la vigne.   Femelle de la pyrale de la vigne.

la végétation des vignes recommence, les chenilles de pyrales sortent de leur retraite et rongent tout, feuilles, fleurs, jeunes pousses. La chrysalide offre la forme ordinaire; le papillon éclot dès les premiers jours du mois d'août, et on le voit pendant un mois environ. La femelle dépose ses œufs à la face supérieure des feuilles, régulièrement les uns à côté des autres; elle les recouvre d'une substance qui se dessèche et les protège contre la pluie. Ils éclosent vingt jours après. Le meilleur moyen de se débarrasser de la pyrale est d'échauder les vignes au premier printemps. Pour cela on place sur une brouette un fourneau qui fait bouillir de l'eau dans une marmite fermée et munie d'un tube par lequel s'échappe la vapeur. On dirige celle-ci sur le cep et on tue ainsi les pyrales.

Les chenilles des noctuelles mangent aussi les feuilles; le papillon a les ailes supérieures grises et les inférieures plus claires et de couleur uniforme.

Les *sphynx* sont de gros papillons qu'on ne voit qu'à la fin du jour et qu'on appelle à cause de cela *crépusculaires*. Ils ont de grandes chenilles, grosses et longues comme le doigt, qu'on trouve souvent dans les champs de pommes de terre. Le soir les

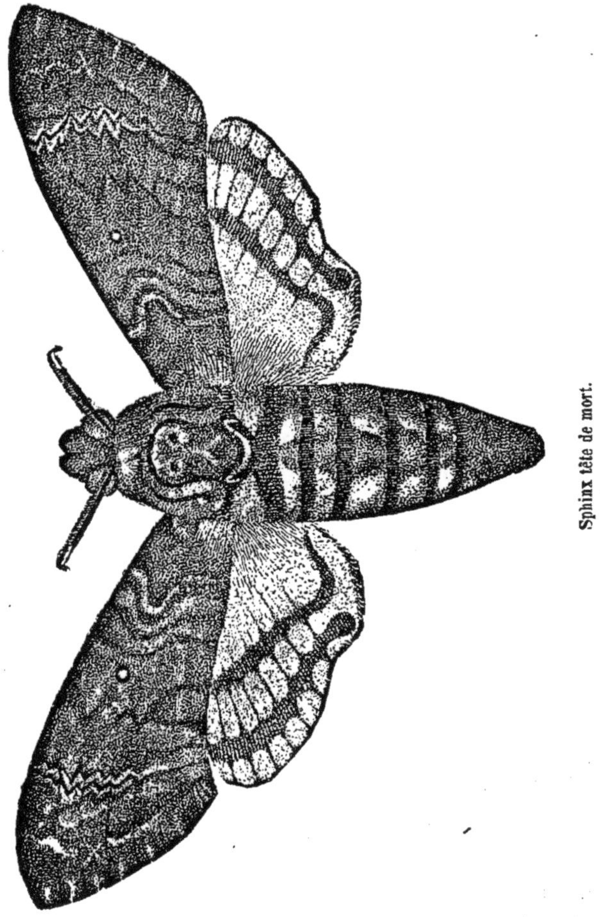

Sphinx tête de mort.

sphynx sont attirés par les lumières et viennent voltiger en bourdonnant autour d'elles. Si on en prend un, on s'aperçoit que ce bourdonnement n'est pas produit par le vol et qu'il continue même alors que le papillon est en repos. Un des plus gros sphynx porte sur le corselet une figure jaune avec deux points noirs, qui ressemble un peu à une tête de mort. De là vient le nom de *sphynx tête de mort* qu'on lui a donné ; la ressemblance en tous cas n'est pas très-grande et il faut de la bonne volonté pour la trouver.

La *piéride* a le corps effilé et de grandes ailes relevées ; presque toutes sont blanches avec des taches noires ; la chenille se plaît particulièrement sur les choux ; c'est là qu'on la trouve en abondance ; quelquefois elle dévaste les plantations pota-gères. Mais il suffit pour les tuer et les éloigner de placer des branches de genêts en fleur sur les plantes qui en sont infestées. La piéride ne peut pas sup-

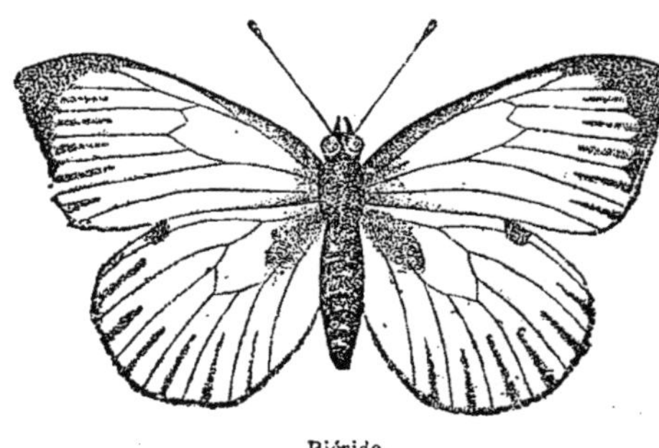

Piéride.

porter le voisinage de cette plante.

ORDRE DES HÉMIPTÈRES

Les insectes de l'ordre des hémiptères ont un suçoir droit qu'ils peuvent enfoncer facilement dans les corps durs ; ils ont quatre ailes, qui paraissent au premier abord pareilles ; en les regardant de plus près, on voit cependant que les supérieures ne sont semblables aux inférieures qu'en partie ; une autre partie, soit le bord, soit le voisinage de l'articulation, est cornée comme une élytre. Les hémiptères n'ont que des métamorphoses incomplètes; la larve ressemble déjà assez bien à l'insecte parfait, la nymphe encore plus.

La *cigale* est un gros insecte qui ne vit que dans les parties

Cigale.

chaudes de la France. Elle est célèbre par le chant que les mâles font entendre. Les organes du chant, chez la cigale, sont placés sous l'abdomen ou niveau des premiers anneaux. On découvre là deux plaques ou deux écailles recouvrant une petite peau tendue comme celle d'un tambour. C'est en agitant celle-ci par des muscles particuliers que la cigale produit sa chanson. La cigale pique, pour se nourrir, les écorces tendres des arbres, et au moyen de son suçoir boit la sève.

Les *thrips* n'offrent d'ailes que chez les mâles; les femelles n'en ont point. Ce sont de petits insectes ayant le corps allongé. Le thrips des céréales cause de grands ravages en suçant les grains de blé nouvellement formés, ce qui ne les tue pas, mais les empêche d'arriver à la grosseur qu'ils devraient atteindre.

Thrips très-grossi.

Les *punaises* forment une famille d'insectes qui

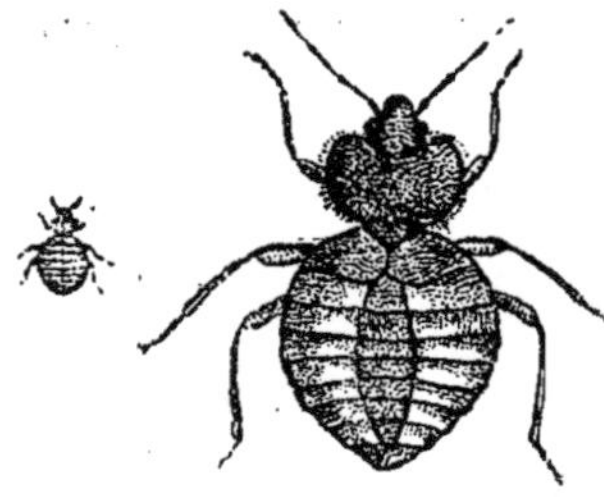

Punaise des lits, grandeur naturelle et grossie.

sentent tous mauvais. Ils vivent soit sur les arbres, soit dans les habitations. Les punaises des lits se remarquent parce qu'elles n'ont pas de traces d'ailes, mais elles marchent avec agilité. Elles fuient la lumière, et la nuit se nourrissent de sang, en enfonçant leur suçoir dans la peau.

Les *notonectes* sont des hémiptères aquatiques qui nagent au moyen de leurs longues pattes de derrière. Leurs élytres ont une moitié dure et cornée ; ces insectes rappellent par la forme et le dessin de leur corselet, l'aspect des punaises de bois.

Notonecte.

Les *pucerons*. — Les pucerons sont de petits insectes qui offrent en arrière de l'abdomen deux tuyaux qui font saillie. Les femelles n'ont pas d'ailes ; les mâles seuls volent, et on les voit, avec leurs grandes ailes transparentes, mêlés aux amas de pucerons sur les tiges de rosier. Les femelles

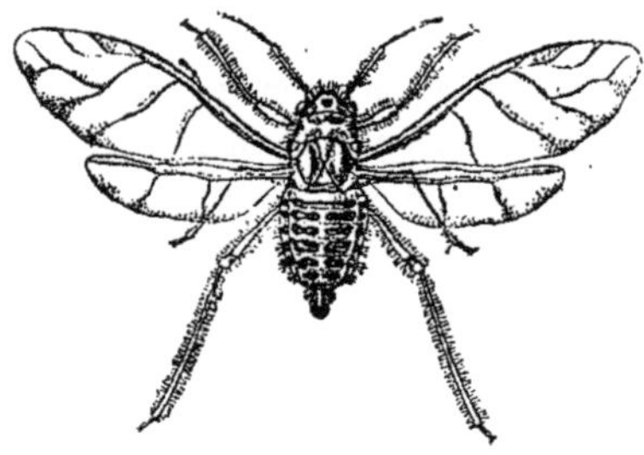

Puceron tres-grossi.

marchent lentement ; elles pompent la sève des plantes avec leur suçoir. Elles produisent pendant presque toute l'année de petits pucerons vivants qui grandissent autour d'elles et augmentent la troupe. Ce n'est qu'à la fin de l'été qu'elles pondent des œufs qui passent l'hiver avant d'éclore.

Parmi les pucerons, celui qui fait le plus de ravages est le *phylloxère dévastateur* ou puceron de la vigne. Le mâle a des ailes ; la femelle en est privée ; elle est d'un jaune clair ; elle vit

9

dans les fentes de l'écorce des pieds de vigne. Elle suce la sève et fait dépérir les ceps, sans qu'on aperçoive au dehors la cause de la maladie. Mais en arrachant les pieds de vigne on trouve ces insectes par groupes dans les fentes de *l'écorce des racines.* Quoique vivant ainsi sous terre, les phylloxères se propagent rapidement d'un cep à l'autre dans le même champ et d'un champ à l'autre à travers des contrées entières.

La *cochenille* est un hémiptère qui vit dans les pays chauds et avec lequel on fait une belle couleur employée dans l'industrie sous le nom de carmin. Le mâle de la cochenillle, comme celui des pucerons, a des ailes ; la femelle en est privée ; elle vit sur des plantes grasses, où elle se fixe en enfonçant son suçoir. On cultive ces plantes

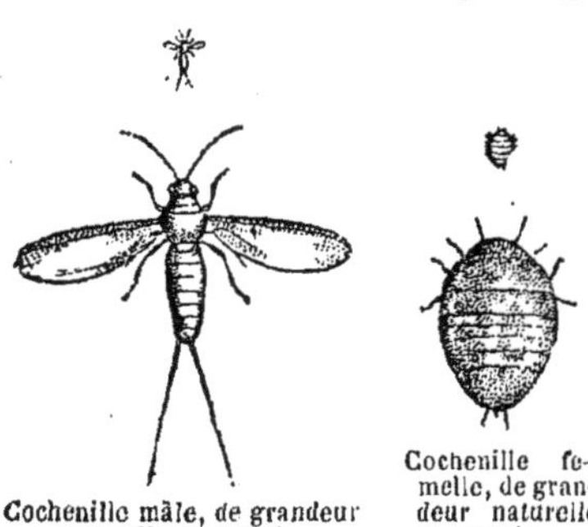

Cochenille mâle, *de grandeur naturelle et grossie.*

Cochenille fe— melle, de gran- deur naturelle et grossie.

pour avoir l'insecte. Quand le moment de le récolter est arrivé, on recueille les femelles qu'on tue ensuite en les mettant dans de l'eau bouillante ou en les exposant à la chaleur d'un four. La cochenille qu'on livre au commerce se présente sous l'aspect de petits grains violets qui ressemblent de loin à des graines, mais où il est facile de reconnaître autant d'animaux quand on les examine avec soin et surtout quand on les laisse un peu ramollir dans l'eau.

ORDRE DES ORTHOPTÈRES

Les insectes de l'ordre des orthoptères ont des mâchoires comme les coléoptères ; ils ont deux sortes d'ailes, mais les élytres sont mous et les ailes postérieures, au lieu d'être pliées en travers comme celles des coléoptères, sont plissées à la manière d'un éventail. Les métamorphoses sont incomplètes, comme dans l'ordre des hémiptères. Les orthoptères, ayant des mâchoires, ne peuvent sucer le sang, ainsi que font beaucoup d'hémiptères, mais ils sont souvent très-redoutables aux moissons.

Les *forficules ou perce-oreilles* sont des orthoptères qui pos

Forficule.

sèdent, à l'extrémité de l'abdomen, une sorte de pince qu'ils ouvrent d'un air menaçant quand on les tourmente, mais avec laquelle ils sont incapables de faire aucun mal. Ils vivent en société, sont de grands destructeurs de fruits et de fleurs, mais n'entrent jamais, comme on le croit, dans les oreilles de personne. Le conduit auditif est muni, chez l'homme, de poils raides enduits d'une substance âcre qui suffit à empêcher tous les insectes du monde d'y pénétrer.

La *taupe-grillon* doit son double nom, d'une part à ce qu'elle

Taupe-grillon.

ressemble aux autres grillons qui sont des orthoptères, et d'autre part à la forme de ses pattes antérieures, qui rappellent un peu celles de la taupe, et dont elle se sert en tous cas de la même manière. Avec ces pattes, dont on sent la force quand on tient une taupe-grillon dans la main, elle creuse des galeries sous le sol en mangeant toutes les racines qu'elle rencontre ; aussi produit-elle parfois de grands dégâts. On donne encore aux taupes-grillons le nom de *courtillières*.

Les *grillons* habitent les uns l'âtre du foyer, les autres les champs ; ils sont nocturnes et font entendre, surtout le soir, leur musique. Ils produisent celle-ci en passant leurs grandes jambes de derrière sur leurs élytres, qui vibrent alors comme les cordes d'un violon. Les criquets et les sauterelles emploient le même procédé.

Les *criquets* et les *sauterelles* sont les plus gros orthoptères de notre pays. Comme les grillons, ils ont les dernières pattes très-développées et s'en servent pour sauter. Ils produisent quelquefois dans nos cultures des ravages importants,

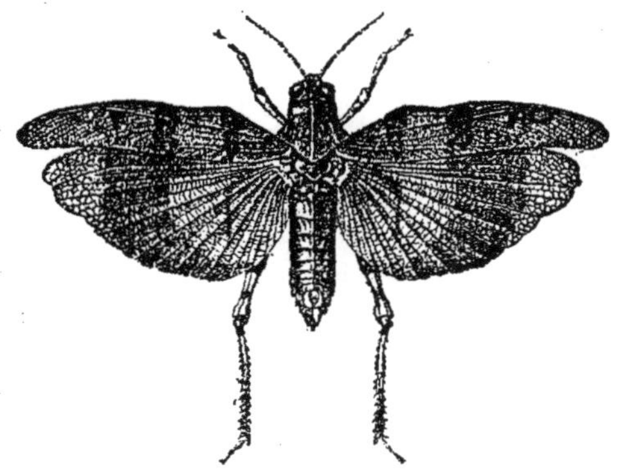

Criquet à ailes bleues.

mais qui ne sont rien, en comparaison de ceux qu'ils causent en Algérie. Parfois on voit arriver tout-à-coup sur une contrée des quantités prodigieuses de sauterelles apportées par le vent. Elles sont si nombreuses qu'elles forment un véritable nuage qui obscurcit le ciel. En un jour ou deux, toute la verdure du pays est dévorée, la terre est couverte de ces insectes, les maisons en sont remplies, et comme elles ne tardent pas à mourir quand elles ont tout mangé, l'odeur qui en résulte infecte l'air pendant plusieurs jours. Quand une nuée de sauterelles s'est ainsi abattue sur un pays avant la moisson, elles causent toujours la famine.

ORDRE DES NÉVROPTÈRES

Les névroptères ont quatre ailes pareilles, ne laissant pas de poussière aux doigts quand on les touche, et avec des nervures en forme de réseau, comme une espèce de tulle. On voit très-bien cette disposition sur les demoiselles qui volent autour des mares. Les névroptères ont des mâchoires et présentent des métamorphoses complètes; il n'ont jamais d'aiguillon, comme les abeilles, à l'extrémité de l'abdomen.

Les *libellules* ou demoiselles ont le corps allongé et cylin-

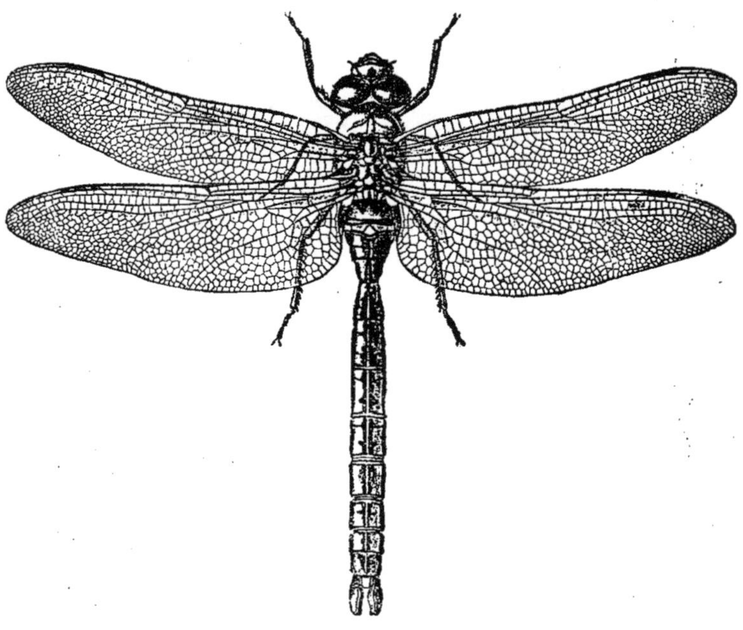

Libellule ou demoiselle.

drique; elles volent avec aisance. A l'état de larves et de nymphe, elles vivent dans l'eau. Elles abondent dans les mares et les étangs. Elles sont très-carnassières et chassent les autres insectes ou des proies plus grosses, telles que les têtards. Ces larves sont grisâtres, d'un blanc sale, presque transparentes. A l'époque de la métamorphose, la nymphe, qui ressemble beaucoup à la larve, sort de l'eau, grimpe sur la tige des roseaux et s'y attache avec les crochets de ses pattes. Alors sa peau se fend et on en voit sortir la demoiselle; on trouve fréquemment ces dépouilles vides sur les plantes aquatiques. Les libellules à l'état parfait mangent de petits insectes et, comme leurs larves en dévorent un grand nombre, c'est en somme un animal utile.

Les *fourmilions*. — On trouve quelquefois, dans le sol formé de sable fin, de petites excavations profondes de deux ou trois centimètres, larges de quatre ou cinq, ayant la forme régulière d'un entonnoir. Au fond, en regardant avec un peu de soin, on découvre deux bouts d'une pince qui sort du sable et qui révèlent la présence d'un animal. Cependant, rien ne bouge; mais si on reste à regarder ces entonnoirs pendant quelque temps, on ne tarde pas à voir quelque fourmi ou quelque autre petit insecte, passant au bord, sur le sable mouvant. La fourmi fait des efforts pour sortir; mais aussitôt l'animal qui est au centre de son piège, jette sur elle du sable et la fait rouler jusqu'au fond où les pinces la saisissent et où elle est

mangée. Ce n'est pas tout; quand l'industrieux insecte a sucé sa victime, il la lance, comme il lançait tout-à-l'heure le sable, hors du trou d'où lui-même ne sort jamais. Cet animal, qui a des mœurs si curieuses, est la larve du *fourmilion*, ainsi appelé à cause du grand carnage qu'il fait des fourmis. A l'état parfait, il ressemble beaucoup à une libellule, mais il s'en distingue par ses antennes terminées en massue.

Larve de four-milion.

Les *termites* ont des mœurs qui se rapprochent beaucoup de

Termite guerrier.

Termite neutre

Femelle.

celles des fourmis, dont nous parlerons plus loin, mais ils habitent les pays chauds. Cependant ils ont été apportés par

lés navires dans quelques ports de mer français où ils font de
grands ravages ; ils dévorent les livres, les registres, les boiseries, les charpentes. Ces animaux ont seulement le besoin
de fuir constamment la lumière ; leur travail est toujours
caché. Ils dévorent une poutre ; mais ils y entrent par les bouts
pris dans les murs ; ils n'y font pas un seul trou dans *toute sa*
longueur et on ne voit rien au dehors, jusqu'au jour où la maison
tombe et où on s'aperçoit que la poutre est complétement mangée
en dedans.

Les *phryganes* et les *éphémères*. — Nous dirons encore un
mot de deux insectes névroptères dont les mœurs
sont curieuses et dont le nom est célèbre. On trouve
dans les mares des larves qui vont traînant avec
elles un étui long de 2 centimètres environ, d'où
elles sortent la tête et les pattes quand elles se
promènent avec leur maison, et où elles restent
quand on fait semblant de les inquiéter. Ce sont
des phryganes à l'état de larve. Ces étuis sont faits

Larve de phrygane
dans son étui.

avec des matériaux que l'insecte trouve autour
de lui, de petits graviers, de petites coquilles ou bien des
bûchettes, ou encore des morceaux de feuilles que la larve taille
elle-même. Tous ces débris sont réunis avec des fils de soie
fine. Les phryganes sont toujours très-curieuses à observer
dans un aquarium et on peut leur faire faire de beaux étuis en
retirant une larve de celui où elle est et en la mettant dans un
vase avec des perles de verre : si elle n'a pas d'autres matériaux
à sa disposition, elle prendra celles-ci pour faire sa maison por-
tative.

Les éphémères sont célèbres comme ne vivant qu'un jour au
plus, mais ceci n'est vrai que de l'insecte à l'état parfait. Avant
d'y arriver, l'éphémère a vécu à l'état de larve et de nymphe
pendant un, deux ou trois ans. On trouve ses larves ordinairement dans les fleuves. Elles sont petites et se reconnaissent à
trois filaments fins qu'elles ont à l'extrémité de l'abdomen. Elles
nagent par saccades. Enfin arrive le moment de la métamorphose.

C'est alors que l'éphémère vit en réalité très-vite. La nymphe sort de l'eau et se transforme vers le moment où le soleil se couche; elle vole à quelque distance, change de peau avec la même rapidité; la ponte a lieu, et quand la nuit est complétement obscure, toutes les éphémères sorties de l'eau au coucher du soleil sont déjà mortes. Elles vivent donc moins d'une heure à l'état parfait, après avoir vécu deux ou trois ans à l'état de larve.

ORDRE DES HYMÉNOPTÈRES

L'ordre des Hyménoptères est celui qui contient les deux insectes les plus intéressants par leurs mœurs, l'abeille et la fourmi. Il est caractérisé par quatre ailes semblables, mais qui ont des nervures longitudinales, au lieu de fines nervures en réseau, comme les ailes des Névroptères. Les métamorphoses sont complètes. A l'état parfait, les femelles ont souvent un aiguillon à l'extrémité de

Hyménoptère (Frélon).

l'abdomen.

Les *tenthrèdes*, ou *mouches à scie*, ont à l'extrémité de l'abdomen un prolongement ou tarière dentée comme une scie. De là est venu leur nom. La femelle fait avec sa tarière des trous à l'écorce des végétaux et dépose dans chacun d'eux un œuf. La larve qui en sort dévore les feuilles et les bourgeons des

Tenthrède

arbres fruitiers, auxquels elle fait le plus grand mal.

Les *abeilles* vivent en société et travaillent en commun. Une ruche n'est jamais peuplée que par une seule société. Celle-ci se compose toujours de plusieurs *mâles*, d'une seule *femelle*, et d'un grand nombre d'abeilles, qui ne sont ni mâles ni femelles, et qu'on appelle *ouvrières*. Nous retrouverons la même composition dans les sociétés de fourmis.

Les *mâles* portent aussi le nom de *faux-bourdons*. Ils sont plus gros que les abeilles ; ils ont le thorax velu et n'ont pas les pattes disposées comme celles des ouvrières pour le travail. Au reste, ils ne font rien.

La *femelle* ou *reine* a l'abdomen très-long. Elle n'a pas non plus les pattes disposées pour le travail, et elle n'a pas d'autre occupation que de pondre. Il n'y a jamais qu'une reine dans une ruche.

Les *ouvrières* se reconnaissent à leur petite taille. Leurs pattes postérieures ont une structure qui en fait un véritable outil. Une des pièces de la patte est triangulaire, creusée en dessus. On peut s'assurer, en examinant des abeilles qui rentrent à la ruche et d'autres qui sortent, qu'elles apportent dans ces creux une partie de leur butin, comme dans des *corbeilles*. La pièce suivante de la patte n'est pas moins remarquable : elle est carrée et munie de plusieurs rangs de poils courts, raides, qui la font ressembler à une *brosse ;* c'est au reste l'usage qu'en fait l'insecte. On voit souvent les abeilles s'enfoncer dans les fleurs et en sortir couvertes de cette poussière qui est jaune, par exemple dans les lys, et noire dans les tulipes. L'abeille est toute pleine de cette poudre. Alors elle arrête un moment sa chasse ; elle se brosse avec la pièce carrée de ses pattes et recueille soigneusement ce qu'elle enlève de dessus son corps ; elle le met dans ses corbeilles et va plus loin butiner d'autres fleurs. On verra plus loin ce qu'elle fait de cette provision.

Les ouvrières ont à l'extrémité de l'abdomen un *aiguillon*, dont la piqûre est rendue plus cuisante par un venin versé en même temps dans la plaie. Pour bien observer l'aiguillon, il suffit de serrer avec un fétu une abeille contre un carreau de

Aiguillon grossi
de l'abeille.

vitre. On la voit alors sortir, à plusieurs reprises, son dard qui est long de trois millimètres au moins, et on aperçoit en même temps à l'extrémité de celui-ci de toutes petites gouttes de venin clair comme de l'eau de roche. Ordinairement les piqûres que font les abeilles ne sont pas dangereuses pour l'homme; elles peuvent cependant rendre un enfant très-malade. Quand une bête étrangère est entrée dans une ruche pour y manger le miel, on voit aussitôt les ouvrières se précipiter sur elle, et la percer de leur aiguillon jusqu'à ce qu'elle meure de toutes ces blessures.

L'homme élève les abeilles pour en tirer la cire et le miel. La cire forme les *rayons* où est le miel. La construction des rayons est la grande occupation des abeilles. On peut l'observer en les faisant travailler sous une cloche de verre qu'on recouvre d'une ruche; il suffit d'enlever celle-ci pour suivre tous les détails de leur vie et de leurs travaux. Les abeilles produisent elles-mêmes la cire. Quand on en prend une, on voit que les anneaux de son abdomen s'emboîtent l'un dans l'autre et se recouvrent en partie. Dans chaque intervalle, on trouve une mince lamelle de cire, qui se produit là et qui est sécrétée par la peau, comme l'est la sueur chez nous. Les abeilles enlèvent ces lamelles avec leurs pattes et en construisent les *gâteaux*, en mâchant et en façonnant cette cire avec leurs mandibules. Chaque gâteau se compose de deux rangs de cavités ou *alvéoles* opposées par le fond. Ces alvéoles ont toujours une forme très-régulière; ils ont six pans qui les séparent de six alvéoles voisins. Toutes les abeilles travaillent ensemble à faire le gâteau, qui grandit peu à peu par les bords; il est toujours vertical, en sorte que les alvéoles sont creusés horizontalement sur ses deux faces.

La provision que les abeilles rapportent sur leurs pattes, ne sert donc point à construire les rayons; ce n'est pas de la cire : elle a un autre usage. Les ouvrières en font une pâte avec laquelle elles bouchent les trous qui peuvent exister à la ruche;

elles mastiquent les endroits où celle-ci ne pose pas bien sur la planche, de manière à empêcher les courants d'air et à ne laisser pour passage que l'entrée nécessaire. Quand cette entrée est trop grande à leur gré, elles la diminuent aussi avec le même mastic auquel on donne le nom de *propolis*. Elles s'en servent encore pour un autre usage : si une grosse chenille ou un gros papillon, comme cela arrive quelquefois, est entré dans la ruche et qu'après l'avoir tué, les abeilles ne puissent arriver à jeter le cadavre dehors, elles l'enveloppent de propolis et lui font sur la place même une espèce de tombeau, qui les empêche d'être incommodées par la putréfaction du cadavre.

Les abeilles ne fabriquent pas le miel ; elles ne font en réalité que de le recueillir dans les fleurs : c'est le nectar sucré qu'on trouve au fond de celles-ci. Elles en prennent le plus possible et l'avalent, mais il n'est pas digéré ; arrivées à la ruche, elles le dégorgent, soit pour en nourrir les larves, dont elles ont le soin, soit pour le mettre en provision dans les alvéoles, afin de le manger pendant l'hiver, quand la saison des fleurs sera passée. Tout le miel que nous consommons n'est que la provision d'hiver des abeilles que nous prenons pour nous. Comme le miel n'est que le nectar des fleurs, il est d'autant meilleur que les fleurs du pays où est la ruche sont plus odorantes ; de là viennent les différentes qualités de miel.

Les alvéoles sont destinés en partie à recevoir le miel pour l'hiver ; une autre partie, à placer les œufs et à élever les jeunes larves. Quand le moment de la ponte est venu, on voit la *reine* déposer dans chaque alvéole un œuf. Elle est toujours suivie de plusieurs ouvrières qui voient si tout se passe bien. Quand par hasard la reine a laissé deux œufs dans le même alvéole, les ouvrières en retirent un et le mettent dans un autre alvéole vide à côté. Quand la ponte est faite, les ouvrières ne cessent de surveiller les œufs, puis les larves ; celles-ci forment ce qu'on appelle le *couvain*. La larve grandit et change de peau plusieurs fois pendant l'espace de six à sept jours ; quand elle ne mange plus et qu'elle va subir sa première métamorphose, les ouvrières ferment l'ouverture de l'alvéole au moyen d'un couvercle de cire que la jeune abeille, arrivée à l'état parfait, ronge à son tour pour sortir.

Mais quand une nouvelle génération d'abeilles est ainsi née, la ruche n'est plus assez grande; toutefois, les jeunes restent tant qu'il n'y a pas une nouvelle reine. Mais aussitôt qu'une nouvelle reine est éclose de sa chrysalide, toute la génération nouvelle s'en va avec elle chercher un domicile ailleurs : elle forme ce qu'on appelle un *essaim*. Toutes les abeilles de l'essaim s'envolent ensemble et vont se pendre les unes aux autres à quelque arbre du voisinage, comme une grappe compacte. C'est alors qu'on peut les prendre toutes ensemble et les mettre dans une ruche, où elles commencent bientôt à travailler et à faire, à leur tour, des gâteaux.

Pour recueillir le miel et la cire, on se débarrasse des abeilles en les faisant fuir ou en les engourdissant. Puis on enlève les gâteaux. Dans certains pays, où la cire des abeilles est très-fine, on la mange avec le miel; dans d'autres contrées, on recueille le miel à part et la cire à part, en la faisant fondre. La cire ainsi obtenue est jaune; on la blanchit par différents procédés, et on l'appelle alors dans le commerce *cire vierge*. Il n'entre pas de cire véritable dans la cire à cacheter, qui est faite avec des résines tirées des végétaux.

Les *guêpes* et les *bourdons* font, comme les abeilles, des gâteaux de cire plus ou moins réguliers, qu'on trouve dans les bois, avec les alvéoles en partie pleins de miel et en partie pleins de couvain. La cire des guêpes ressemble à une espèce de papier ou de carton gris ou brunâtre. On trouve parfois de jolis nids de guêpes, gros comme des noix, qui ne contiennent qu'un petit nombre d'alvéoles. Ces nids sont faits par la femelle seule qui travaille, au lieu de rester, comme la reine des abeilles, à ne rien faire : seule elle élève les larves sorties des œufs qu'elle pond dans ce nid. Mais ces larves donnent naissance à des ouvrières qui se mettent alors à construire les grands nids que l'on trouve dans les creux d'arbres, dans les trous et quelquefois sous les toits des maisons.

Les *fourmis*. — Les fourmis ne sont pas moins intéressantes que les abeilles, quoiqu'elles ne soient d'aucune utilité pour l'homme. Les fourmis, comme les abeilles, vivent en colonies : il y a des *mâles*, des *femelles* et des *ouvrières*. Seulement il y a pour chaque fourmilière un grand nombre de femelles. Les *ouvrières* n'ont pas d'ailes, ce sont les fourmis qu'on voit partout et qu'il est toujours si intéressant d'observer.

Les fourmis n'ont pas de cire et se construisent, sous la terre, des habitations composées quelquefois d'un grand nombre de salles et de galeries qui pénètrent profondément dans le sol. C'est un des spectacles les plus intéressants qu'on puisse se donner que d'observer une fourmilière et ses environs.

Le matin, avant le lever du soleil, tout est tranquille aux alentours, et la fourmilière est fermée; on n'aperçoit aucune ouverture pour la sortie des fourmis qui sont toutes au dedans. Mais quand le soleil est levé, on commence à voir quelques ouvrières qui déblaient le sable et font des portes par lesquelles d'autres fourmis commencent à sortir. *Le soir on refermera ces portes qui sont ainsi ouvertes tous les matins et fermées toutes les nuits.*

Cependant les autres fourmis sont allées de tous côtés, en suivant sous l'herbe et sous la mousse des chemins qui ressemblent pour elles à des grandes routes et qui s'étendent quelquefois très-loin. Elles vont et viennent, se rencontrent, s'arrêtent et se touchent les palpes comme pour se parler. Celles qui reviennent sont ordinairement chargées. Quelquefois elles ont beaucoup de peine à porter seules leur fardeau ; c'est une buchette, un morceau de feuille morte, un aile de hanneton ou même un hanneton tout entier. Mais alors les fourmis se mettent à plusieurs pour traîner un morceau aussi gros; les unes tirent, les autres poussent, enfin on arrive à la porte de la fourmilière. Si elle est trop étroite, d'autres ouvrières agrandissent la porte pour laisser passer le cadavre du hanneton et ensuite redonnent à celle-là les dimensions qu'elle avait.

Les ouvrières sont chargées de tous les travaux; elles

Fourmi ouvrière.

construisent et réparent la maison ; elles nourrissent et surveillent les œufs et les larves. Elles vont chercher aussi le miel des fleurs et en nourrissent les larves qui sont blanches et presque immobiles. Puis, s'il fait beau temps, quand ces larves sont devenues grandes ou qu'elles sont transformées en nymphes, les fourmis les apportent au soleil et les laissent quelques instants sur la fourmilière. Dès qu'il vient un peu de pluie ou qu'on les trouble, elles les redescendent dans les souterrains. Ce sont les nymphes, qu'on appelle ordinairement, mais à tort, des œufs de fourmis, et qu'on emploie pour nourrir les jeunes gallinacés. Les œufs sont infiniment plus petits ; ils donnent naissance aux larves, qui ne se transforment en nymphes que lorsqu'elles ont acquis toute leur taille.

Les larves se filent un cocon où elles subissent leur métamorphose ; quand elles sont au moment d'en sortir, les autres ouvrières les aident, puis vont ranger dans un coin de la fourmilière tous les vieux cocons vides.

Les fourmis sont généralement braves. Quand on les tourmente, quand on fait mine de détruire leur maison, elles sortent, elles s'agitent ; les unes essaient d'éloigner l'ennemi pendant que d'autres réparent les dégâts. Pour combattre, on voit les fourmis se dresser sur leurs pattes et ramener en avant leur abdomen, avec lequel elles lancent, sur l'ennemi, de petites gouttes d'un liquide transparent et très-âcre.

Il arrive souvent, quand on observe une fourmilière, qu'on la voit habitée par deux sortes d'ouvrières : les unes grosses et armées de fortes mandibules, les autres plus petites. Mais on découvre aussi que les deux sortes d'ouvrières semblent avoir, dans la communauté, un rôle différent. Les grandes, celles qui sont armées de fortes mâchoires, ne travaillent pas ; elles semblent se reposer tout le jour, mais si un ennemi menace la fourmilière, ce sont elles qui sortent et qui vont le combattre ;

Fourmi femelle.

elles sont avant tout *guerrières ;* les autres sont avant tout *travailleuses,* elles soignent la demeure, la réparent ; elles vont aux provisions et rapportent même la nourriture des guerrières qui ne se donnent pas le mal de l'aller chercher.

Ces fourmis travailleuses ne sont pas de même espèce, elles sont les captives des autres, qui de temps en temps vont piller les habitations d'espèces plus faibles, pour se procurer des ouvrières.

Les mâles et les femelles des fourmis ont de grandes ailes qui leur permettent de s'élever dans les airs ; on en voit quelquefois des essaims considérables emportés par le vent.

Au reste, les mœurs des fourmis diffèrent beaucoup selon les pays, selon l'endroit où est établie la fourmilière, et il est toujours très-instructif d'observer et de chercher à connaître celles qui vivent près de nous. Toutes ne font pas leur habitation dans le sol. Il en est qui choisissent de préférence des troncs d'arbre mort et qui s'y creusent des galeries fort longues parfois, avec des appartements de place en place.

L'ichneumon. — Quelquefois, quand on écrase une chenille au printemps, on voit qu'elle avait le corps plein d'autres larves vivantes. Ces larves sont celles d'un petit hyménoptère nommé ichneumon, qui se reconnaît à son abdomen terminé par une pointe ou tarière très-longue. L'ichneumon vole, et quand la femelle veut pondre, elle vient se poser sur une

Ichneumon.

chenille, enfonce sa tarière à travers la peau de celle-ci et dépose ses œufs dans le corps de la chenille. Les œufs éclosent et les jeunes larves se nourrissent aux dépens des chairs de la chenille qui dépérit tout en continuant de vivre, tandis que ces

larves la rongent. Elle finit cependant par mourir : c'est alors
que les larves de l'ichneumon sortent et se filent, sur le cadavre
même, un cocon dans lequel elles subissent leurs métamorphoses.

Les *cynips* sont d'autres hyménoptères aussi petits, dont la

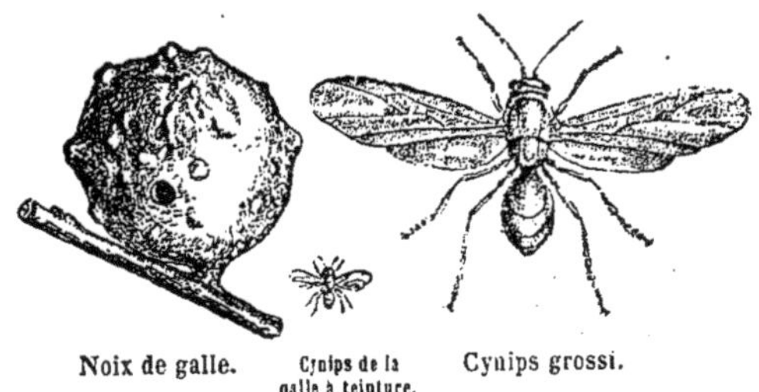

<table>
<tr><td>Noix de galle.</td><td>Cynips de la
galle à teinture.</td><td>Cynips grossi.</td></tr>
</table>

tarière, au lieu d'être droite comme celle des ichneumons, est
roulée en spirale. Les ichneumons, en détruisant les chenilles,
sont des auxiliaires pour l'homme; les cynips sont aussi des
animaux utiles, mais d'une autre manière. Ils piquent les feuilles
des arbres pour y déposer leurs œufs. Sur l'endroit qu'ils ont
piqué, se développe une *galle*. Quand on l'ouvre avec attention,
on trouve toujours au milieu d'elle un certain nombre de larves
de cynips. Or, ces galles sont, dans certains pays, l'objet d'un
grand commerce, parce qu'elles servent à la teinture en noir.
Celles qu'on vend sous le nom de *noix de galle* sont produites
par un cynips qui pique les feuilles du chêne.

ORDRE DES DIPTÈRES

Il se reconnaît de suite, parce que les insectes qui le composent n'ont que deux ailes; ils n'ont pas non plus de mâchoires,
mais seulement une trompe ou un suçoir.

Les *cousins* et les *moustiques* vivent dans les endroits où il y
a de l'eau et pondent à sa surface; les œufs sont réunis en amas
ayant une forme régulière; ils ressemblent à une petite nacelle
flottant sur l'eau. Les larves sont aquatiques; elles nagent par
secousses en se pliant sur elles-mêmes. On les voit monter pour

venir à la surface, la tête en bas. Elles respirent par l'extrémité

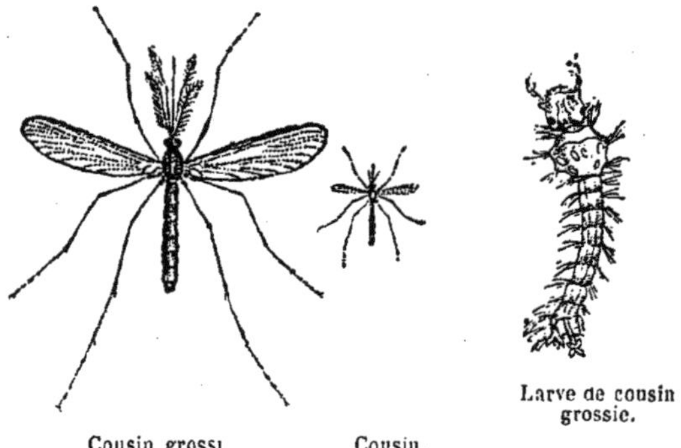

Cousin grossi   Cousin.

Larve de cousin
grossie.

de leur corps, où s'abouchent les trachées. Les nymphes sont
aussi aquatiques; elles nagent également par secousses et se
reconnaissent à des espèces de cornes qu'elles ont au voisinage
de la tête. Les cousins, devenus insectes parfaits, volent surtout
le soir, et cherchent l'homme et les animaux vivants pour en
boire le sang; ils ont un suçoir qu'ils enfoncent rapidement sous
la peau, et la plaie qu'ils font reste douloureuse quelque temps,
à cause d'un venin qu'ils y laissent couler. Le bruit aigu que
font certains cousins, et en particulier les moustiques quand ils
volent, est dû au mouvement rapide de leurs ailes qui battent
des milliers de fois en une minute.

La *mouche*. — Il y a un grand nombre d'espèces de mouches,
dont quelques-unes ont une belle couleur métallique, bleue ou
verte. A l'état de larve, la mouche est connue sous le nom
d'*asticot*. Les pêcheurs s'en servent pour amorcer les hameçons.
La grosse mouche bleue vient déposer ses œufs sur les chairs
qui commencent à n'être plus fraîches. Ces œufs sont blancs,
assez gros et réunis en petits amas. Les asticots qui en sortent
se nourrissent de cette viande qui pourrit. Puis, quand le moment est venu de subir la métamorphose, ils s'éloignent; ils recherchent les endroits obscurs et secs. Quand ils ont trouvé la
place favorable, ils se raccourcissent; ils brunissent et deviennent

10

ainsi des chrysalides sans faire de cocon et sans changer de peau. Au bout de onze jours environ, la mouche sort de cette chrysalide. On voit l'ancienne peau de la larve éclater à une extrémité, comme si elle ne pouvait contenir l'animal qu'elle renferme. La mouche qui veut sortir gonfle sa tête, et c'est cela qui cause la déchirure de la chrysalide; elle se gonfle encore pour se dégager de l'étui qui l'enveloppe; enfin, elle se trouve sur ses pattes ; elle est pâle, ses ailes sont molles, elle ne peut pas voler et reste volontiers en place. Mais, au bout de quelques minutes, les ailes ont séché, la peau de l'insecte est devenue foncée et il s'envole.

L'*œstre* est une mouche dont la larve a des habitudes singu-lières. L'œstre pond ses œufs sur les animaux vivants : chevaux, bœufs, moutons. Les larves à peine écloses s'enfoncent sous le cuir et y restent sans s'éloigner; elles forment parfois une petite tumeur dans laquelle on trouve

Œstre.   Larve d'œstre.

des larves quand on l'ouvre; elles n'en sortent qu'au moment de se transformer en chrysalides; elles tombent alors sur la terre et subissent là leur dernière métamorphose.

Mais certains œstres pondent sur les jambes de devant du cheval, à un endroit où celui-ci peut se lécher. C'est ce qu'il fait quand il commence à sentir un peu de douleur et il avale les jeunes larves. Leur enveloppe solide ne peut pas être digérée par le suc gastrique, aussi la larve ne meurt pas; elle s'accroche à la paroi de l'estomac et continue de vivre là jusqu'au moment de sa première métamorphose : elle se laisse alors tomber avec les aliments, et est rejetée au dehors, où elle devient mouche au bout d'un certain temps.

Le *taon*, au lieu d'avoir une trompe comme les mouches, a un suçoir comme les cousins. Il pique les chevaux pour se nourrir de leur sang, mais fait toujours une plaie large par la-quelle celui-ci coule souvent avec abondance. Le taon s'attaque

Taon.

aussi à l'homme : sa piqûre n'est pas dangereuse; mais il peut communiquer soit aux animaux, soit à l'homme, une maladie redoutable connue sous le nom de *charbon*. Elle commence ordinairement par une plaque d'un rouge très-vif, au milieu de laquelle se montre un point noir. Dès qu'on soupçonnera la maladie, il faut aussitôt aller trouver le médecin. Les taons et les autres insectes qui piquent avec un suçoir peuvent ainsi communiquer le charbon, mais on le gagne aussi sans cela, en maniant des peaux fraîches d'animaux qui l'avaient. Les mouches elles-mêmes ne le donnent que quand elles se sont d'abord posées sur des animaux ayant le charbon, ou morts de cette maladie.

ORDRE DES PARASITES

On appelle parasites tous les animaux qui vivent sur ou dans d'autres animaux. Il y a de même des plantes parasites. Tous les animaux parasites sont loin d'appartenir à la classe des insectes, toutefois elle en compte un certain nombre. Les œstres, dont nous avons parlé, qui grandissent soit sous la peau du bétail, soit dans l'estomac des chevaux, sont parasites, mais seulement à l'état de larves. Chez les insectes de l'ordre qui nous occupe maintenant, on en trouve qui sont parasites pendant toute leur vie, comme le pou, et d'autres qui le sont seulement à l'état adulte, comme la puce. Aucun d'eux n'a d'ailes.

La *puce* a un suçoir avec lequel elle fait, comme la punaise et le cousin, des piqûres douloureuses. A

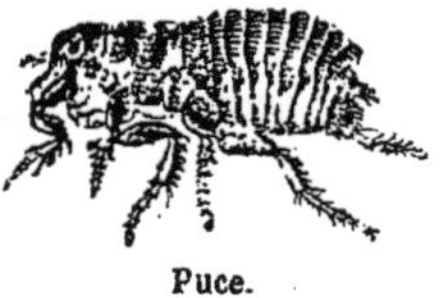

Puce.

l'état de larves, ce sont des vers très-agiles, mais ces larves ne vivent pas sur l'homme; elles habitent la paille, la poussière, les vieilles boiseries.

Le *póu* attache ses œufs, connus sous le nom de *lentes*, aux cheveux ; ils ont un petit couvercle que la larve soulève pour en sortir. Elle ressemble déjà à l'insecte parfait. Les poux sont des animaux nuisibles comme tous les parasites, et qu'on éloigne facilement avec de la propreté. C'est une grosse erreur de croire qu'ils peuvent être utiles à la santé. On devra toujours en débarrasser, avec le plus grand soin, ceux qui en sont attaqués.

Lentes ou œufs de pou, de grandeur naturelle et grossis.

D'autres espèces de poux vivent sur le corps ; l'une d'elles, en se développant en grande quantité, détermine une maladie souvent mortelle, la *phthiriasis*.

Beaucoup d'animaux ont des poux et des puces un peu différents de ceux de l'homme, mais qui peuvent vivre également sur son corps, et dont il devra se délivrer avec le même soin.

Parmi les plus nuisibles de ces parasites, le plus dangereux, sans contredit, est une petite puce de l'Amérique méridionale, qu'on désigne sous le nom de *Chique*. Cette espèce, très-petite, pénètre à travers les vêtements et les chaussures, et s'enfonce sous la peau des pieds où son corps se gonfle et détermine, si on ne l'enlève pas à temps, des ulcères gangréneux qui peuvent entraîner l'amputation et même la mort.

CLASSE DES ARACHNIDES

La classe des arachnides, qui tout d'abord paraît ressembler beaucoup à celle des insectes, s'en distingue cependant très-bien. Tandis que les insectes ont six pattes, les araignées et tous les animaux qui sont avec elles dans cette classe, ont *huit* pattes.

Araignée vue de dos.

Il y a, du reste, d'autres différences. La tête et le thorax sont réunis, en sorte qu'il n'y a pas de cou. L'abdomen lui-même est parfois réuni, comme dans le *faucheur,* à la tête et au thorax : le corps ne forme alors qu'une seule masse ovoïde avec huit pattes. Les yeux se trouvent par conséquent placés sur le corselet; ils sont souvent au nombre de 6 ou 8 et même de 12, séparés les uns des autres, au lieu d'être réunis en groupe comme chez les insectes. Pour le reste de

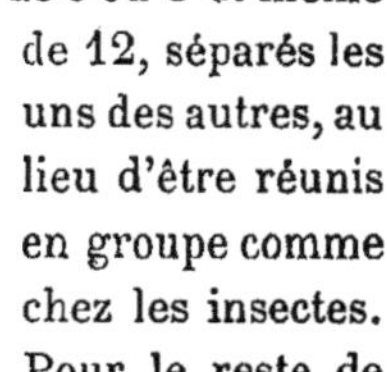

Araignée vue de profil.

leur organisation, les araignées ressemblent beaucoup aux insectes; elles n'ont pas, toutefois, de métamorphoses, mais seulement des *mues.*

Les *araignées* causent souvent, on ne sait pourquoi, une très-grande peur. Elles ne peuvent pas, généralement, faire beaucoup de mal; cependant, plusieurs araignées ont à la bouche des cro-

chets recourbés qui sont munis, comme les dents de la vipère,
d'un appareil à venin. Chez nous, toutefois, les plus grosses ne
font pas de blessures bien dangereuses, mais il n'en est pas de
même dans les pays chauds, où on en trouve qui ont la taille
d'une souris. L'araignée est encore un de ces animaux dont les
mœurs offrent un très-grand intérêt à ceux qui veulent les observer avec soin, et rien n'est plus facile. Pour prendre leur
proie, elles filent des toiles, mais elles ne produisent point leur
soie par la bouche comme les insectes. C'est par l'extrémité de
l'abdomen que l'araignée file. Quand elle a décidé de faire sa
toile dans un endroit, elle éprouve d'abord de grandes difficultés

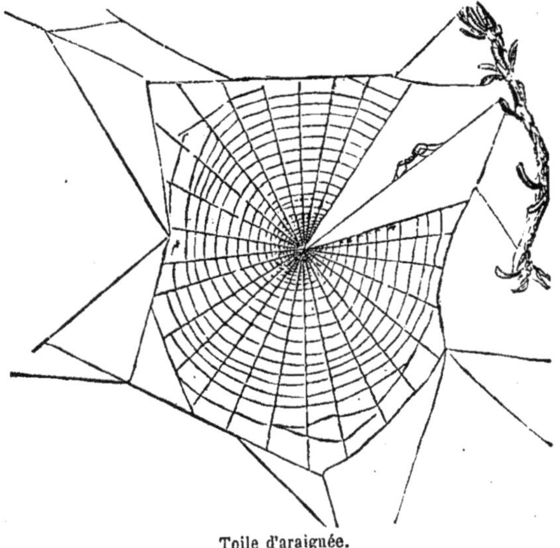

Toile d'araignée.

pour tendre les premiers fils. Ensuite le travail va assez vite, et
quand elle n'est point dérangée, la toile est d'une régularité parfaite. Elle se construit souvent, en plus, dans le voisinage, un
abri d'où elle guette le gibier qui viendra se faire prendre. Aussitôt qu'un moucheron s'est jeté dans la toile, elle arrive, le saisit
et le suce, puis elle jette le cadavre au loin ou quelquefois l'en-

veloppe de filaments de soie et le laisse en place. Elle répare les mailles qui ont pu être cassées et retourne attendre une nouvelle occasion. Toutes les araignées ne mènent pas cette existence sédentaire : plusieurs espèces ne font pas de toile et tendent simplement çà et là des fils. On les trouve courant dans les champs, et il en est même parmi celles-ci qui sautent avec une grande agilité. On les appelle des *coureuses* et des *sauteuses*.

On découvre quelquefois des araignées qui portent attachée à leur abdomen une grosse boule faite de soie qu'elles n'abandonnent jamais. Cette boule est remplie d'œufs que la femelle promène ainsi partout avec elle. D'autres espèces mettent également leurs œufs dans un sac fait avec leur soie, mais elles le pendent à leur toile, au plafond, dans un endroit où ils sont à l'abri.

On prétendait autrefois qu'il y a dans certains pays une araignée appelée *tarentule* dont la piqûre donne envie de danser, mais c'est une fable comme tant d'autres qu'on a racontées de tous les animaux.

Les *mites* et l'*insecte de la gale.* — Les mites qui vivent sur le fromage ont aussi huit pattes et appartiennent, par conséquent, à la classe des arachnides. Leur histoire ne serait pas bien intéressante si ces animaux ne se rapprochaient par leur forme d'un autre animal qui est parasite de l'homme et qui produit la maladie appelée la *gale*. Il est plus petit encore que la mite du fromage ; il se construit sous l'épiderme des galeries longues quelquefois d'un centimètre. Comme il travaille

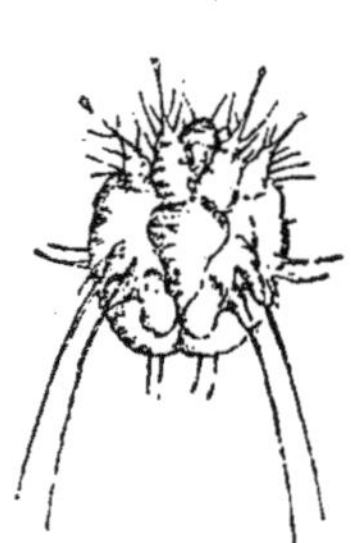

Sarcopte de la gale très-grossi.

surtout la nuit, c'est alors qu'il fait éprouver les plus vives démangeaisons. On gagne la gale comme on gagne les poux quand des animaux de la gale passent d'une personne sur une autre. Il faut toujours se débarrasser de ces parasites, de même que des poux ; seulement, comme ils sont très-petits et cachés sous la peau, le secours du médecin est nécessaire. — Le chien, le chat et le cheval ont, comme l'homme, un animal qui leur donne aussi la gale. Ce n'est pas le même, mais il peut néanmoins vivre sous notre peau, et les animaux, par conséquent, donnent aussi dans certains cas la gale.

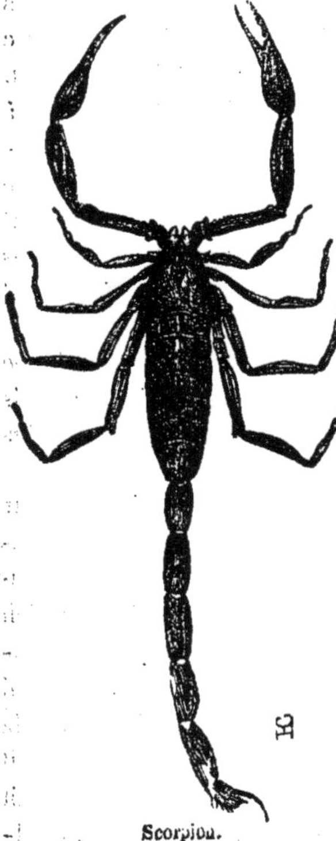

Scorpion.

Les *scorpions* ont huit pattes comme les araignées; ils ne filent pas; ils possèdent à l'extrémité de leur abdomen, qui est formé de plusieurs anneaux articulés, un crochet recourbé avec lequel ils piquent, en laissant dans la plaie un venin qui cause de grandes douleurs. Nous n'avons dans les contrées chaudes de la France que de petits scorpions qui ne sont pas très-redoutables, et dont la piqûre ne saurait en aucun cas amener la mort d'un homme. Ils vivent sous les pierres et ne sortent ordinairement que la nuit. Ils ne se servent de leur dard que quand on les tourmente.

CLASSE DES MYRIAPODES

Dans cette petite classe, on trouve la *scolopendre*, appelée aussi

Scolopendre.

mille pattes; son corps est formé d'un grand nombre d'anneaux
qui sont tous presque semblables, excepté le premier et le dernier. Chacun de ces anneaux a une paire de pattes, et l'animal
avance avec tous ses membres, dont le nombre s'élève parfois
à une centaine et même plus. Les petites scolopendres de nos
pays vivent sous les pierres et sont à peu près inoffensives; mais
il n'en est pas de même des grandes scolopendres qu'on trouve
dans les pays chauds, et qui font des piqûres très-douloureuses
avec deux crochets qu'elles portent de chaque côté de la tête.

Tête de scolopendre d'Amérique, de grandeur naturelle.

CLASSE DES CRUSTACÉS

Les crustacés forment, avec les insectes, les arachnides et les myriapodes, la grande division des animaux articulés, c'est-à-dire formés de segments. Les crustacés se distinguent très-bien en ce qu'ils ont toujours plus de quatre paires de pattes : ils en ont dix comme l'écrevisse et le crabe, ou un plus grand nombre,

Crabe.

comme le cloporte qui en a quatorze. Les crustacés ont, comme les insectes, des mâchoires latérales, des yeux où se voient très-bien les facettes, mais ils ne respirent jamais par des trachées : ils ont, comme les poissons, des branchies. Ils ont des mues fréquentes.

L'écrevisse. — Dans l'écrevisse, la tête et le thorax sont réunis. Il y a cinq paires de pattes, mais la première, beaucoup plus grosse que les autres, représente de fortes pinces. L'abdomen est composé de plusieurs anneaux au-dessous desquels sont des espèces de membres appelés *fausses pattes*. C'est là que la femelle attache ses œufs, qu'elle porte partout avec elle. En soulevant les bords de la pièce dure, en forme de carapace, qui recouvre la tête et le thorax, on trouve de chaque côté cinq branchies ramifiées comme des arbres.

Les écrevisses qui paraissent si bien enfermées dans leur peau dure, en changent cependant tous les ans. Quand le moment de la mue est venu, la carapace se détache du premier anneau de l'abdomen, en même temps elle se fend par le milieu, et l'écrevisse, en donnant une secousse violente, sort de sa vieille peau avec une peau toute neuve. Celle-ci n'est pas encore dure comme l'autre, mais complétement molle ; l'animal se cache alors au fond de quelque trou, puis au bout d'un petit nombre de jours, sa nouvelle peau étant devenue résistante, il reprend son existence habituelle. L'écrevisse, comme la plupart des crustacés, est carnassière.

On vend dans le commerce de petites pierres blanches, sous le nom d'*yeux d'écrevisse ;* on les trouve en effet dans l'écrevisse à certaines époques de l'année, mais ce ne sont pas ses yeux ; elles sont dans le canal digestif.

Les *homards* ont à peu près la forme des écrevisses, mais ils sont beaucoup plus gros, atteignent quarante centimètres de longueur et quatre à cinq kilos de poids ; ils vivent dans la mer. Ils sont pendant la vie d'un beau bleu.

Les *crabes* sont peut-être les plus abondants de tous les crustacés. Les bords de la mer en sont pleins. Ils se nourrissent de tous les corps morts, de toutes les chairs en pourriture, qui sont rejetés sur le rivage. On les trouve à marée basse sous les pierres. Quelques-uns sont très-agiles et se sauvent en marchant de côté. Les *tourteaux* sont de très-gros crabes qui peuvent atteindre 30 à 40 centimètres de large. Mais ils remuent peu, se cachent et doivent à ces mœurs le nom de *dormeurs*, sous lequel les pêcheurs les désignent.

Les *crevettes* ou chevrettes sont de petits crustacés également très-recherchés et qui nagent avec une grande agilité dans l'eau.

On les pêche en poussant un filet à mailles très-étroites sur le sable, pendant les marées basses.

Tous les crustacés analogues à ceux que nous venons de citer, deviennent rouges lorsqu'on les fait cuire; mais très peu présentent cette couleur lorsqu'ils sont vivants.

Cloporte.

Les *cloportes*, qui vivent dans les lieux humides, sont aussi des crustacés; il y a aussi des cloportes qui vivent dans la mer; la plupart sont parasites des poissons ou des cétacés; ils n'atteignent jamais une grande taille et ont toujours quatorze pattes.

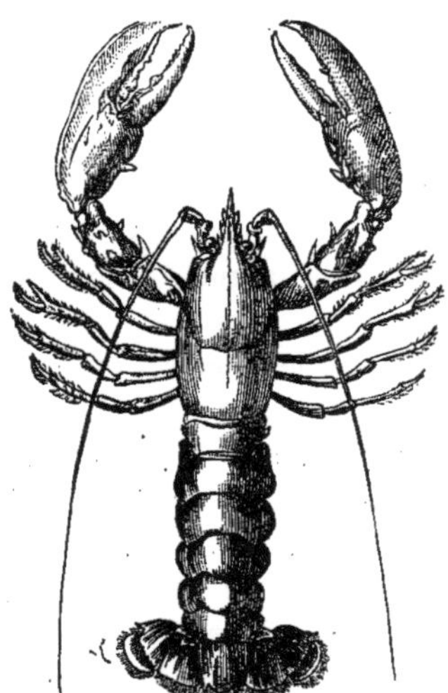

Homard.

CLASSE DES ANNELÉS

OU ANNÉLIDES

La classe des annelés comprend des animaux qui sont formés d'anneaux mous et ordinairement très-nombreux; ils n'ont pas de membres. La sangsue, le ver de terre sont des annelés. Ces animaux ont ceci de remarquable que leur sang est rouge. Quand on regarde le dos d'un petit ver de terre, on voit sous la peau un filament rouge. Si on l'observe avec soin, on remarque qu'il est tantôt plus gros et tantôt plus mince, et que la légère dilatation qu'il présente par instant s'avance tout le long de l'animal, en allant d'arrière en avant. Ce vaisseau, qui a des battements, est le cœur.

Le *ver de terre* n'a pas de membres plus que les autres annelés, mais si on en examine de près un qui soit de grosse taille, surtout si on le prend dans la main, on voit sortir de la peau de son ventre un grand nombre de poils courts, roides, avec lesquels il s'accroche. C'est pour cela que quand un ver est encore en partie dans son trou, on a tant de peine à l'en arracher; il se retient avec ces espèces de soies contre les parois de sa demeure. Un peu en avant de la moitié de son corps, le ver de terre présente un renflement que l'on appelle *corselet*. Si on partage un ver de terre en arrière du corselet, la partie antérieure ne meurt pas et reproduit une queue; le ver redevient exactement pareil à ce qu'il était. Les vers se nourrissent en avalant la terre. Il ne faudrait pas croire cependant que celle-ci soit nourrissante par elle-même, mais il y a toujours dans la terre une grande quantité de débris animaux et végétaux; ce sont eux qui sont digérés et qui forment la véritable alimentation du ver. Il ne tarderait pas à mourir s'il était réduit à avaler le sable pur.

Les *sangsues* sont des annelés qui possèdent aux deux extrémités de leur corps des ventouses pour s'attacher : au milieu de la ventouse de devant est la bouche. Les sangsues vivent dans l'eau des marais. On en faisait autrefois un très-grand commerce pour la médecine, mais on les emploie maintenant beaucoup moins. Elles ne se nourrissent que de sang. Dans les marais où on les élève, on met de vieux chevaux pour qu'elles s'attachent à leurs jambes. Leur bouche est armée de trois pièces solides garnies de petites dents comme une scie. C'est en faisant agir ces trois pièces sur l'endroit où elle est fixée par sa ventouse, que la sangsue fait la plaie d'où elle tire le sang. Aussi les cicatrices qui succèdent à ces plaies sont-elles toujours triangulaires. La sangsue se gorge de sang au point qu'elle peut à peine remuer; mais pour digérer cette grande quantité d'aliment, il lui faut un temps assez long. On peut la faire vomir en mettant sur elle une pincée de sel, ou de tabac, ou même de sucre, qui est un poison pour un certain nombre d'animaux.

CLASSE DES VERS INTESTINAUX

L'homme et les animaux nourrissent dans leur corps un grand nombre de vers parasites. Le plus souvent ils ne font pas éprouver à la santé un danger réel, excepté chez les enfants. Cependant on devra toujours chercher à s'en débarrasser le plus tôt possible ; et pour cela, il faudra toujours consulter un médecin.

L'*ascaride* est le ver qu'ont le plus communément les enfants. Il ressemble par sa forme générale au ver de terre et on l'appelle parfois du même nom que celui-ci, *lombric*. Mais il suffit de le regarder pour voir que s'il a la même forme, il n'a ni la même rapidité du mouvement, ni la faculté de s'allonger et de se raccourcir comme le ver de terre. Les ascarides ne vivent pas seulement dans le tube digestif de l'homme ; les animaux en ont aussi. Les enfants en ont plus souvent que les grandes personnes, par suite de l'habitude de mettre dans leur bouche tout ce qu'ils trouvent et de manger les fruits qu'ils rencontrent par terre : ils avalent en même temps des œufs d'ascarides, qui éclosent et grandissent dans leur estomac.

Le *ténia*. — On donne aussi à ce ver le nom de *ver solitaire*, par suite d'une erreur qui consiste à croire qu'il est toujours seul chez la même personne. On peut en avoir plusieurs, et cela arrive même souvent. Ce ver est plat comme un ruban ; il se compose d'une série de petits carrés attachés les uns au bout des autres, auxquels on donne le nom d'*anneaux* ou *segments*, malgré leur forme plate. La tête du ver est tout au plus grosse comme une tête d'épingle ; elle est arrondie et présente sur le côté quatre enfoncements disposés régulièrement et qu'on appelle des *ventouses*. Les premiers anneaux qui suivent la tête sont encore plus petits qu'elle, mais ils deviennent de plus en plus grands et les derniers ont près d'un centimètre de large sur autant de long. Le nombre de ces anneaux est parfois considérable; il peut y en avoir plusieurs centaines et le ver tout entier mesure ordinairement plusieurs mètres. Tous ces anneaux naissent les uns après les autres derrière la tête, en sorte que le dernier est toujours le plus ancien. La tête continue d'en produire de nouveaux tant qu'elle vit. C'est pour cela que quand un bout de ténia a été rendu, il faut rechercher si la tête y est : si la tête est restée dans le corps, elle formera de nouveaux anneaux, et au bout d'un certain temps reproduira un ver aussi long que le bout rendu.

On rejette quelquefois des *anneaux* de ténia isolés qui se sont détachés de l'extrémité de l'animal. La présence d'un ou de plusieurs ténias dans l'intestin peut altérer la santé; mais il ne faut pas croire, comme on le dit, qu'il mange une partie de la nourriture que l'on prend. Le ténia n'a pas même de bouche avec laquelle il puisse avaler.

Les douves. — On trouve souvent dans le foie des moutons des vers intestinaux plats et qui rampent comme des limaces; les uns sont très-petits et n'ont qu'un centimètre de long, les autres en ont quatre ou cinq et ressemblent à une feuille ; on les appelle des *douves*. On trouve également dans les mares des petits vers noirs ou gris, tous semblables aux douves, et qui rampent avec rapidité sur les plantes aquatiques ou sur les parois du vase où on les a mis. Ces animaux, appelés *planaires*, ont ceci de remarquable, que si on les sépare en deux jusqu'au milieu du corps, dans le sens de la longueur, avec une paire de ciseaux qui coupe bien ou un rasoir, chaque moitié se complète et l'animal a bientôt deux têtes ou deux queues, selon qu'on l'a fendu en avant ou en arrière ; si on achève ensuite de le fendre, on a deux animaux complets et séparés, venus ainsi d'un seul.

Ver du tournil. — Les vers intestinaux ne vivent pas seulement dans l'intestin. Nous venons de voir que les douves se

trouvent dans le foie ; d'autres habitent le cerveau. Quelquefois
les moutons sont pris d'une maladie que les bergers connaissent
bien, et qui les fait tourner sur eux-mêmes au lieu d'avancer
droit ; on l'appelle le *tournil* ; elle est causée par un ver d'une
forme toute particulière, qui vit dans le cerveau du mouton ;
on le trouve toujours sur les animaux morts de cette maladie.
Il a la forme d'une vessie pleine d'eau de la grosseur d'une
noisette ou même d'une noix. On ne voit aucun mouvement,
et on ne reconnaît pas tout d'abord qu'on a affaire à un ver ;
c'en est un cependant. Quand on ouvre cette vessie, on remarque
à l'intérieur plusieurs prolongements blancs ; si on les déchire
avec le bout d'une épingle, on trouve, au milieu de chacun,
une tête toute pareille à celle du ténia.

D'autres vers vivent dans les chairs et souvent dans le
lard du cochon. Ils ont aussi la forme de vessies, mais grosses
comme des pois ou tout au plus comme des noisettes. Ils
ont, comme le ver du tournil, une tête cachée de même et
toute pareille à celle du ténia. Dans certains pays, on sent ces
vers craquer sous la dent en mangeant le lard, et on les appelle
grêlons.

Les vers qui vivent ainsi dans la chair des animaux peuvent
devenir un danger quand les hommes les avalent, si la viande
où ils sont n'a pas été suffisamment cuite. Il faut toujours
préférer, pour l'alimentation, des viandes bien cuites à des
viandes peu cuites ou simplement fumées. Si une viande est
soupçonnée d'être malsaine et de contenir par exemple des vers
intestinaux, on devra la faire longtemps bouillir ; on peut après
cela la manger sans danger.

Tournil du mouton.

EMBRANCHEMENT DES MOLLUSQUES

Cet embranchement ne comprend qu'une classe, qui a été divisée en trois groupes : les *Céphalopodes*, qui ont des tentacules qui leur servent de pied (poulpe, calmar) ; les *Gastéropodes*, qui marchent avec leur ventre (limace, escargot) ; les *Acéphales*, sans tête, enfermés dans des coquilles bivalves (huître, moule).

Les animaux de cette classe n'ont ni vertèbres comme les vertébrés, ni segments comme les articulés. Ils ont la peau molle, à la manière des limaces ; seulement, parfois, ils sont enfermés comme les colimaçons ou les huîtres dans une coquille plus ou moins dure. Les mollusques respirent ordinairement par des branchies ; quelques-uns cependant, et la limace est du nombre, respirent par un poumon qu'on voit s'ouvrir chez elle sur le côté, en arrière de la tête.

La *limace* est le mollusque qui peut le mieux donner une idée des animaux de sa classe. Elle sort par les temps humides ou le soir, et elle s'avance en se traînant sur ce qu'on appelle son *pied*. Tout son corps est couvert d'un mucus visqueux qui laisse derrière elle une trace. Elle dévore les plantes, les fruits, et peut causer dans les jardins de grands dommages.

L'*escargot* ou *colimaçon* est tout différent de la limace. Il marche comme elle en rampant sur son pied, mais il a une coquille où il rentre quand un danger le menace, et pour passer l'hiver. La coquille de l'escargot lui sert donc de demeure, mais elle fait partie de lui-même ; elle est attachée à sa peau et il ne peut nullement, comme on le croit parfois, en sortir. Les escargots mangent aussi les fruits, les plantes, mais ils sont à leur tour un aliment très-recherché dans certains pays. On préfère ceux qui se sont nourris des feuilles de la vigne.

La *limnée* a une coquille enroulée comme l'escargot, et lui ressemble beaucoup : elle vit dans les mares, et, quoiqu'aqua-

Limnée.

tique, elle respire comme la limace et l'escargot au moyen d'un poumon qu'elle vient ouvrir à la surface de l'eau. On peut très-bien voir une limnée respirer en la plaçant simplement dans un verre d'eau. Les limnées pondent au printemps des masses d'œufs sur les plantes aquatiques ou même sur les parois des vases où on les élève. Ces masses ont environ 15 millimètres de long et 3 de large. Elles sont formées d'une gelée transparente, et comme les œufs sont également transparents, on voit très-bien le vitellus. Celui-ci peu à peu grossit, et quand les petites limnées dans leurs œufs n'ont pas encore atteint le volume d'une tête d'épingle, on peut remarquer qu'elles tournent sur elles-mêmes, sans que ce mouvement s'arrête jamais.

Beaucoup de mollusques, au lieu d'avoir une coquille contournée, comme l'escargot ou la limnée, en ont une formée de deux pièces unies par une charnière et qu'on appelle des valves. On dit alors que ces coquilles, telles que l'*huître*, la *moule*, le *bénitier* et la *coquille Saint-Jacques*, sont *bivalves ;* les autres sont appelées simplement *univalves*. Tantôt l'animal entr'ouvre les valves de sa coquille et tantôt il les referme et se trouve ainsi complétement à l'abri entre elles. Quand il est mort, les deux valves sont toujours entrebaillées. Pour les tenir closes, l'animal a un muscle qui va de l'une à l'autre et qu'il faut couper pour les séparer. Quand on ouvre une huître, on commence par briser la charnière avec un couteau, sur le dos duquel on frappe ; mais cela ne suffit pas et il faut ensuite aller, avec la lame du couteau, couper le muscle qui tient les valves fermées. Pour détacher ensuite l'animal, on coupe encore de nouveau le même muscle au-dessous de lui. Les places où ce muscle s'attache aux deux valves sont marquées par des empreintes qu'on reconnaît facilement.

Les mollusques bivalves ne vivent pas tous comme l'huître, attachés au rocher. La *coquille Saint-Jacques*, qu'on appelle aussi *pélerin*, et beaucoup d'autres changent de place. Il en est de même d'une espèce de moule qu'on trouve dans les rivières et dans les étangs. Les huîtres, au contraire, vivent toujours fixées à l'endroit où elles se sont posées après leur naissance. Les vraies moules de la mer s'attachent au moyen de filaments qu'elles peuvent reproduire après qu'ils ont été déchirés. L'ensemble de ces filaments s'appelle *byssus*.

Perles. — On trouve quelquefois, en mangeant des huîtres, de petites perles tantôt bien rondes et tantôt d'une forme moins régulière : elles sont sans valeur; mais les vraies perles viennent de même dans une grande espèce d'huître qu'on appelle *mère perles* et qu'on ne pêche que dans les mers des pays chauds. Ces *mères perles* sont toujours à de grandes profondeurs, et il faut des plongeurs très-habiles pour les aller chercher. Afin de descendre plus vite au fond, ils passent le pied dans une courroie attachée à une pierre qui les entraîne; avec un couteau, ils enlèvent les coquilles qu'ils trouvent et qu'ils placent dans un panier attaché à une corde, puis ils remontent respirer. Les vraies perles sont toujours très-dures, tandis que celles qui ne sont qu'une imitation en verre, s'écrasent sous le moindre effort.

La coquille qui donne les perles est elle-même travaillée sous le nom de nacre.

Les *os de seiche*. — On vend, sous le nom d'os de seiche,

Seiche.

des plaques dures et légères qu'on trouve sous la peau du dos de certains mollusques qui n'ont pas d'autre coquille. Ces mollusques ont la tête armée de bras, avec une infinité de petites ventouses qui s'attachent à l'objet qu'ils veulent saisir et dévorer. La bouche est au milieu de tous ces bras. Quand on tourmente ces animaux, ils lancent un nuage de liqueur noire qu'on appelle *sépia*. On recueille aussi ce noir et on en fait la couleur connue sous le même nom.

EMBRANCHEMENT DES RAYONNÉS

L'embranchement des rayonnés comprend des animaux dont toutes les parties rayonnent autour d'un centre commun et dont l'organisation est très-simple.

Les plus remarquables de ces animaux habitent la mer. Ils sont ordinairement formés de parties dures ou cornées et de parties extrêmement molles qui enveloppent ces parties dures; tels sont le *corail*, *l'éponge*, etc.

Le *corail* forme des branches attachées au rocher. On le pêche avec des filets en fil de fer qui se prennent dans ses rameaux et les cassent. Quand le corail est vivant, on aperçoit sur ses branches de jolies étoiles semblables à des fleurs avec huit rayons. Mais si on observe ces prétendues fleurs, on voit bientôt qu'elles remuent et que leurs rayons s'ouvrent ou se referment, s'allongent ou se raccourcissent. Chacune d'elles est un animal, et c'est lui qui forme peu à peu le corail, comme l'huître forme son écaille. Le corail ne ressemble donc aux plantes que parce qu'il a des branches, mais c'est en réalité un animal. Celui qu'on emploie dans le commerce est d'une belle couleur rouge. Mais il y a dans la mer beaucoup d'autres coraux qui sont blancs et qu'on appelle en général *polypiers*.

L'éponge. — Un autre madrépore non moins singulier est l'éponge, qu'on trouve aussi au fond de la mer. L'éponge, comme le corail, est un animal. Quand on la prend dans le sable, elle est lourde et pleine d'une chair gluante qu'on laisse pourrir : c'est la partie vivante de l'éponge. Quand on l'a enlevée tout entière par plusieurs lavages, il reste la charpente cornée et solide qui soutenait la chair de l'animal; c'est cette partie cornée que nous employons seule.

Parmi les autres rayonnés, nous citerons aussi les *anemomes* ou *actinies*, appelées aussi *fleurs de mer*; elles vivent fixées sur les rochers, et quand elles s'ouvrent et mettent dehors leurs membres le plus souvent vivement colorés, on dirait des fleurs qui s'épanouissent.

Les *méduses* ressemblent aux anemomes, mais elles vivent flottant dans la mer.

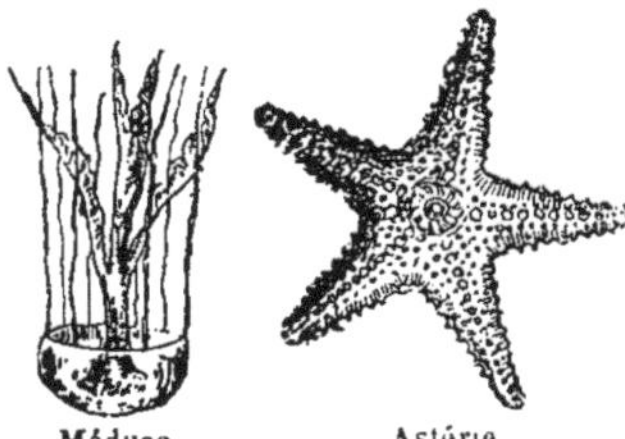

Méduse.   Astérie.

Les *astéries* ou *étoiles de mer* qui ont des rayons, et enfin les *oursins* en forme de boule et couverts d'épines, rappelant assez une châtaigne avec sa coque, sont aussi des rayonnés.

On range également dans cet embranchement ces myriades d'animaux excessivement simples, appelés *infusoires*, mais qu'on ne peut voir qu'à l'aide d'un puissant microscope; ils vivent principalement dans les eaux stagnantes.

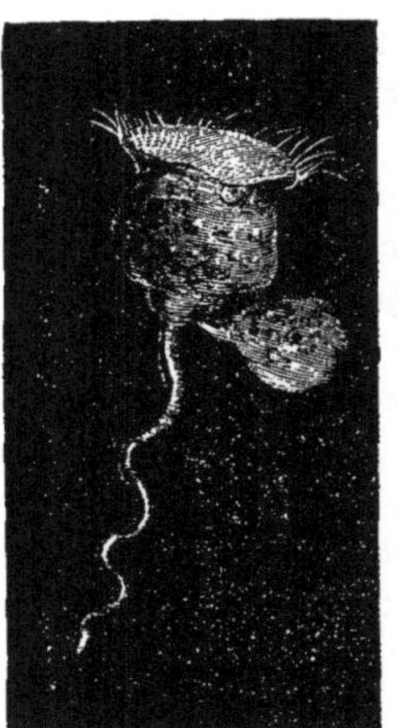

Infusoire grossi 300 fois.

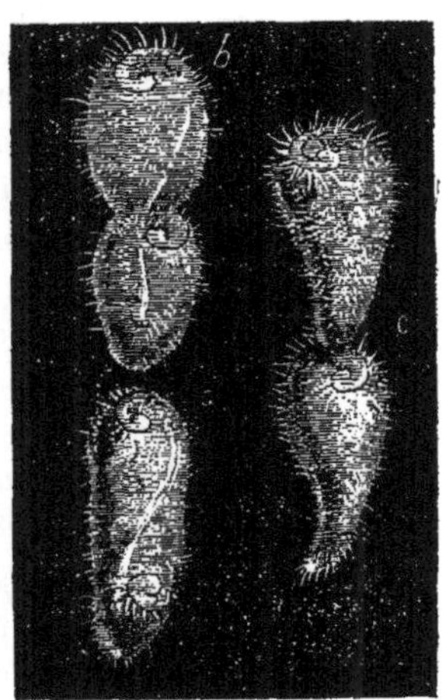

Intusoires grossis 150 fois.

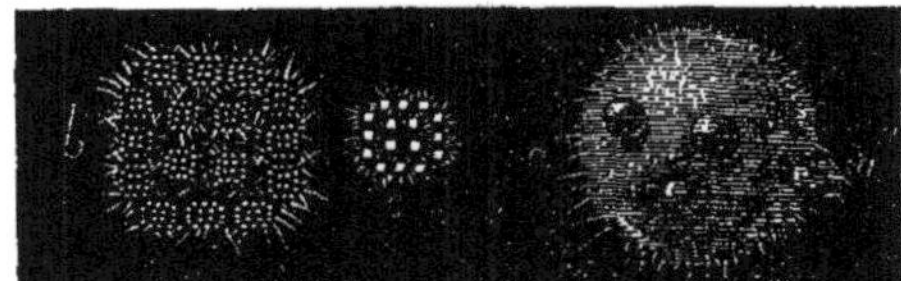

Infusoires grossis 100 fois.

RÈGNE VÉGÉTAL

Le règne végétal comprend toutes les plantes. Celles-ci sont aussi différentes entre elles que les animaux ; il suffit pour s'en assurer de comparer une moisissure venue sur un pot de confitures, à un chêne ou à un sapin ; et on a dû dans les végétaux, comme dans les animaux, faire de grandes divisions en classes. Mais avant de parler de celles-ci, nous devons nous rendre compte des différentes parties dont se compose un végétal, en prenant nos exemples parmi les plantes les plus communes.

Pour bien étudier ce que c'est qu'une plante, nous pouvons mettre dans un pot à fleurs quelques haricots afin de les voir pousser. En attendant qu'ils paraissent hors de terre, examinons comment est formé un haricot, et, pour cela, mettons-en un, pendant un jour ou deux, à gonfler et se ramollir dans l'eau. Si alors nous l'ouvrons, nous trouvons d'abord une *peau* ou *enveloppe* qui se détache entièrement de son contenu. Le contenu est lui-même formé de deux moitiés qui se séparent avec la plus grande facilité et ne sont réunies que par un point. Ces deux moitiés s'appellent *cotylédons*. Si le haricot est convenablement ramolli, ils laissent voir, quand on les écarte avec soin, une toute petite plante à laquelle ils tiennent et qui est là, pressée entre eux deux : on reconnaît déjà une sorte de bourgeon à une extrémité et à l'autre extrémité une racine. Entre le bourgeon et la racine, la petite plante est unie aux cotylédons, en sorte que ceux-ci et elle ne font qu'un.

Si maintenant nous suivons chaque jour le progrès de la végétation de nos haricots plantés dans le pot à fleurs, voici ce que nous voyons : les cotylédons, en se gonflant dans la terre humide, finissent par faire crever l'enveloppe; alors la petite plante se dégage, tout en restant attachée aux cotylédons; le bourgeon monte dans l'air et devient la *tige* avec ses feuilles; la racine s'enfonce dans la terre. Les deux cotylédons restent encore pendant un certain temps attachés entre la tige et la racine, comme deux grosses feuilles, par une queue épaisse, puis ils tombent un peu plus tard.

Les plantes n'ont jamais plus de deux cotylédons, mais il y en a un grand nombre qui n'en ont qu'un. Les plantes qui en ont deux sont appelées *dicotylédones;* les plantes qui n'en ont qu'un sont appelées *monocotylédones;* enfin d'autres plantes n'en ont pas du tout, et sont désignées sous le nom de plantes *acotylédones.* Les plantes acotylédones diffèrent beaucoup des autres; ce sont les mousses, les champignons, les moisissures. Les plantes dicotylédones et monocotylédones diffèrent aussi entre elles, au point qu'il n'est pas besoin, dans la plupart des cas, de compter les cotylédons de la graine pour savoir dans quelle classe il faut les ranger; le tronc, la feuille, la fleur indiquent suffisamment, comme on le verra par les exemples que nous donnons plus loin, si la plante appartient à l'une ou à l'autre des deux divisions.

Le *tronc.* — Quand la tige des plantes prend de grandes proportions, on l'appelle tronc. Les arbres ont un tronc, et celui-ci peut être, dans certains cas, extrêmement gros; on connaît des troncs d'arbres creux dans lesquels on peut entrer.

Quand on scie à un mètre au-dessus du sol environ le tronc d'un arbre et qu'on l'examine, on remarque tout d'abord trois parties : l'écorce, le bois et enfin, au milieu, la moelle. La moelle est extrêmement légère et molle. Le canal qui la contient ou *canal médullaire* est souvent très-petit dans les bois de charpente, mais il est quelquefois beaucoup plus large, comme par exemple dans les branches de sureau, où la moelle tient plus de place que le bois.

Le *bois* forme lui-même deux couches qu'on distingue très-bien : la couche centrale est plus foncée que l'autre; elle est aussi beaucoup plus dure, on l'appelle *bois dur* ou *cœur de bois;* la partie extérieure n'est pas aussi foncée, elle est plus tendre, et s'appelle *aubier.* Il y a des bois où la différence entre le cœur de bois et l'aubier est plus marquée que dans d'autres ; ainsi l'*ébène* est le *cœur* d'un arbre dont l'aubier est blanc comme du sapin.

En regardant de plus près la coupe d'un tronc d'arbre, on voit sur celle-ci des lignes concentriques autour de la moelle, qui sont d'autant plus nombreuses que l'arbre est plus vieux. Comme il se forme chaque année une de ces couches au-dessous de l'écorce, leur nombre indique l'âge du tronc. Il suffit de les compter pour savoir depuis combien d'années l'arbre est planté. On a pu voir de la sorte que certains arbres étaient extrèmement vieux et existaient depuis plusieurs centaines d'années.

Tous les arbres n'ont pas un tronc large auprès du sol et allant en diminuant jusqu'à la dernière branche. Ainsi l'agavé, mais surtout le palmier, le dattier, le cocotier sont des arbres qui atteignent parfois à une très-grande hauteur, mais ils sont aussi minces du bas que du haut ; ils ne poussent qu'en longueur ; ils n'ont pas non plus de couches concentriques ; enfin ce n'est pas au milieu que le bois est le plus dur, mais sous l'écorce. Ces sortes de troncs ne se trouvent que dans les arbres de la classe des monocotylédones.

Ces couches, qui s'ajoutent chaque année sous l'écorce des arbres, finissent par recouvrir les entailles qui ont été jusqu'à l'aubier ou les clous qu'on y a enfoncés. Qu'on chasse par exemple un clou dans un arbre qui n'a que vingt couches concentriques, et que ce clou les traverse de la couche la plus extérieure à la moelle, le clou restera là parce que les couches une fois formées ne changent plus. Mais d'autres couches viendront s'ajouter aux vingt premières, et plus tard, quand on abattra l'arbre, on retrouvera dans le cœur du bois le clou qui n'aura pas changé de place. On peut retrouver de même dans le bois, des dessins autrefois faits sur l'aubier et qui ont été ainsi recouverts peu à peu par une couche d'aubier nouvelle chaque année.

La tige ou le tronc se continuent en bas par la racine. Celle-ci a souvent une forme conique et s'enfonce dans le sol comme un pivot ; tels sont le salsifis, la carotte. Tous les arbres ont des racines de ce genre, qu'on appelle à cause de cela *pivotantes*. Quand on les arrache, on voit que de ce pivot part un grand nombre de petits filaments qui forment un *chevelu*. Le chevelu est la partie par laquelle la racine pompe l'eau de la terre, et quand on déplante un arbre, il est toujours important de laisser le plus de *chevelu* possible. Les plantes dicotylédones ont seules une racine pivotante ; les plantes monocotylédones n'en ont jamais, leur racine est toujours formée par des fibres toutes égales en grosseur et qui partent toutes de la tige sans se ramifier jamais. Telle est la racine du blé, du poireau.

Dans l'air, la tige porte les feuilles ; elles se renouvellent ordinairement chaque année ; la queue qui les supporte s'appelle *pétiole*. La lame de la feuille est soutenue par les *nervures ;* pour les bien voir, on peut faire sécher une feuille de chêne dans un livre, et ensuite on la frappe légèrement avec une brosse. Tout le parenchyme qui est entre les nervures tombe, et il ne reste que celles-ci. Les plantes dicotylédones ont seules des nervures comme celles du chêne. Les monocotylédones n'en ont point, et la feuille semble formée seulement de fibres parallèles, comme on peut le voir sur les feuilles du lys, du poireau, du blé, du roseau, qui sont des plantes monocotylédones.

Les feuilles ordinaires sont appelées *feuilles simples*, mais il y a aussi des *feuilles composées ;* les parties de celles-ci prennent alors le nom de *folioles*. Le marronnier d'Inde a quatre ou cinq folioles réunies au bout d'un même pétiole, leur ensemble constitue la feuille. Dans l'acacia et le rosier.

Feuille de marronnier.

Feuille de rosier.

le pétiole se termine par une foliole, et de chaque côté sont
d'autres folioles apposées deux à deux; cet ensemble ne forme
aussi qu'une seule et même feuille. Pour reconnaître si la feuille
est simple ou composée, on regardera où se trouve le bourgeon
qui est à l'aisselle de tout pétiole. Or, dans la feuille d'acacia ou
de marronnier, le bourgeon est à l'aisselle du pétiole commun ;
donc toutes les petites feuilles qu'il porte ne sont que des folioles. Elles tombent toujours ensemble avec le pétiole commun.

RESPIRATION ET NUTRITION DES PLANTES

La racine, la tige et les feuilles servent à la respiration et à la
nutrition des plantes, car les plantes respirent et se nourrissent
comme les animaux. Elles respirent l'air par les feuilles, elles se
nourrissent de l'eau qu'elles pompent par les racines et qui
contient toujours un grand nombre de sels et des matières en
dissolution. On a vu qu'en respirant, les animaux prenaient
le gaz oxygène de l'air et rendaient à l'air du gaz acide carbonique. Or, la respiration des plantes est toute contraire ; les plantes
prennent l'acide carbonique de l'air et rejettent de l'oxygène.
En sorte que les plantes assainissent l'air que nous respirons;
c'est pour cela que le séjour de la campagne est plus sain que
celui des villes.

Toutefois, les plantes coupées et mises dans un appartement
peuvent devenir malsaines, par suite des odeurs qu'elles exhalent et qui rendent certaines personnes fort malades; on ne
doit jamais dormir dans une chambre où il y a des bouquets.

L'eau absorbée par le chevelu se change en sève et celle-ci
monte des racines aux feuilles. Il suffit de couper une branche
de certains arbres au printemps, pour voir la sève couler en
abondance. Cela a lieu pour la vigne en particulier, et on dit
alors qu'elle *pleure*. La sève est souvent sucrée.

Mais la sève n'est pas toujours le seul liquide qui circule dans
les tissus des végétaux. Quand on casse la tige d'un *réveil matin*, d'un *pavot*, d'une *éclaire*, on fait couler un liquide blanc

comme du lait ou jaune. Ce liquide a un goût très-âcre et est très-différent de la sève : on lui donne le nom de *suc propre*. On en recueille un certain nombre pour la pharmacie et pour l'industrie ; l'opium, le caoutchouc, la gutta-percha sont des sucs propres qui coulent des pavots et de certains arbres des pays chauds.

La *fleur* est la partie de la plante destinée à produire le fruit et la graine d'où sortira une nouvelle plante. La fleur a souvent de très-belles couleurs ; mais il ne faudrait pas croire qu'il en est toujours ainsi ; parfois elle est très-petite, et on y fait à peine attention. L'ortie, le coudrier, le chêne ont des fleurs ; elles sont seulement plus simples et sans coloris.

Nous prendrons, pour étudier les différentes parties d'une fleur complète, l'exemple de la giroflée. Nous verrons ce qu'elle nous présente ; puis, en étudiant les différentes familles de plantes, nous marquerons les différences qu'elles offrent. A défaut d'une fleur de giroflée, on étudiera tout aussi bien celle du colza, de la rave, de la moutarde des champs ; toutes ces plantes sont de la même famille et se ressemblent exactement ; si nous donnons la préférence à la giroflée, c'est qu'elle est un peu plus grande. Ajoutons toutefois encore une recommandation ; c'est qu'il faut éviter de prendre une giroflée de jardin, parce que les fleurs cultivées perdent presque toujours leurs caractères.

Donc nous voici en face d'une fleur de giroflée, et tout d'abord nous voyons, à l'extrémité de la tige qui la supporte, autour d'elle, quatre pièces violacées qui enveloppaient le bouton avant qu'il ne fût ouvert. Elles constituent le *calice :* celui-ci est tantôt simple, c'est-à-dire formé d'une seule pièce entourant tout le pied de la fleur, et tantôt *composé.* Il est le plus souvent d'une couleur qui se rapproche de celle des feuilles.

En dedans du calice est la *corolle.* C'est la partie brillante de la fleur ; elle est composée dans notre giroflée de quatre pièces ; dans la rose sauvage, il y en a cinq. Il peut y en avoir un plus grand nombre, ou bien une seule, comme dans la clochette. On dit aussi que la corolle est *simple* ou *composée.* Chacune des pièces qui forme une corolle s'appelle *pétale*. Ce sont les pétales qu'on enlève quand on effeuille une rose.

Si on arrache le calice et la corolle, il reste les parties essentielles de la fleur : le pistil au milieu, et les étamines autour de lui.

Les *étamines*, dans la giroflée, sont au nombre de six. Elles sont formées d'un filament ou *filet* supportant une espèce de sac jaune. Celui-ci, quand la fleur est arrivée à maturité, s'ouvre et laisse échapper une poussière qui adhère aux doigts; elle est très-abondante dans le lys par exemple. Cette poussière porte le nom de *pollen*.

Au milieu des étamines on voit le pistil. Il est simple, renflé à sa base : celle-ci, qui en est la partie importante, s'appelle l'*ovaire*. Quand on ouvre l'ovaire, on peut déjà distinguer que c'est lui qui deviendra le fruit quand la fleur sera fanée. Le fruit, en effet, n'est que l'ovaire mûri. On y distingue, lorsque la plante est en fleur, de petits points blancs qui sont les graines futures. L'ovaire est surmonté d'une tige munie à son extrémité d'un renflement sur lequel le pollen vient tomber. Sans cela l'ovaire ne mûrit point, il n'y a pas de fruit et par conséquent pas de graine.

Mais toutes les fleurs ne sont pas aussi régulièrement composées que celles de la giroflée; beaucoup manquent de calice, comme le lys, la tulipe; d'autres manquent de corolle et n'ont qu'un calice. Les étamines sont plus ou moins nombreuses; il y a quelquefois plusieurs pistils. Enfin, les pistils et les étamines n'existent pas toujours dans la même fleur, ni sur la même plante. On appelle alors *fleur mâle* et *plante mâle* celles où sont les étamines, *fleur femelle* et *plante femelle* celles où sont les pistils et par conséquent les seules qui fructifient. C'est ainsi que les fleurs des deux sexes sont séparées sur le chanvre; seulement, comme les tiges qui portent les fleurs femelles et qui produisent la graine, sont plus grandes que celles à fleurs mâle et à étamines, on est dans l'habitude d'appeler chanvre mâle ce qui est en réalité la plante femelle, et on nomme chanvre femelle ce qui est en réalité la plante mâle.

Fruits. — L'ovaire arrivé à maturité, avons-nous dit, devient un *fruit.* Il y a un grand nombre de variétés de fruits : les uns renferment plusieurs graines et les autres une seule; les uns sont charnus ou pulpeux, et les autres durs; enfin, parfois le fruit semble réduit à la graine seule, comme cela a lieu pour le blé, l'orge, l'avoine.

Dans la pomme, le pépin est la graine; il y en a donc plusieurs pour un seul fruit. Dans la datte, la graine est le noyau; il n'y a donc qu'une seule graine par fruit. Il en est de même dans la pêche et la prune; mais ici la graine est seulement l'amande du noyau; le bois du noyau fait partie du fruit.

Dans le pavot le fruit est dur, corné; il prend alors le nom de *capsule.* Les graines sont logées dans cette capsule, qui peut avoir plusieurs valves ou plusieurs loges. Les haricots, les pois, sont des graines contenues dans une capsule à deux valves et à une seule loge. Au contraire, le fruit de la giroflée, du colza, est une capsule à deux valves et à deux loges séparées par une cloison. Le fruit du groseillier et de la vigne s'appelle une *baie.* Les graines sont les pépins; elles sont au milieu d'une pulpe aqueuse. Dans la fraise, les graines, semblables à celles du blé, sont disposées autour d'une masse charnue que nous mangeons et que nous appelons aussi un fruit.

Sommeil des plantes. — La vie des plantes n'est pas moins intéressante à étudier que celle des animaux, et on découvre chez elles, en y faisant attention, une foule d'actions curieuses. C'est ainsi que beaucoup de plantes dorment la nuit. On voit le soir les folioles des acacias se rapprocher deux à deux, pendant que le pétiole commun tombe un peu. Le lendemain matin le pétiole se redresse, les folioles s'écartent de nouveau pour toute la journée. Le sommeil du trèfle n'est pas moins remarquable. Des trois folioles qui forment sa feuille composée, les deux latérales se rapprochent le soir, se serrent l'une contre l'autre, tandis que celle du milieu se reploie sur les deux autres et vient les recouvrir comme un toit. Le matin, les trois folioles s'écartent de nouveau.

CLASSE DES DICOTYLÉDONES

Ou des plantes dont la graine a deux cotylédons.

FAMILLE DES OMBELLIFÈRES

La famille des ombellifères comprend un grand nombre de
plantes utiles ou aromatiques, telles que le *panais*, l'*anis*, le
carvi, le *cerfeuil*, le *persil*, le *céleri*, la *carotte;* et d'autres
plantes qui sont vénéneuses, comme la *grande ciguë*, la *ciguë
d'eau* et la *petite ciguë*. On reconnaît facilement les ombellifères à la manière dont les fleurs sont disposées pour former
une sorte de parasol ou *d'ombelle* d'où leur est venu leur nom :
la tige s'arrète tout-à-coup et donne naissance au même point
à un certain nombre de petites tiges souvent environnées à la
base d'une espèce de collerette de feuilles. Toutes ces petites
tiges se divisent à leur tour un peu plus haut, comme la tige
principale, et il y a là encore une seconde collerette de feuilles.
Chacune de ces divisions porte une fleur. Celle-ci présente une
corolle à cinq pétales et à cinq étamines. La corolle et les étamines sont insérées sur l'ovaire lui-même, comme cela arrive
dans beaucoup de plantes. La fleur des ombellifères est toujours petite.

Les tiges des ombellifères sont souvent creuses; il n'y a pas
d'arbres dans cette famille. — Les fleurs du sureau semblent
former aussi une ombelle, mais il est facile de s'assurer qu'elles
n'ont pas les mêmes caractères.

La *carotte* se trouve dans nos pays à l'état sauvage, mais

alors sa racine n'est pas aussi grosse et n'est pas non plus rouge comme elle le devient quand on la cultive. Les feuilles de la carotte sont composées, avec un grand nombre de divisions. La tige de la carotte, comme celle des autres ombellifères, meurt tous les ans quand les graines sont mûres, mais la racine continue de vivre et il en sort l'année suivante une tige nouvelle. Chaque fleur, comme dans toutes les ombellifères, porte deux graines; celles de l'anis, du carvi sont très-odorantes. Au contraire, dans le persil, le cerfeuil, l'angélique, ce sont les feuilles ou les tiges que l'on recherche pour leur goût.

Les ombellifères vénéneuses se reconnaissent en général à leur odeur, qui est désagréable quand on a froissé une de leurs feuilles dans les mains. La grande ciguë est une belle plante qui a sur sa tige des taches couleur de vin. La petite ciguë est beaucoup plus commune, et il faut prendre garde de la confondre avec le persil. On la reconnaît toujours à la forme de la collerette qui est à la naissance des dernières tiges supportant les fleurs : cette collerette est composée de trois feuilles étroites comme des fils, tombantes et placées toutes trois à côté l'une de l'autre et du même côté.

FAMILLE DES SOLANÉES

La famille des solanées, comme celle des ombellifères, comprend à la fois les plantes les plus utiles à l'homme, comme l'*aubergine*, le *tabac*, la *tomate*, la *pomme de terre*, le *piment*, et les plantes les plus vénéneuses, comme la *morelle*, la *pomme épineuse* et la *belladone*. A la vérité, quelques-unes de celles-ci peuvent rendre aussi des services entre les mains des médecins et devenir alors des plantes utiles. Les solanées forment quelquefois de petits arbres. Leurs fleurs diffèrent assez, depuis celle de la pomme de terre, qui est en forme de roue, jusqu'à celle du tabac, qui rappelle une clochette. Cependant le calice est toujours simple avec cinq échancrures, la corolle de même. Enfin, il y a cinq étamines; celles-ci, dans la pomme de terre et la morelle, sont percées d'un petit trou par lequel s'échappe le pollen.

Les pommes de terre que l'on mange sont des renflements qui se forment de place en place sur des rameaux souterrains partis du pied de la plante. On donne à ces renflements le nom de *tubercules;* ils sont dus à une grande quantité de fécule qui se produit là. On extrait la fécule des pommes de terre en les écrasant, après quoi on tamise dans l'eau la pulpe broyée. Les grains de fécule, qui sont extrêmement petits, passent à travers le crible et tombent au fond du vase par leur grande pesanteur.

Si un plant de pommes de terre est abandonné à lui-même sans qu'on l'arrache, on voit au bout de l'année la plante mourir, mais l'année suivante chaque pomme de terre produit une nouvelle plante qui sort des enfoncements qu'elle porte et qu'on appelle des *œils.* C'est ainsi, au reste, qu'on ensemence le champ, avec des fragments de pommes de terre sur lesquels il reste des *œils.* Il suffit de conserver des pommes de terre dans un endroit humide et obscur pendant l'hiver, pour voir ces œils bourgeonner et donner naissance à de longs filaments pâles, sur lesquels poussent même parfois des feuilles d'un jaune clair. Elles ont cette couleur parce qu'elles ont végété dans l'obscurité : il faut toujours, pour que les feuilles des plants soient d'un beau vert, qu'elles viennent au soleil ou au moins en pleine lumière. Le cœur des choux et des laitues est moins vert que les feuilles qui l'entourent; de même, pour que le pied des feuilles de céleri reste jaune, on met de la terre autour d'elles, afin que la lumière ne les fasse pas verdir. Les parties qui restent ainsi jaunes sont aussi plus tendres.

Dans le *tabac,* ce sont les feuilles qui servent à l'usage très-répandu de priser, de chiquer et de fumer. On arrache les feuilles et on les laisse sécher; quand elles sont jaunes, on leur fait subir une préparation, puis on les roule pour en faire des cigares, on les hache pour fabriquer le tabac à fumer ou on les réduit en poudre pour faire le tabac à priser. L'usage du tabac

12

n'est jamais indispensable à personne ; on peut toujours s'en passer, et il arrive très-souvent qu'il fait mal à ceux qui ont cette habitude. Les fleurs du tabac sont, comme celles de la

Tabac.

Fleur de tabac.

pomme de terre, de belles grappes, et à chaque fleur succède une capsule contenant de petites graines que l'on plante chaque année.

Beaucoup de solanées ont pour fruit des baies qu'il est toujours dangereux de manger ; quelques-unes sont très-vénéneuses. Celles de la *douce-amère*, qui pousse dans les haies, sont

Belladone.

vertes d'abord, puis rouges ; elles ont un goût douçâtre, mais qui se change bientôt en amertume. Les baies de la belladone sont d'un rouge brun, le calice de la fleur reste autour d'elles ; il faut s'abstenir également d'en manger, et d'une manière générale se garder toujours de manger les baies des plantes que l'on ne connaît pas, quelque soit l'air appétissant qu'elles aient. Il est facile de reconnaître quand les enfants se sont rendus malades en mangeant des baies de belladone ; ils ont toujours la pupille très-dilatée, au point que l'iris est à peine visible; il faut aussitôt essayer de faire vomir l'enfant et appeler un médecin.

D'autres solanées que l'on cultive ont, au contraire, des fruits savoureux et recherchés; l'*aubergine*, la *tomate* appartiennent à la famille des solanées, de même que le *piment*, dont le fruit sert de condiment.

FAMILLE DES EUPHORBIACÉES

Euphorbe épurge.

Elle comprend un certain nombre de plantes qui ont un aspect tout particulier; c'est à cette famille qu'appartient le *réveille-matin* qu'on trouve dans les champs. La fleur n'a pas de couleurs voyantes, et au milieu d'elle on voit un gros pistil qui fait déjà deviner la forme qu'aura le fruit. Beaucoup d'euphorbiacées ont un suc propre, blanc comme le lait et qui est très-âcre.

C'est à cette famille qu'appartient le *buis*, dont le feuillage est toujours vert et qui pousse très-lentement. Cependant le buis peut devenir avec le temps un grand arbre, et son bois se vend très-cher; on s'en sert pour graver : on dessine sur une planche de buis, puis on la taille de manière à ne laisser que les traits du dessin en saillie, on les couvre d'encre, et on imprime.

A la famille des euphorbiacées appartient encore une autre plante qui n'est pas de nos pays, mais qui y pousse facilement, le *ricin*. Dans les contrées chaudes, la graine donne une huile qu'on emploie en médecine comme purgatif.

FAMILLE DES CHÉNOPODÉES

Elle contient, outre l'*épinard*, dont on mange les feuilles, une autre plante des plus utiles à l'industrie, la *betterave*. La famille des chénopodées a, comme la précédente, de petites fleurs vertes, sans aucun éclat.

La racine de la betterave n'est pas seulement un aliment pour l'homme quand elle est cuite et pour le bétail quand elle est crue. On la cultive en grande quantité pour fabriquer du sucre. Le sucre est contenu dans la sève, dont la betterave est pleine. On la hache, on l'écrase, on en extrait le jus, et ensuite on fait évaporer celui-ci. Il reste le sucre, dont on fait ensuite les pains qui sont dans le commerce.

FAMILLE DES POLYGONÉES

L'*oseille*, la *patience*, la *bistorte*, la *rhubarbe* et enfin le *sarrasin* ou *blé-noir* appartiennent à la famille des polygonées. Le fruit est sec comme un grain de blé, mais il a trois arêtes vives et trois côtés. Les fleurs des polygonées ne sont guère plus brillantes ordinairement que celles des deux familles précédentes. La fleur du sarrasin, toutefois, fait exception : elle est

Fruit et fleur de sarrasin.

blanche et elle a six divisions, avec six étamines. Il est facile de s'assurer à première vue que le blé-noir n'a aucune ressemblance avec le blé ordinaire : le premier est une plante dycotylédone; le second, avec ses feuilles sans nervure, appartient aux monocotylédones. Le nom de blé-noir est venu de ce qu'avec la graine du sarrasin on fait une farine de couleur brune que l'on mange dans certains pays à la place de la farine de froment; on fait avec elle des bouillies, du pain et des galettes.

La *rhubarbe*, qu'on achète chez les pharmaciens, est la racine d'une plante de la même famille qui pousse en Asie, mais qu'on peut aussi faire venir en France, dans les jardins. Elle est remarquable par ses grandes feuilles, qui ont quelquefois près de 2 mètres de long, avec le pétiole.

FAMILLE DES PAPAVÉRACÉES, TABL. N° 10.

Le nom de cette famille vient du mot latin qui veut dire *pavot*. Elle renferme, contrairement aux familles que nous venons de passer en revue, des plantes à corolle éclatante. Celle-ci est d'un beau rouge dans le pavot des blés. Le calice est formé de deux pièces, mais qui tombent dès que le bouton est ouvert. La corolle a quatre pétales. Les étamines sont très-nombreuses. Enfin le

Fleur de pavot.

pistil au milieu d'elles est déjà très-gros, et il montre la forme qu'aura plus tard le fruit qu'on appelle *tête de pavot*. Celui-ci s'ouvre à la partie supérieure par plusieurs trous pour laisser échapper les graines, qui sont très-petites. Quand on les observe de près, on voit que leur surface est comme chagrinée; elles ont la forme d'un haricot, et il y en a un grand nombre.

L'*œillette* est une espèce de pavot qu'on cultive pour en avoir la graine : on la presse et on en tire l'*huile d'œillette*.

Mais le plus grand emploi du pavot est en médecine : la tête du pavot renferme une substance qui fait dormir et qui soulage la douleur. Dans les contrées chaudes, on pratique sur la tige des pavots en fleur, des incisions d'où il coule un suc blanc comme celui de l'euphorbe. Mais il brunit à l'air; on le recueille et on le livre au commerce sous le nom *d'opium*. Cette substance est très-employée par les médecins; elle a la propriété, comme la tête de pavot, de faire dormir et de soulager les crises de douleur.

C'est encore à la famille des pavots qu'appartient l'*éclaire* qu'on trouve au bord des chemins. L'éclaire se reconnaît à son suc propre qui est jaune et très-âcre. Il l'est tellement qu'on s'en sert quelquefois pour brûler les verrues.

Enfin, d'autres plantes curieuses de la même famille sont les *nénuphars* blanc et jaune qui étalent leurs fleurs et leurs feuilles sur les rivières tranquilles. Les boutons poussent du fond de l'eau et viennent s'ouvrir à la surface. Mais tous les soirs la fleur se referme et rentre sous l'eau pour passer la nuit ; elle en ressort le lendemain matin et s'ouvre de nouveau jusqu'à la fin du jour.

FAMILLE DES RENONCULACÉES

La famille des renonculacées comprend des plantes qui ont toutes des corolles brillantes, composées de plusieurs pièces, mais qui présentent extérieurement d'assez grandes différences. L'*ellébore*, la *rose de Noël*, l'*aconit*, le *pied-d'alouette*, l'*herbe-aux-gueux* qui pousse dans les haies, et enfin le *bouton d'or* ou *renoncule* ne se ressemblent guère que par leurs fruits formés de la réunion de plusieurs petites graines sèches. Presque toutes les renonculacées sont en outre des plantes vénéneuses que le bétail laisse souvent ou qui le rendent malade quand il en mange. Mais en se desséchant, elles paraissent perdre en partie leurs propriétés malfaisantes ; c'est pour cela que le bouton d'or ne nuit point à la qualité du foin. Son calice est jaunâtre ; sa corolle a cinq pétales et un grand nombre d'étamines comme le pavot ; mais au lieu d'un seul pistil, il y en a plusieurs dont chacun devient à la maturité une graine sèche.

FAMILLE DES LÉGUMINEUSES, TABL. N°s 10 & 12.

La famille des légumineuses est une des plus importantes de tout le règne végétal. Elle comprend un très-grand nombre de plantes, depuis des herbes jusqu'aux plus grands arbres. Son nom vient de son fruit, qui s'appelle en botanique un *légume*. C'est une capsule à deux valves connues sous le nom de *cosses* ;

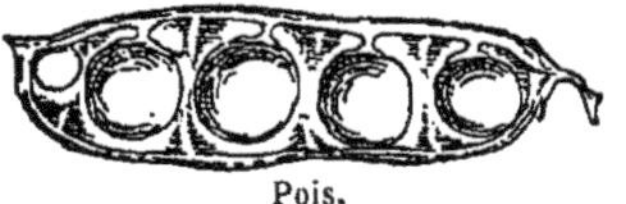

Pois.

les graines sont insérées sur une des charnières. Toutes les légumineuses ont un fruit pareil. Cette grande famille comprend l'*ajonc* et le *genêt*, qui ne sont pas très-utiles ; — des plantes alimentaires pour l'homme : le *pois*, la *fève*, le *haricot*, le *lupin*, la *lentille;* — des plantes fourragères, comme la *luzerne*, le *sainfoin*, la *vesce*, le *trèfle;* — une plante qui produit de l'huile, l'*arachide;* — puis de grands arbres, comme le *faux acacia*, le *réglisse*, l'*indigotier*, l'*acajou*, le *palissandre;* — enfin une plante curieuse par ses mouvements, la *sensitive*.

Si toutes les plantes de la famille des légumineuses ont pour fruit un légume, elles ont aussi une fleur qui se ressemble beaucoup; le calice est assez régulier, à cinq divisions; la corolle est irrégulière, formée de cinq pièces; elle a souvent de belles couleurs, et sa forme la fait facilement reconnaître; on l'a rapprochée de celle d'un papillon. Il y a une pièce impaire dressée en dessus, puis deux pièces latérales qui figurent les ailes. Les étamines sont nombreuses, mais elles sont partagées en deux groupes distincts : il y en a une qui est toute seule; les autres sont soudées et entourent le pistil qui a déjà la forme du légume. Les feuilles des légumineuses sont presque toujours composées.

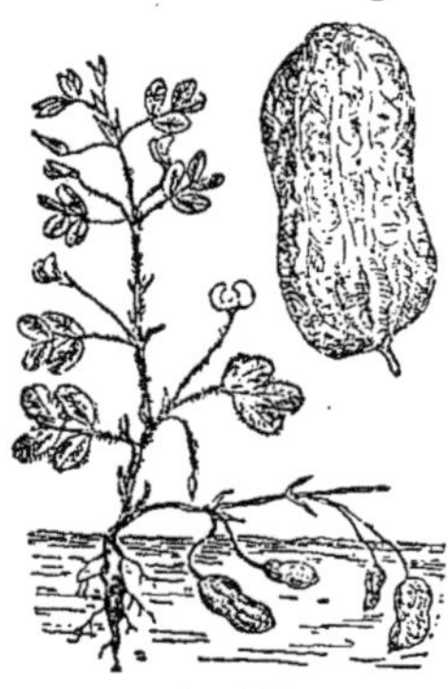
Arachide.

L'*arachide* ressemble beaucoup au trèfle, mais ne pousse que dans les pays chauds. Quand la fleur est tombée et que le fruit commence à mûrir, la tige qui le porte, se recourbe vers la terre et le fruit s'enfonce dans le sol où il mûrit. C'est là qu'on le recueille. On en apporte en France de grandes quantités, que l'on broie pour en extraire l'*huile d'arachide*.

Le *jus de réglisse* est extrait de la racine d'un arbrisseau que l'on trouve dans toute la France, mais qui vient surtout dans le Midi. On vend aussi dans le commerce la racine même, dont on se plaît à sucer le bois à cause du goût sucré qu'il a.

L'*indigotier*, qui donne une des substances les plus employées pour la teinture, ne pousse que dans les pays les plus chauds. Pour en extraire l'indigo, on met toutes les parties vertes dans des cuves, où elles pourrissent rapidement. L'indigo se sépare alors et on le recueille sous la forme d'une pâte bleue dont on fait de petits pains comme des pains de craie, qu'on envoie dans tous les pays du monde. L'indigo est une des meilleures teintures pour sa solidité et une de celles qui reviennent le meilleur marché.

La *sensitive* est une petite légumineuse qui ne pousse que dans

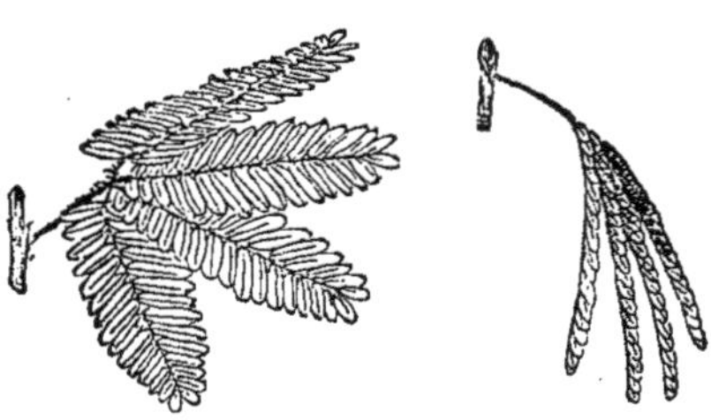

Sensitive ouverte.   Sensitive fermée.

les pays chauds, mais qu'on élève souvent dans les serres, à cause de la curieuse sensibilité à laquelle elle doit son nom. Le soir, ses feuilles composées se ferment et tombent pour dormir; mais presque toutes les légumineuses en font autant. Nous avons déjà parlé du sommeil du trèfle et du faux-acacia. Ce que la sensitive a de particulier, c'est que, quand ses feuilles sont étalées et qu'il fait chaud, si on vient à les toucher, elles se ferment et tombent aussitôt comme si elles se mettaient à dormir. Peu à peu elles se relèvent et s'ouvrent lentement, pour se refermer et retomber dès qu'on les touche de nouveau.

FAMILLE DES LABIÉES, TABL. N° 12.

Les labiées forment, comme les légumineuses, une famille où l'air de ressemblance entre les plantes est très-grand. On peut prendre comme exemple l'*ortie blanche*, quoiqu'elle ne soit pour l'homme d'aucun usage. On remarque tout d'abord que la tige est carrée, contrairement à la plupart des végétaux; de plus, les feuilles sont toujours placées deux à deux sur la tige; elles sont, comme on dit en pareil cas, *opposées*. Le calice est d'une seule pièce à cinq divisions ; la corolle est aussi d'une seule pièce, mais elle est très-irrégulière ; elle a une forme à part ; elle semble avoir deux lèvres, une supérieure et une inférieure ; il y a quatre étamines, qui offrent ceci de particulier que deux sont plus grandes et deux plus petites.

Presque toutes les plantes de la famille des labiées sont odorantes ; aucune n'est vénéneuse. Les principales sont le *romarin*, la *sauge*, la *menthe*, la *lavande*, le *thym*, l'*origan*, la *mélisse*.

FAMILLE DES RUBIACÉES, TABL. Nº 12.

C'est une des plus utiles à l'homme. Elle comprend trois plantes de première importance, le *quinquina*, le *café*, la *garance*. Les quinquinas sont de grands arbres qui poussent dans les pays chauds ; le café est aussi un arbrisseau des pays chauds ; la garance est cultivée dans le midi de la France ; les seules plantes de la famille des rubiacées répandues partout sont le *caille-lait* et le *gratteron* : celui-ci ressemble beaucoup à la garance. Sa tige est carrée comme celle des labiées, les feuilles naissent aussi au même niveau, mais au nombre de plus de deux. La corolle est régulière, à quatre ou à cinq divisions, avec autant d'étamines. Le fruit est une double coque.

Les arbres à quinquina fournissent au commerce leur écorce, dont on fait un grand trafic. Il y en a de grise et de rouge. Le quinquina a la propriété de couper les fièvres qui reviennent par accès et qui existent surtout dans les pays de marais. Au lieu d'employer le quinquina, on fait usage ordinairement d'un sel appelé *quinine*, qu'on en extrait et qui a les mêmes propriétés. L'écorce, au reste, n'agit que par la quinine qu'elle contient.

Le café est la graine d'un arbrisseau qui pousse en Arabie et dans toutes les colonies des pays chauds. Il y a deux graines dans chaque coque que donne la fleur. Cette graine ne sent rien : l'arôme ne se développe que quand on la fait rôtir.

Le café est une des boissons les plus saines et il n'a pas le grave inconvénient des liqueurs et du vin : il n'enivre pas.

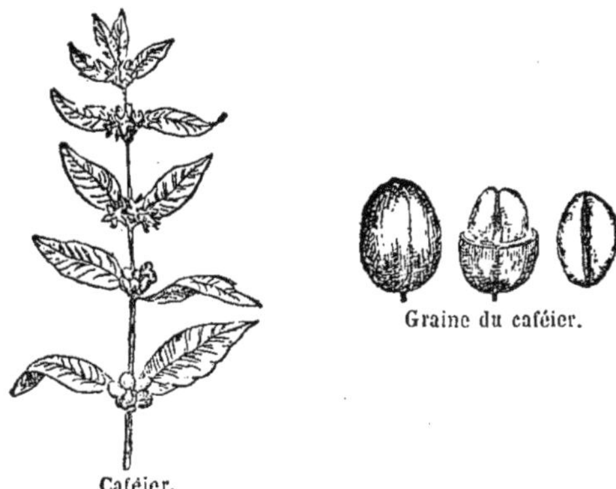

Graine du caféier.

Caféier.

Mais il faut cependant se garder d'en faire excès, parce qu'il arrive alors qu'on tremble et qu'on ne peut plus exécuter avec autant d'adresse certains ouvrages.

La garance est cultivée dans le midi de la France et fournit une belle teinture ; c'est avec elle qu'on fait les draps rouges pour l'armée. On se sert de la racine qui est comme une petite branche de bois dur. L'écorce et la moelle de cette racine sont d'un rouge foncé, le bois en est jaunâtre. Quand les racines ont été arrachées et sont encore entières, on les appelle *alizari*. On ne leur donne le nom de *garance* que quand elles ont été broyées.

Le nom de la famille des rubiacées vient du nom latin de la garance.

FAMILLE DES URTICÉES, TABL. N° 15.

La famille des urticées est encore une de ces familles qui n'ont pas de fleurs brillantes et qui sont pour l'homme les plus utiles. Si la famille des urticées comprend l'*ortie ordinaire* qui fait de vives piqûres et la *pariétaire* qui n'a pas d'usage, elle renferme, d'autre part, le *figuier*, le *mûrier*, le *houblon* et le *chanvre*. Les plantes de cette famille sont tantôt, comme on le voit, des herbes et tantôt de grands arbres. Les fleurs n'ont rien de remarquable; elles n'ont ordinairement qu'un seul sexe et sont alors tantôt réunies sur le même arbre, tantôt séparées sur deux plantes différentes comme cela arrive, ainsi que nous l'avons dit, pour le chanvre. Le fruit des urticées varie beaucoup.

Dans l'*ortie*, les fleurs mâles et les fleurs femelles sont sur des plantes différentes. Les feuilles sont munies de poils extrêmement raides qui entrent dans la peau et laissent alors échapper un venin très-actif dont ils sont remplis; c'est pour cela que la piqûre en est si douloureuse. La tige de l'ortie est fibreuse comme celle du chanvre, et on a quelquefois songé à en tirer le même parti pour faire des étoffes.

Le *chanvre* a les fleurs mâles et les fleurs femelles sur des plantes différentes. Nous avons dit déjà que le chanvre mâle était celui qu'on appelait communément femelle, et que celui qu'on appelait mâle à cause de sa plus grande taille, est au contraire le chanvre femelle. Les fleurs mâles ont cinq étamines, les femelles ont un pistil qui devient la graine connue sous le nom de *chenevis*.

On sème généralement le chanvre au printemps; quand le moment de la récolte est arrivé, on arrache les plantes, on les met en bottes et on les laisse *rouir* soit sur la terre, soit dans l'eau. Le rouissage a pour but de pourrir toutes les parties de la plante qui ne peuvent pas servir à faire le fil. On soumet ensuite le chanvre à deux autres opérations : l'une consiste à le *tiller* et l'autre à le *peigner*. Par la première, on brise la partie centrale de la tige qui n'est pas fibreuse, et par la seconde, on se débarrasse de tous ces débris; il reste alors le chanvre qu'on transforme en fil, puis en toile ou en cordages.

Le *houblon* a des feuilles découpées comme le chanvre; c'est une plante grimpante qu'on trouve dans les haies et qu'on cultive aussi en grande abondance pour la fabrication de la bière. La bière se fait avec de l'orge, mais alors elle est douçâtre, et on y ajoute du houblon pour lui donner le goût amer qu'elle doit avoir. Le houblon est aussi une plante où les sexes sont

Chaton femelle
de houblon.   Houblon.

séparés. Les fleurs femelles réunies à l'extrémité des tiges y forment des espèces de petites pommes de pin, avec cette différence, toutefois, que les écailles en sont très-minces et très-délicates. Ces amas de fleurs d'un seul sexe et formées d'écailles constituent ce qu'on appelle des *chatons*. Nous verrons des familles où toutes les fleurs sont ainsi disposées en chatons. Ce sont les chatons femelles du houblon que l'on recueille.

Pour cela, on le plante, et à côté de chaque pied on met de grandes perches hautes de six à huit mètres, où le houblon monte. Quand le moment de la récolte est arrivé, on coupe la pousse de l'année, on abat la perche et on prend les chatons qu'on livre au commerce après les avoir fait sécher. On trouve à l'aisselle de chaque écaille un petit amas d'une substance qui ressemble à de la résine, jaune, amère et qui donne son goût à la bière.

Mûrier.

Le *mûrier* est aussi pour nous une plante précieuse, parce que les feuilles servent à nourrir les vers à soie, et que sans lui la production de la soie ne pourrait avoir lieu dans nos pays. Il y a, dans le midi de la France, des provinces entières qui sont plantées de mûriers pour cette industrie.

A côté de toutes ces plantes vraiment utiles, le *figuier*, avec ses fruits agréables, a moins d'importance. Les figues se mangent fraîches ou bien on les met à sécher, on les emballe dans des caisses et on les envoie au loin.

La figue est un fruit qui paraît d'abord très-singulier et qu'on
ne voit pas sur l'arbre succéder à une fleur. Ce n'est pas en
effet un fruit comme les autres. Si on prend sur un figuier une
jeune figue et qu'on l'ouvre, on remarque que l'intérieur offre

Figue.

une cavité avec un orifice au sommet. Sur les
parois de cette cavité on distingue, en très-
grand nombre, de toutes petites fleurs sans
éclat comme celles des autres urticées. Il y en
a de mâles et de femelles. Les pistils de ces
dernières deviennent les graines que l'on trouve
dans les figues sèches. En même temps qu'elles
mûrissent, les parois de la poche s'épaississent;
l'orifice supérieur se bouche et il en résulte le fruit sucré que
nous connaissons.

Le nom de la famille des *urticées* vient du nom latin de l'ortie.

FAMILLE DES LAUROIDES

Cette famille, beaucoup moins importante que la précédente,
comprend avec le laurier qui lui donne son nom, les arbres qui
fournissent la *cannelle*, la *noix-muscade* et le *camphre*. Les
plantes de cette famille sont donc avant tout, comme les labiées,
des plantes aromatiques, ou plutôt des arbres aromatiques.

Le laurier dont il s'agit ici est celui que l'on vend sur les
marchés pour donner du goût aux sauces. C'est un arbrisseau
qui peut atteindre dix mètres de haut et dont le feuillage reste
toujours vert. Les fleurs sont petites et sans éclat, à quatre ou
cinq divisions; les étamines sont au nombre de neuf. Leurs sacs
ont de petites soupapes qui se soulèvent pour laisser échapper
le pollen.

C'était avec le laurier qu'on couronnait autrefois ceux qui
remportaient les prix; de là est venu le nom français de *lauréat*.
Le laurier a pour fruit de petites baies, et quand on grave sur
les pièces de monnaie des couronnes de chêne et de laurier, on
figure toujours les baies de celui-ci.

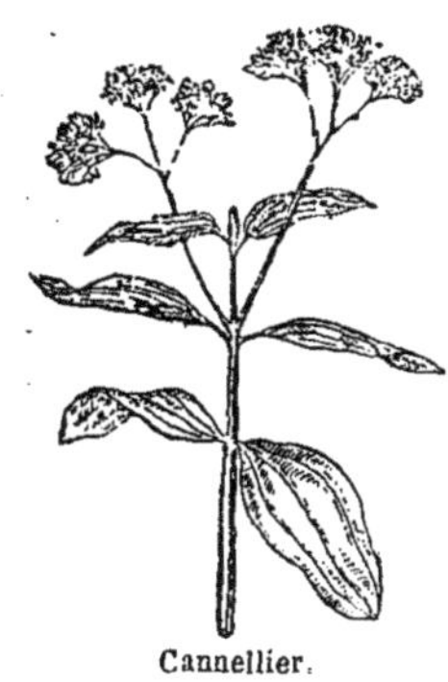

Cannellier.

La *cannelle* est l'écorce d'un laurier qui pousse dans l'Inde. On coupe les jeunes branches, on enlève l'écorce et on laisse celle-ci sécher ; elle se roule alors et prend la forme qu'on lui connaît dans le commerce.

Le *camphre* est fourni par une grande espèce de laurier qu'on trouve en Chine et au Japon. Ce camphre est dans la sève ; quand on fait une entaille à l'écorce, le liquide qui s'écoule sèche en laissant du camphre. Mais ce procédé pour l'extraire, analogue à celui qu'on emploie pour l'opium, serait trop coûteux. On fait simplement bouillir des branches cassées et des racines de l'arbre : le camphre se sépare. Il arrive chez nous sous la forme de masses grisâtres qu'on purifie pour leur donner la blancheur qu'il a dans le commerce. Une particularité curieuse du camphre est celle qu'il présente quand on en met un petit morceau sur l'eau. Si l'eau est très-propre, et dans un vase très-propre, on voit le camphre s'agiter à la surface et courir de tous côtés ; si on plonge alors dans l'eau le bout d'un couteau un peu gras, les mouvements du camphre s'arrêtent aussitôt et on ne peut plus les reproduire sur la même eau. Dès que celle-ci a touché un corps un peu gras, ces mouvements du camphre ne se montrent plus ; c'est pour cela qu'il importe que le vase où on fait l'expérience et l'eau soient de la plus grande propreté.

La muscade est le fruit d'un autre arbre de la famille des lauroïdes, qui pousse aussi dans les pays chauds.

FAMILLE DES MALVACÉES, TABL. N° 13.

La famille des malvacées contient des plantes peu élevées, comme la *rose trémière*, la *mauve* et la *guimauve*. Mais

Mauve.

elle renferme aussi des arbres, et, entre autres, un des plus grands que l'on connaisse, le *baobab*. Enfin la famille des malvacées compte aussi unè des plantes les plus utiles à l'homme, le *cotonnier*. Les malvacées présentent ordinairement de belles fleurs : le calice est d'une seule pièce, la corolle a cinq pétales. Les étamines sont très-nombreuses et toutes soudées autour du pistil qui se trouve ainsi placé dans une espèce de gaîne. Le fruit est une capsule contenant un nombre plus ou moins grand de graines.

Le cotonnier est un arbuste qui pousse dans les pays chauds; c'est aussi une plante textile; mais la matière qu'on en tire ne vient pas de la tige comme dans le chanvre; on la trouve dans le fruit. Le cotonnier a une belle fleur jaune à laquelle succède une capsule qui s'ouvre, quand elle est mûre, en plusieurs valves. Alors on voit le coton formant à l'intérieur de la capsule une couche serrée autour des graines. On le débarrasse grossièrement de celles-ci et on le met en *balles* pour l'expédier dans les pays qui n'en produisent pas. C'est l'objet d'un commerce considérable. On commence par le nettoyer, le carder, afin d'enlever les graines qui y restent encore; puis on le file et on le tisse pour en faire le *calicot*. Quand celui-ci est imprimé avec des dessins de couleurs, on l'appelle *indienne*. Des pays entiers ne vivent que de l'industrie du coton, tant dans les contrées où on le cultive que dans celles où on le file, où on le tisse, où on l'imprime. Le commerce du coton est un des plus importants du monde.

Une autre plante, très-voisine de la famille des malvacées, est celle qui fournit le cacao. Le cacaoyer est un arbre haut de 10 à

Fruit du cacaoyer.

15 mètres, dont les fleurs sont rouges. Il ne pousse que dans les pays chauds. Son fruit a 15 centimètres de long environ et ressemble à un concombre, mais les parois en sont dures comme du bois. Chacun contient vingt à trente graines grosses comme des amandes. Le *chocolat* n'est qu'un mélange de sucre, d'aromates et de semences de cacaoyer rôties et broyées. Celles-ci, en effet, ne prennent leur arôme, comme le café, que quand elles ont été rôties.

FAMILLE DES LINNÉES, TABL. N° 13.

C'est une petite famille qui ne compte qu'une seule plante, mais des plus importantes, le *lin*. Elle est fort jolie et on la cultiverait pour l'agrément, si elle n'était en même temps une précieuse plante textile. La corolle est à cinq pétales et d'un beau bleu ciel ; il y a dix étamines, dont cinq seulement sont munies de leurs sacs. On traite le lin pour en faire de la toile exactement comme le chanvre. On l'arrache, on le fait rouir, ensuite on le casse et on le peigne pour se débarrasser de ce qui ne peut pas être filé. Le reste forme une *étoupe* ou *filasse* très-belle, plus fine et plus solide que celle du chanvre, et avec laquelle on fait les mousselines et les toiles de première qualité.

FAMILLE DES OLÉACÉES, TABL. N° 14.

La famille des oléacées ne présente aussi, en réalité, qu'une seule plante importante, l'*olivier*. Ses fleurs ne sont pas brillantes. Son feuillage est terne et formé de petites feuilles raides, espacées. Le fruit est charnu, avec un noyau. L'olivier pousse lentement, comme le buis ; aussi son bois est-il très-dur. Dans nos pays, il reste de petite taille. La récolte se fait quand les froids commencent à venir. On met alors les olives dans la saumure pour les manger, ou bien on les presse pour en extraire l'huile. Celle-ci est la plus délicate que l'on connaisse.

A côté de l'olivier se place dans la même famille le *frêne*. La *manne* que l'on trouve chez les pharmaciens vient d'une espèce de frêne qui pousse dans les contrées chaudes. La manne coule de l'écorce de l'arbre en formant ce qu'on appelle des *larmes*. On recueille celles-ci et on les vend sans autre préparation.

FAMILLE DES ROSACÉES, TABL. Nº 14.

La famille des rosacées est une des plus grandes familles et des plus importantes. Elle comprend, avec le *rosier* et le *framboisier*, un grand nombre d'arbres à fruit : le *pommier*, le *poirier*, le *coignassier*, le *néflier*, le *cerisier*, le *prunier*, l'*abricotier*, l'*amandier*, et enfin une petite plante dont les fruits sont aussi fort estimés, le *fraisier*. Il ne faut point chercher à trouver les caractères des rosacées sur les roses de nos jardins : ce sont des plantes que la culture a complétement changées. Elle a souvent cet effet et il arrive bientôt qu'une plante cultivée ne ressemble plus à la plante dont elle provient. Un des premiers effets de la culture est de multiplier extraordinairement le nombre des pétales et de faire ce qu'on appelle des *fleurs doubles* à la place des fleurs simples. Mais la culture augmente en même temps leur parfum.

Le caractère de la famille des rosacées, qu'on retrouve dans les roses sauvages qui poussent le long des haies, est d'avoir cinq pétales étalés en forme de rosace et des étamines nombreuses. Mais ces pétales et ces étamines sont insérés sur le calice, qui est d'une seule pièce épaisse, charnue. Il y a tantôt plusieurs pistils et tantôt un seul, selon que le fruit aura

Rose sauvage.

plusieurs graines, comme le rosier, le fraisier, le framboisier, ou une seule, comme le prunier et l'amandier.

Le rosier à fleur double n'est pas seulement une plante de jardin; on le cultive en grand dans certains pays, pour en extraire une huile précieuse connue sous le nom d'*essence de rose*. On plante des champs entiers de rosiers; on fait la récolte des fleurs, et en comprimant les pétales on en extrait quelques gouttes de cette essence dont le prix est toujours très-élevé, mais qui a une odeur extrèmement forte.

La *pomme* ne sert pas seulement à l'alimentation; on la recueille surtout pour en faire une boisson en usage dans tous les pays où on ne boit ni vin ni bière, c'est le *cidre*. On le fait en pilant les pommes que l'on presse ensuite pour séparer le cidre du *marc*.

FAMILLE DES CRUCIFÈRES, TABL. Nº 14.

Toutes les plantes de la famille des crucifères ont un grand air de ressemblance; mais ce ne sont généralement que des herbes de petite taille. On y trouve la *moutarde*, le *colza*, le *chou*, le *navet*, le *radis* et enfin la *giroflée*. Nous avons décrit longuement la fleur de la giroflée (voir page 172, tableau nº 9); toutes les autres lui ressemblent et sont formées de quatre pétales disposés en croix; c'est ce qui a fait donner à la famille le nom de « crucifères, » c'est-à-dire porte-croix. Le fruit est une capsule à deux valves, mais à deux loges séparées par une cloison, tandis que dans le fruit de la famille des légumineuses, il n'y a point de cloison.

Les crucifères sont, avant tout, des plantes alimentaires; elles ont de plus cet avantage d'être toujours une nourriture très-saine. On mange la racine de la rave, du radis et du navet; on mange le gros bourgeon qui surmonte la tige du chou. Le chou-fleur est un crucifère dont les fleurs très-tassées ont avorté, pendant que les tiges qui les portent ont pris par la culture un développement monstrueux. Enfin on presse les graines du colza pour en extraire l'huile de colza. Quant à la moutarde, l'essence qui lui donne sa force pour piquer les yeux ou la langue, n'existe pas dans la graine même; elle ne se forme que quand on ajoute un peu d'eau tiède à la farine de moutarde. C'est ainsi qu'on fait les *sinapismes* dont on se sert en médecine pour faire rougir la peau. Il suffit d'avoir senti la farine de moutarde avant le mélange avec l'eau et après, pour s'apercevoir du changement qui s'est opéré.

FAMILLE DES AMPÉLIDÉES, TABL. Nº 15.

Cette famille ne comprend que la vigne. Les fleurs de la vigne ont un calice à cinq dents. La corolle a cinq pétales, mais ils ne s'ouvrent pas; ils sont soudés par le haut et se détachent comme une petite cloche qui tombe aussitôt. Les étamines sont au nombre de cinq. Le fruit, connu de tout le monde, est une baie avec quatre graines ou pépins. La vigne est une des richesses de la France. On fait avec elle le vin rouge et blanc; il ne faut pas croire toutefois que la couleur de celui-ci tienne à ce qu'on emploie du raisin blanc ou du raisin noir; elle dépend de la fabrication. Les grappes sont écrasées, puis pressées pour en extraire le jus. On met celui-ci à fermenter et il devient du vin. On distille ensuite le *marc* pour en faire de l'eau-de-vie et d'autres boissons alcooliques. — Le vin, quand on en use modérément, est une excellente boisson; mais il n'en est pas de même de l'eau-de-vie et de toutes les liqueurs enivrantes, dont l'usage est presque toujours mauvais, excepté peut-être pour réchauffer ceux qui travaillent à la pluie ou au froid, *mais alors il faut n'en prendre toujours que très-peu.* Cette recommandation est essentielle; on ne doit jamais oublier que l'eau-de-vie est encore plus dangereuse en hiver qu'en été.

FAMILLE DES COMPOSÉES, TABL. Nº 15.

C'est la famille la plus nombreuse parmi les plantes dicotylédones; elle ne renferme point d'arbres, mais elle couvre les champs. Plusieurs composées sont utiles, d'autres sont cultivées comme plantes d'ornement; cette famille comprend à la fois la *romaine*, la *laitue* et le *pissenlit*, dont on mange les feuilles; le *salsifis* et le *topinambour*, dont on mange les racines; la *chicorée*, dont on mange les feuilles en salade, et la racine réduite en poudre, en la mélangeant au café; la *centaurée*, le *chardon*, l'*artichaut*, qu'on mange aussi; le *souci*, le *dahlia*, dont la fleur double est cultivée dans les jardins; le *soleil;* l'*absinthe*, dont on fait une liqueur; la *camomille*, qu'on prend comme médicament; et enfin la *pâquerette*.

Quand on examine toutes ces fleurs, on reconnaît aussitôt qu'elles ont un air de ressemblance entre elles, mais qu'elles sont en même temps très-différentes des autres fleurs; on n'y reconnaît tout d'abord ni calice, ni corolle, ni étamines, ni pistil. C'est qu'en effet le chardon, le soleil, la marguerite ne sont pas en réalité des fleurs, ce sont des amas de fleurs, ainsi qu'il est facile de s'en assurer avec un peu d'attention, et c'est pour cela qu'on donne à ces plantes le nom de composées. Qu'on prenne un pissenlit ou un soleil, et qu'on en arrache le centre jaune, on verra qu'il est composé d'un grand nombre de parties, et dans chacune on reconnaîtra sans peine une petite fleur, avec sa corolle, ses étamines, et au milieu d'elles un pistil divisé en deux branches recourbées qui surmontent le tout. La corolle est insérée sur l'ovaire même, et celui-ci est placé avec les autres ovaires des fleurs voisines, très-régulièrement, sur une espèce de plateau ou de réceptacle. Quand on mange un artichaut, on enlève ce qu'on appelle le *foin*, le foin n'est pas autre chose que les petites fleurs encore en boutons dont le fond de l'artichaut est le *réceptacle*. Celui-ci est très-grand chez le soleil; on le voit bien aussi chez le chardon, quand on a arraché les fleurs violettes. Le réceptacle est toujours entouré d'écailles ou de feuilles comme celles de l'artichaut. Elles forment une espèce de *corbeille* dans laquelle les fleurs sont contenues comme un bouquet dans un vase.

Quelquefois toutes ces petites fleurs sont pareilles, comme

dans le chardon, mais d'autres fois elles diffèrent considérable-
ment. Celles du bord sont souvent plus grandes et d'une autre
couleur : dans la marguerite elles sont blanches; de même dans
la camomille, tandis que celles du centre sont jaunes. Elles
peuvent être régulières ou irrégulières, mâles ou femelles, ou
avoir les deux sexes ou n'avoir ni étamines ni pistils.

Prenons d'abord un chardon. Toutes les fleurs sont à peu
près pareilles. La corolle est régulière; elle a la forme d'un
tube évasé supérieurement et découpé en cinq divisions. La
corolle s'insère sur l'ovaire; les étamines, à leur tour, s'in-
sèrent sur la corolle. Elles sont au nombre de cinq et soudées par leurs sacs, tandis que les filets sont distincts. Les
sacs ainsi soudés forment un canal dans lequel passe le pistil
terminé par deux branches bifurquées. Le chardon nous
fournit l'exemple d'une composée ayant des fleurs qui sont
toutes régulières. Quand elles se fanent, l'ovaire devient une
graine surmontée de petites soies qui la font emporter facilement
par le vent.

La centaurée et l'absinthe, dont les corbeilles sont très-petites,
ont, comme le chardon, des fleurs complètes et régulières.

Dans la chicorée, les fleurs sont encore complètes, c'est-à-
dire qu'elles sont mâles et femelles, mais elles ne sont plus régulières; la corolle, au lieu d'avoir la forme d'un tube, est
fendue du haut en bas et déjetée en dehors de la *corbeille*, sous
la forme d'une petite lame à l'extrémité de laquelle on reconnaît encore les cinq divisions de la corolle régulière des char-
dons. Chacune de ses corolles est d'ailleurs insérée, comme
dans le chardon, sur l'ovaire; elle a ses cinq étamines avec le
pistil au milieu.

Dans la camomille et dans la pâquerette, autour des fleurs
régulières qui sont jaunes, on en voit d'autres qui sont irrégulières comme celles de la chicorée; elles sont blanches et
forment une couronne aux premières. Ce sont elles qu'on
arrache quand on effeuille une marguerite. Mais de plus, ces
fleurs irrégulières sont incomplètes; elles n'ont ni étamines ni

pistils ; elles ne sont ni mâles ni femelles ; elles sont neutres et n'ont pas de graine par conséquent.

Dans le soleil, la corbeille est entourée aussi de fleurs neutres, irrégulières ; mais, parmi les fleurs du fond, on observe une différence : au centre de la corbeille, elles ont un pistil et n'ont pas d'étamines, ce sont les fleurs femelles ; vers les bords de la corbeille, au contraire, ce sont des fleurs mâles avec des étamines et sans pistil. Celles-ci naturellement ne donnent pas plus de graines que les fleurs neutres.

Le dahlia est une composée dont la culture a rendu toutes les fleurs neutres et irrégulières. Dans les pays où il vit sans être cultivé, il n'a qu'un rang de grandes fleurs neutres autour de la corbeille ; les autres sont petites et jaunes comme dans la plupart des composées.

FAMILLE DES CUPULIFÈRES, TABL. N° 16.

Cette famille, dépourvue de fleurs brillantes, comprend la plupart des arbres de nos forêts, le *saule*, le *peuplier*, le *bouleau*, l'*aulne*, le *chêne*, le *châtaignier*, le *hêtre*, le *coudrier*, le *charme*. Les fleurs sont, le plus souvent, réduites à une simple écaille, tantôt isolées et tantôt réunies en chatons, comme

les fleurs du *houblon*. Les deux sexes sont également tantôt réunis sur le même arbre et d'autres fois séparés. Ce sont les chatons mâles que l'on voit pendre à la fin de l'hiver aux branches des coudriers, avant que les feuilles aient paru. En les observant de près, il est facile de voir les étamines insérées à la base des écailles. La fleur femelle est souvent unique. Le fruit est variable, mais formé dans beaucoup de cas d'une graine qui semble contenue dans une petite coupe ou *cupule*, d'où est venu le nom de la famille. Les cupulifères produisent des bois recherchés pour la construction et des écorces précieuses pour l'industrie; les écorces de ces arbres sont presque toujours très-amères.

Le gland du *chêne* offre le type du fruit en cupule. On sait quel usage la construction et la menuiserie font du bois de chêne qui est réputé pour sa dureté et sa beauté. L'écorce n'est pas moins employée. Quand on coupe de jeunes chênes, on l'enlève avec soin : elle sert à tanner les peaux, comme nous l'avons dit, pour fabriquer le cuir. Le *tan* qui a été utilisé est ensuite pressé en mottes avec lesquelles on fait du feu.

Le liège, qui sert à fabriquer les bouchons, est l'écorce d'un autre chêne appelé *chêne-liège*, qui pousse en Algérie. Quand l'arbre est devenu grand, on fait une incision en haut et en bas du tronc, et on enlève l'écorce; on la laisse sécher, puis on la taille en bouchons. Les écorces de qualité inférieure, quand elles sont étalées, constituent les *planches de liège* dont les pêcheurs font usage pour soutenir leurs filets.

C'est encore sur le chêne que l'on récolte, dans certains pays, les *noix de galle* produites par la piqûre des cynips, et dont on se sert pour fabriquer l'encre (voyez p. 144).

Le *coudrier* ou noisetier a comme le chêne un fruit en cupule, mais celle-ci l'enveloppe entièrement. Les branches du coudrier, droites et flexibles, sont recherchées pour différents usages.

Le peuplier, le saule et les autres arbres dont nous allons parler maintenant ont un fruit qui s'éloigne du type offert par le chêne et le noisetier.

Les *saules* et les *peupliers* se plaisent surtout dans les lieux humides. Leur bois a peu de valeur, il est très-léger; aussi l'emploie-t-on à faire des sabots. Leur fruit est une capsule qui laisse échapper en s'ouvrant des graines garnies d'une espèce de duvet, que le vent emporte parfois à de très-grandes distances. Les jeunes pousses du saule sont d'une extrême souplesse et très-solides : c'est l'*osier* qui sert à faire les paniers et tous les ouvrages de vannerie.

Le *bouleau* se reconnaît de suite dans les forêts à son tronc, qui est d'une blancheur éclatante, et à son feuillage moins épais que celui des autres arbres. L'écorce du bouleau est feuilletée en dessus, mais elle est solide, et quand on a coupé une grosse branche en rondelles, on peut faire avec l'écorce de celles-ci des boîtes très-solides.

Le *châtaignier* est un arbre de nos pays qui pousse en abondance dans tout le centre de la France. Son fruit donne les châtaignes, qu'on mange aussi sous le nom de *marrons*. Chaque fruit renferme ordinairement deux châtaignes. Les fleurs sont comme celles de toute la famille des cupulifères, sans aucun éclat et simplement composées de petites écailles. Ceci indique suffisamment que l'arbre que nous appelons *marronnier,* quoiqu'il ait un fruit assez semblable en apparence à celui des châtaignes, n'appartient pas du tout à la même famille. Le marronnier d'Inde, comme d'ailleurs tous les arbres qui portent des fleurs colorées et qui ne sont pas des arbres fruitiers, vient des pays lointains; il a été apporté en France il y a cent ans à peine; c'est pour cela qu'il ne se trouve point dans nos forêts, tandis que le châtaignier y est abondant.

Celui-ci ne donne pas seulement ses fruits, son bois est recherché; on dit que les insectes ne l'attaquent pas; enfin ses branches, toujours droites et souples, servent, quand elles ont été fendues en deux, à faire les cerceaux de barrique.

FAMILLE DES CONIFÈRES, TABL. N° 16.

Cette famille se reconnaît de suite à l'aspect tout particulier des arbres qui la composent, tels que le *pin*, le *sapin*, le *cèdre*, l'*if*, le *genévrier*. Ils ne ressemblent point aux autres. Leurs feuilles sont dures, minces, à fibres parallèles, comme les feuilles des monocotylédones; elles ne tombent pas tous les ans. C'est pour cela que les végétaux de cette famille sont désignés souvent par le nom d'*arbres verts*.

Le nom de la famille vient du fruit, qui a la forme d'un cône et qu'on appelle communément *pomme de pin*. Comme dans

les cupulifères, les fleurs sont sans éclat; les sexes sont séparés :
les fleurs mâles forment des chatons; les fleurs femelles sont
aussi disposées très-souvent en chatons. Ces derniers grandissent et deviennent les pommes de pin; leurs écailles s'épaississent, et, en dedans de chacune d'elles, on trouve un fruit
muni d'une membrane qui ressemble à une aile. Les chatons
mâles sont souvent tassés les uns près des autres et donnent un
pollen abondant qui forme une poussière jaune. Quand on
secoue, au printemps, une branche de sapin ainsi chargée de
chatons, on en fait sortir cette poussière que le vent enlève
parfois très-loin. Si tout le pollen d'une forêt de pins est emporté
par un coup de vent, il forme un véritable nuage qui va tomber
dans une contrée plus ou moins éloignée. Comme ce pollen est
jaune et qu'il brûle facilement, on a cru quelquefois que c'était
du soufre.

Les plantes de la famille des conifères se plaisent presque
toutes sur les montagnes ou dans les contrées arides, même sur
les sables des bords de la mer. On en tire des bois qui ont des
qualités spéciales et avec lesquels on fait les navires; on en tire
aussi la résine, le goudron, la térébenthine. Un autre usage est
celui auquel on les a employés pour arrêter les *dunes*. Sur certaines plages, la mer rejette du sable que le vent pousse ensuite
dans l'intérieur des terres; il avance peu à peu, et il finirait par
envahir des pays entiers si on n'y plantait des sapins dont les
racines le retiennent.

Le *pin maritime* se plaît soit dans les montagnes, soit au
bord de la mer; ses feuilles sont longues, insérées deux à deux
dans une gaîne commune. Les écailles du cône sont épaisses.
On cultive le pin maritime pour en avoir la résine tant qu'il
est vivant, ou pour en faire des planches quand il est abattu.
C'est seulement quand il est âgé de vingt à trente ans environ
qu'on commence à l'exploiter : les résiniers font alors dans
l'écorce une entaille large d'un décimètre environ, qui va
jusqu'à l'aubier; la résine coule au-dessous de l'écorce, par le
haut de la plaie. Toutes les semaines on la rafraîchit en enle-

vant une petite couche de bois, et la résine, qui s'était un peu arrêtée, recommence à mieux couler: On la reçoit dans des pots en terre que l'on met au bas de l'entaille contre le pied de l'arbre. La récolte dure ainsi depuis le mois de mai jusqu'à la fin de septembre; le produit porte le nom de *résine molle* ou de *térébenthine*. Quand on en a extrait l'*essence de térébenthine*, qui est liquide, il reste la *colophane*, qui est dure et cassante.

Les *sapins* se reconnaissent à leurs feuilles disposées comme les dents d'un peigne; les cônes sont cylindriques et formés d'écailles minces. Les sapins sont de grands arbres qui ne se plaisent que sur les plus hautes montagnes. Leur tronc est toujours très-droit; on l'emploie pour faire les mâts de navire. Le sapin donne aussi de la térébenthine, mais peu abondamment : on se contente de recueillir celle qui coule naturellement et qu'on trouve en forme de grosses bulles sur le tronc. Cette térébenthine est plus estimée que celle du pin. Mais la meilleure est celle qu'on connaît sous le nom de *térébenthine de Venise* et qu'on récolte sur le mélèze.

Le *cèdre* est un bel arbre qui ne pousse pas naturellement dans nos forêts, quoique le climat de la France lui convienne très-bien. Le bois de cèdre est celui avec lequel on fait ordinairement les crayons.

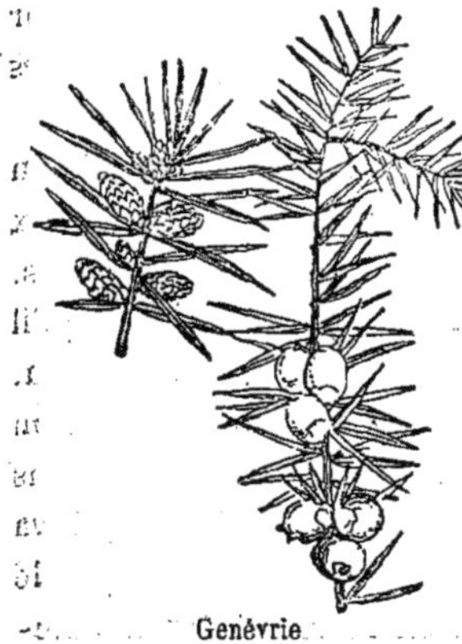

Genévrie

L'*if* et le *genévrier* n'ont pas comme les autres conifères pour fruit une pomme de pin, mais une baie; celle de l'if est rouge. L'if fournit également un bois très-recherché, parce qu'il est élastique. On s'en sert pour faire des arcs.

CLASSE DES MONOCOTYLÉDONES

Ou des plantes dont la graine n'a qu'un cotylédon

Les monocotylédones, comme les dicotylédones, présentent tantôt des familles où les fleurs sont très-belles de coloris, comme le lys, l'iris, la tulipe; et d'autres familles, au contraire, comme celle des herbes, où les fleurs n'ont aucun éclat. Ces dernières sont en général parmi les monocotylédones, comme parmi les dicotylédones, les familles les plus utiles.

FAMILLE DES LILIACÉES

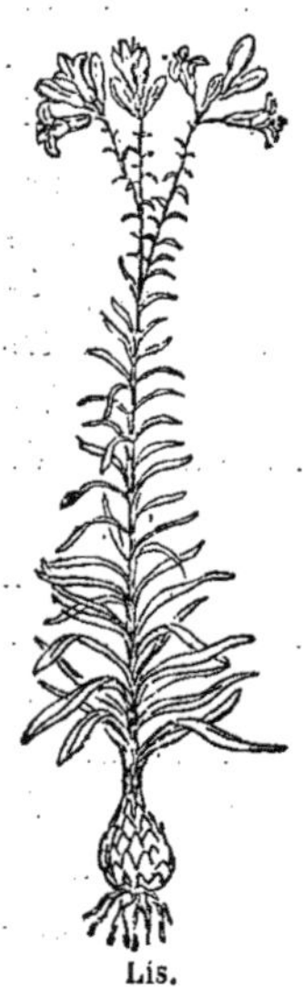
Lis.

Elle comprend un grand nombre de plantes d'agrément comme la *tulipe*, le *lis*, la *jacinthe*, et d'autres comme l'*ail*, le *poireau*, la *ciboule*, l'*oignon* qui servent d'aliment et de condiment; l'*aloès* appartient aussi à la famille des liliacées. Les feuilles ont le caractère commun à toutes les monocotylédones, avec leurs fibres toutes parallèles; la racine offre un bulbe d'où sort chaque année une tige qui meurt à l'automne. Les liliacées n'ont pas de calice. Elles ont une belle corolle à six divisions; il y a six étamines, et le fruit est une capsule à trois valves et à trois loges. La corolle est insérée au-dessous de l'ovaire.

La *tulipe* est remarquable par ses belles couleurs, mais elle n'a, non plus que le lis, aucune utilité.

L'*aloès* ne pousse pas dans nos pays ; il fournit une résine qu'on emploie en pharmacie pour purger, et ses feuilles, qui sont très-grosses, contiennent une substance textile formée de fils très-rudes, mais très-forts. On en fait des cordes et des cordages.

L'*ail*, le *poireau*, l'*oignon*, l'*échalotte*, la *ciboule* ont leurs fleurs disposées en ombelle comme dans les ombellifères ; seulement la tige ne se divise qu'une fois. La fleur, comme dans le lis, est à six divisions, avec six étamines. Dans toutes ces plantes, c'est toujours le bulbe ou bien la base des feuilles que l'on emploie pour donner du goût aux aliments.

Le nom de la famille des liliacées vient du nom latin du lis.

FAMILLE DES IRIDÉES

Les iridées comprennent des fleurs odorantes, comme l'*iris* et le *safran*. Comme les liliacées, les fleurs de cette petite famille ont une belle corolle, sans calice. Elle est à six divisions : trois sont plus en dehors et trois autres plus en dedans. Il n'y a que trois étamines. Dans l'iris, elles sont cachées par le pistil, terminé par trois divisions très-larges, qu'on prend au premier abord pour des pétales ; une différence considérable avec les liliacées, est que la fleur des iridées s'insère sur l'ovaire au lieu de s'insérer au-dessous de lui.

Safran.

On recueille les pistils de la fleur du safran pour en faire une couleur *jaune* et aussi pour les mettre dans les mets, auxquels il donne une saveur particulière. On les fait sécher et on les livre au commerce. Ils ont une odeur très-pénétrante et qui peut rendre malade ; il en est de même de l'iris, dont l'odeur cause aussi des malaises assez graves : c'est la racine d'iris qui est odorante et que l'on emploie après l'avoir réduite en poudre.

FAMILLE DES NARCISSÉES

La famille des narcissées est une autre petite famille qui renferme aussi de belles plantes, telles que les *amarillis* et les *narcisses*. Leurs corolles ont six divisions comme les iridées et elles sont également insérées sur l'ovaire ; mais il y a six *étamines*. Les narcisses de nos pays, avec leurs belles fleurs blanches ou jaunes, sont des plantes très-vénéneuses et dont l'odeur seule

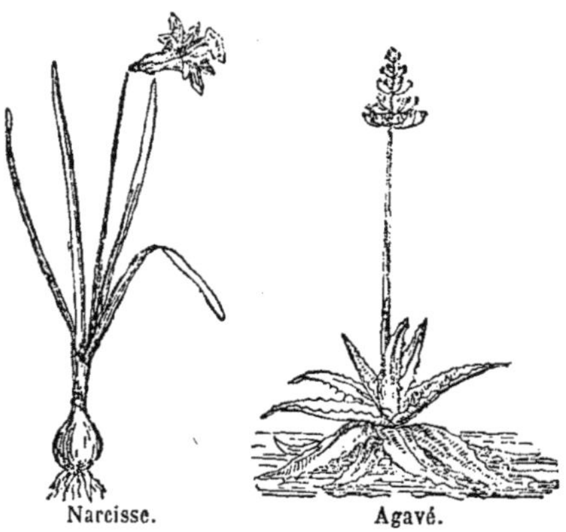

Narcisse.   Agavé.

rend malade. C'est à cette famille qu'appartient l'*agavé*, plante des pays chauds, dont les feuilles, assez semblables à celles de l'aloès, donnent un fil admirable de finesse et de force.

FAMILLE DES PALMIERS

Les palmiers sont tous des arbres des pays chauds. Ils atteignent parfois une grande élévation. On a vu plus haut (page 169), que leur tronc n'augmente pas en largeur avec l'âge ; il grandit seulement. Il est surmonté d'un bouquet de belles feuilles qui le font plier sous le moindre vent. Les palmiers donnent des fruits assez différents, tels que les dattes et les noix de coco.

Palmier.

FAMILLE DES GRAMINÉES

C'est la famille, sans contredit, la plus nombreuse du règne végétal. Elle comprend toutes les plantes que nous désignons sous le nom d'*herbe* et bien d'autres. C'est elle qui sert à nourrir en grande partie l'homme par les *céréales*, qui sont toutes des graminées. Enfin, elle donne aussi la *canne à sucre*.

Les graminées sont généralement annuelles; il faut les planter et elles meurent tous les ans. Elles n'ont pas non plus une tige pareille à celle des autres plantes, et on lui donne un nom particulier, on l'appelle un *chaume*. Elle est creuse, avec des nœuds de place en place; de chacun de ces nœuds part une feuille qui enveloppe d'abord la tige, puis qui s'en écarte. La fleur des graminées est sans aucun éclat; elle se compose, au centre, d'un pistil dont l'extrémité bifurquée ressemble à deux petites plumes extrêmement légères. Autour de ce pistil on voit pendre trois étamines dont les sacs sont portés au bout de filets très-fins. Le pistil et les étamines composent toute la fleur; ils se dégagent d'écailles plus ou moins nombreuses qu'on appelle des *balles* et qui persistent autour du grain. Il n'y en a qu'un pour chaque fleur, et l'action de battre le blé a précisément pour objet de le dégager des balles qui l'enveloppent.

On sème le blé soit au commencement de l'hiver, soit au commencement du printemps. Quand il a été semé à l'automne, il lève et résiste au froid, mais il ne grandit pas pendant l'hiver ; il ne recommence à pousser que quand la chaleur revient. Chaque grain de blé donne tantôt plus, tantôt moins de tiges, et par conséquent d'épis. Après la floraison, quand le grain a acquis sa grosseur, le chaume et l'épi commencent à jaunir, c'est-à-dire qu'ils meurent. On fauche alors le blé, puis on le bat pour en dégager le grain.

Celui-ci n'a pas, dans toutes les régions de la France, les mêmes qualités. On distingue les *blés tendres* et les *blés durs.* Les premiers viennent dans les contrées les plus riches, les seconds de préférence dans les pays montagneux. Les blés tendres ont un grain farineux et qui se laisse facilement écraser ; ils sont meilleurs que les autres pour faire le pain. Les blés durs sont ordinairement moins gros ; ils sont comme cornés ; on les casse plutôt qu'on ne les écrase ; ils fournissent une farine avec laquelle on fait un pain très-nourrissant, mais qui n'est pas blanc ; on en fabrique, au contraire, d'excellentes pâtes comme le macaroni et le vermicelle.

Pour faire le pain, on réduit le blé en farine ; on le met dans un moulin où il passe entre deux meules de pierre dont l'une tourne, et qui l'écrasent ; mais la farine, dans cet état, n'est pas encore suffisamment préparée ; elle est mêlée à du son qui provient de l'écorce du grain. On enlève celui-ci en *blutant* la farine, c'est-à-dire en la faisant passer sur un crible très-fin. Le blé, réduit ainsi à l'état de farine, peut se conserver très-longtemps si on la met dans un endroit sec. Quand le moment est venu de s'en servir, on la pétrit avec de l'eau et du sel, mais si on la faisait cuire ainsi, on aurait une pâte lourde et compacte qu'on ne pourrait pas manger. Il faut qu'en cuisant, le pain *lève*, c'est-à-dire se remplisse de tous ces trous qui le rendent léger. Pour faire lever la pâte, on y ajoute donc, quand on la pétrit, un *levain*. C'est ordinairement de la farine pétrie depuis quelques jours. On peut prendre aussi de la *levûre*, sorte d'enduit blanchâtre qu'on trouve dans les cuves où on fait la bière ; il suffit d'en mettre un peu dans la pâte pour qu'elle lève en cuisant.

Le pain est un des meilleurs aliments qu'on connaisse ; le plus blanc n'est pas toujours le meilleur, mais il ne faut pas croire que le pain soit indispensable ; on peut s'en passer si on mange à la place des pommes de terre, des haricots, ou enfin de la viande ; l'habitude en France est de manger beaucoup de pain, mais dans d'autres pays on en consomme fort peu et on le remplace par autre chose.

Le *maïs* que l'on cultive dans le midi de la France, est une graminée, mais qui diffère un peu des céréales ; les fleurs n'ont

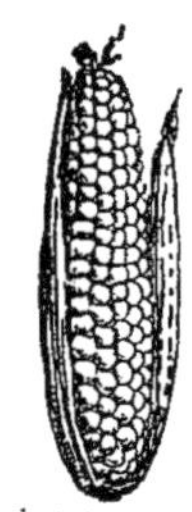

Épi de maïs.

qu'un seul sexe et elles forment sur chaque plante deux épis. L'épi des fleurs mâles est tout au haut de la tige. L'épi des fleurs femelles est plus bas, et on ne le distingue d'abord qu'à une touffe de gros pistils qui se dégage des feuilles. Les grains arrivés à maturité forment un épi serré que l'on égrène pour en faire de la farine, ou qu'on mange dans certains pays après l'avoir fait simplement rôtir devant le feu.

Canne à sucre.

La *canne à sucre* est une autre graminée qui vient dans les pays chauds et dont on tirait tout le sucre jusqu'au moment où on se mit à cultiver la betterave en France. Le chaume de la canne à sucre est gros comme le bras d'un petit enfant à peu près, les nœuds sont très-rapprochés, et tout l'intérieur est rempli par une sève abondante et sucrée. Quand le moment de la récolte est arrivé, on arrache les cannes, on les effeuille, puis on les fait passer entre de lourds cylindres qui les écrasent. On fait évaporer dans des chaudières le jus ainsi recueilli et il reste la *cassonnade* qu'on envoie dans tous les pays; on la *raffine* ensuite pour en faire du sucre blanc; ce qui reste de la cassonnade, quand on en a extrait le sucre blanc, constitue la *mélasse*. Les résidus des cannes qui ont été broyés ne sont pas perdus non plus, on les fait fermenter et on en fabrique le *rhum*.

Le maïs, la canne à sucre sont déjà des graminées beaucoup plus grandes que celles de nos champs et que nos céréales; il y en a d'autres qui les dépassent encore en dimension et qui atteignent la taille des arbres. Les *bambous* qui viennent dans les pays chauds, sont des graminées gigantesques. Ils sont gros parfois comme le bras ou la jambe. Et comme l'intervalle des nœuds est creux, on se contente de couper la tige entre chaque nœud pour en faire des vases.

CLASSE DES ACOTYLÉDONÉES

Ou des plantes sans cotylédon.

Toutes les plantes dont il nous reste à parler, et qui forment la classe des acotylédonées, se distinguent des autres, non seulement en ce que l'embryon n'a pas de cotylédons, mais en ce qu'elles n'ont pas de fleurs non plus. On ne trouve jamais ni pistils ni étamines. A un moment donné, on voit sur un point de la plante apparaître des graines, mais qui n'ont pas succédé à des fleurs. Ces graines elles-mêmes sont le plus souvent d'une petitesse extraordinaire, au point qu'elles semblent des poussières comme le pollen des conifères. — Ces graines si différentes des autres portent un nom spécial; on les appelle des *spores*. Parmi les acotylédonées, certaines familles ressemblent encore aux autres plantes par leur verdure et une sorte de feuillage; mais il y en a, comme celles des moisissures et des champignons, qui sont entièrement différentes des végétaux ordinaires.

FAMILLE DES FOUGÈRES

Les fougères sont vertes et ont l'apparence des autres végétaux. Les spores se développent sous les feuilles en petits amas dont la forme varie. — Tantôt ils sont longs et étroits, tantôt arrondis, ou bien ils ont la forme d'un haricot. Dans une belle fougère, dont la tige est mince et noire, et qu'on appelle la *capillaire*, les spores sont placées sous le bord même des feuilles qui paraît replié

Fougère arborescente.

pour les couvrir.

14

Les fougères, dans nos pays, sont toujours de petites plantes; mais dans les contrées chaudes, elles s'élèvent très-haut, sans que leur tige, comme celle des palmiers, augmente de diamètre, et elles sont, comme eux, couronnées par un bouquet de feuilles.

FAMILLE DES MOUSSES

La famille des mousses, comme celle des fougères, rappelle aussi l'aspect des autres plantes; elles sont vertes et ont une tige ligneuse; on dirait de tous petits arbres. Les spores des mousses ne se développent pas, comme ceux des fougères, sous les feuilles, mais dans des organes particuliers et très-élégants. Quand on regarde des mousses au moment de l'année où elles fructifient, on voit s'élancer de leur feuillage de minces filaments tout droits, terminés à leur extrémité par un renflement dont la nature est assez compliquée. Il se montre d'abord recouvert d'un petit chapeau formé de fibres, comme un toit de chaume; il est pointu et descend sur les côtés du renflement. Si on vient à l'enlever, on se trouve alors en présence d'une capsule fermée par un couvercle. Elle a la forme d'un verre à pied et le couvercle a parfois lui-même une espèce de petit bouton au milieu. Il faut le soulever pour voir les spores rangées dans la petite coupe, d'où elles s'échappent aussitôt que, par les progrès de la maturité, le chapeau et le couvercle sont tombés.

FAMILLE DES CHAMPIGNONS

Nous ne trouverons plus maintenant, ni dans cette famille, ni dans les deux suivantes, l'apparence ordinaire des plantes.

Les champignons, du moins ceux qui sont les plus communs, ont un aspect bien connu; mais il faut ranger dans la même famille une multitude d'autres végétaux, tels que les moisissures qui ne présentent jamais cette forme d'ombrelle qu'ont les champignons ordinaires.

Cette ombrelle s'appelle le *chapeau* du champignon ; il est porté sur une tige ordinairement épaisse. Tantôt le chapeau présente en-dessous des lames minces pendantes, le champignon appartient alors au genre des *agarics* ; tantôt le dessous du chapeau n'offre au contraire qu'une multitude de tubes tassés les uns contre les autres et ouverts à la partie inférieure, le champignon appartient alors au genre des *bolets* ou *ceps*. Mais il y en a beaucoup d'autres, tels que les *morilles*, les *vesses-de-loup*, les *truffes* dont la forme est toute spéciale.

La tige du champignon porte souvent vers les deux tiers de sa hauteur une espèce de *collerette*. C'est au reste le nom qu'on lui donne. Enfin on voit tantôt la tige partir de la terre même et tantôt sortir d'une espèce de vessie qui semble s'être crevée pour la laisser passer. Cette vessie a reçu le nom de *volva*. C'est une particularité importante à connaître, parce qu'elle permet, dans certains cas, de distinguer les espèces de champignons.

Beaucoup de champignons sont vénéneux et d'autres ont un goût agréable. Il faut bien se rappeler qu'on ne peut jamais apprendre à distinguer tout seul quels sont les bons champignons et quels sont les mauvais ; on ne peut pas non plus le savoir par leur odeur, ni par les endroits où ils poussent. On ne peut apprendre quels sont les bons champignons et quels sont les mauvais que de personnes instruites, qui le savent elles-mêmes très-bien, et qui ont déjà mangé souvent les champignons qu'elles vous engagent à cueillir. Mais, même dans ce cas, il ne faut pas se contenter de la simple vue, il faut savoir comment le champignon qu'on dit être bon a le chapeau fait et de quelle couleur il est, de quelle couleur est le dessous, s'il a une collerette, s'il a une *volva* ; il faut savoir tout cela pour reconnaître ensuite à coup sûr le même champignon, et ne pas se tromper. Si après avoir mangé des champignons, on se sent même légèrement incommodé, il faut aussitôt se faire vomir et envoyer chercher un médecin.

Les champignons poussent très-vite : il n'est pas rare d'en trouver en quantité dans une prairie où on n'en voyait pas un la veille. On les cultive sur des couches de fumier que l'on met avec du terreau dans une cave ou dans un endroit humide et obscur. Quand on remue le fumier sur lequel ils poussent, on voit des traînées blanches : c'est le *blanc de champignon.* Les champignons ne poussent que là où il y a de ce blanc : on en met dans la couche qu'on veut ensemencer. La plupart des champignons sont mangés par les larves d'insectes qui en sont très-friandes. Les vesses-de-loup en arrivant à maturité sèchent, et alors, quand on les presse, on en voit s'envoler des nuages d'une poussière uniquement formée de spores.

Les *moisissures* sont de tout petits champignons formés uniquement de filaments déliés analogues à ceux qui font le blanc de champignon. La maturité est annoncée par la teinte verdâtre que prennent les moisissures quand elles sont chargées de spores.

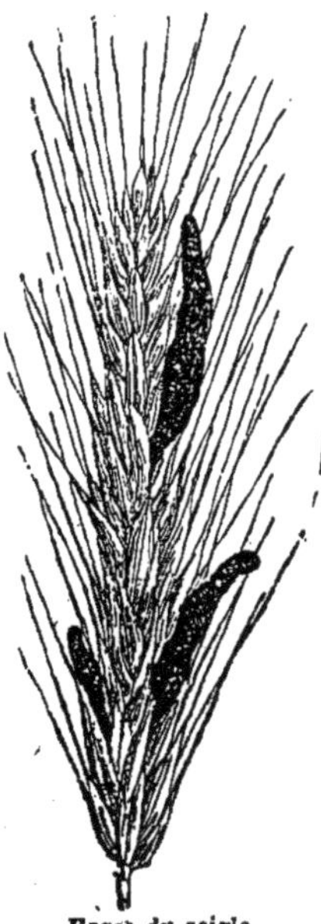

Ergot du seigle.

Il y a beaucoup de champignons comme les moisissures, mais encore plus petits et qu'on ne peut pas voir à l'œil nu. On les reconnaît seulement à leurs ravages. Ainsi par exemple l'*oïdium,* qui attaque la vigne, est un champignon de cette espèce ; un autre cause aux vers-à-soie une maladie qu'on appelle la *muscardine ;* la maladie des pommes de terre a pour cause un champignon pareil ; c'est encore un semblable champignon qui produit la maladie des oliviers, appelée *fumagine ;* d'autres enfin produisent dans les céréales la *rouille,* le *charbon* et l'*ergot.* Cette dernière maladie attaque en particulier le seigle où l'on voit à la place des grains ordinaires se développer de grands grains noirs cornés, dont la forme rappelle un peu l'ergot des coqs.

L'homme lui-même est sujet à des

maladies causées par la présence des champignons de cette
espèce; telle est l'origine du *muguet* et de la *teigne*. Dans le
muguet, les points blancs qui se forment sur la langue et dans
toute la bouche des enfants, sont dus à la présence d'un champignon. Dans la teigne, c'est aussi un champignon qui forme les
croûtes jaunes en forme de boutons creusés au milieu, qui se
développent à la racine des cheveux.

Nous ajouterons enfin que la *levure* qu'on recueille comme
nous l'avons dit dans les cuves où on fait la bière, est également
un champignon de ce genre.

FAMILLE DES LICHENS

Les lichens sont des sortes de champignons qui, au lieu
d'être mous comme les autres, sont secs. Ils ressemblent souvent
à du parchemin, et on croirait à peine qu'ils vivent, si on ne les
voyait grandir avec le temps. Ils sont ordinairement de couleur
grise et se développent tantôt sur le tronc des arbres et tantôt
sur les murs ou sur les ardoises; il leur faut très-peu d'humidité. Certains lichens se présentent comme de grands filaments
pendants qui couvrent quelquefois les sapins et finissent par
les tuer.

FAMILLE DES ALGUES

La famille des algues comprend d'abord les filaments verts
qu'on trouve dans les eaux dormantes, et ensuite les plantes
marines, qui sont tantôt d'un beau vert et tantôt brunes ou
rouges; elles couvrent les rochers, et on se plaît à les recueillir
pour les faire sécher. Mais il faut d'abord les laisser pendant un
certain temps dans l'eau douce, afin que le sel qu'elles contiennent disparaisse; sans cela, elles ne sèchent pas.

Les algues de la mer, qu'on appelle *varechs* ou *goëmons*
selon les pays, ont une double utilité : d'abord, c'est un excellent
engrais que les cultivateurs ont toujours raison de récolter au

bord de la mer pour le mettre dans leurs champs; ensuite, ces plantes donnent la *soude*, dont on fait un grand usage en industrie. Pour l'obtenir, on récolte le goëmon sur la côte et on en fait de grands tas qu'on laisse sécher. On les brûle ensuite; on lave les cendres; l'eau enlève la soude et en la faisant évaporer, il reste des cristaux de soude.

Ce procédé, fort ancien, n'est pratiqué que sur certaines parties de la côte de l'Océan atlantique, où le goëmon est très-abondant; la plupart des soudes du commerce sont extraites du sel marin, que l'on traite par l'acide sulfurique et ensuite par le charbon.

RÈGNE MINÉRAL

Le règne minéral comprend, ainsi que nous l'avons dit, **toutes** les matières qui ne sont pas organisées. Les différentes sortes de pierres et de métaux appartiennent au règne minéral, de même que l'eau et les gaz dont le mélange constitue l'atmosphère.

Si on descend dans une carrière ou une tranchée et qu'on en regarde les parois, le sol se montre ordinairement formé de différentes sortes de terres ou de roches placées les unes au-dessus des autres. C'est ce qu'on appelle les *couches du sol*. Quelquefois ces couches sont horizontales, d'autres fois elles sont plus ou moins inclinées. Il y a cependant des roches qui ne se présentent point ainsi en couches, et qui forment simplement des amas considérables, comme d'un seul bloc. On voit cela surtout dans les pays de granit; encore peut-on distinguer deux couches, car le granit est presque partout recouvert d'une mince couche de terre végétale. Les terrains disposés en couches les uns au-dessus des autres sont appelés *sédimentaires*, les autres portent le nom de *primitifs*. Tous les granits sont des terrains primitifs.

Les terrains primitifs sont ainsi nommés, parce qu'ils sont les plus anciennement formés. Les terrains sédimentaires ont été déposés au-dessus d'eux par le mouvement des eaux.

Dans les terrains sédimentaires, les couches présentent souvent, de l'une à l'autre, les plus grandes différences. On trouve souvent, dans les terrains sédimentaires, des empreintes d'animaux ou de plantes, ou bien des os et des dents pétrifiés. Ces restes des êtres qui ont vécu autrefois, portent le nom de *fossiles*. Il y en a, dans certains endroits, une quantité innombrable; ailleurs ils sont plus rares. Quand on en découvre qui ne ressemblent point à ceux que l'on voit habituellement, ou quand on en trouve dans des terrains où ils sont très-rares, on devra toujours les garder, quand ce sera possible, afin de les faire voir à des personnes qui s'y connaissent et puissent en apprécier la valeur scientifique.

Montagnes. — La masse centrale des montagnes est faite ordinairement de granit, tandis que sur les flancs et dans les vallées s'étendent des couches de terrains sédimentaires. Sur les montagnes les plus hautes, la neige et la pluie, en s'accumulant, forment parfois de grandes étendues de glace qui peuvent avoir plusieurs kilomètres de long et de large ; on les appelle *glaciers*. L'épaisseur de ces couches de glace est quelquefois considérable, et elles présentent d'immenses crevasses dans lesquelles on peut tomber quand l'ouverture est dissimulée par de la neige fraîche.

A mesure que la pluie et la neige qui tombent tendent à augmenter le glacier, celui-ci fond en partie au soleil, et, du pied des glaciers, on voit toujours sortir des rivières qui coulent dans les vallées. Au printemps, quand la plus grande partie de la neige tombée sur les montagnes vient à fondre, ces rivières se transforment en torrents. Ils ont alors une grande force, ils enlèvent la terre, les cailloux, les roches de la partie la plus haute des vallées, et entraînent tous ces débris dans les contrées plus basses où ils forment, à la longue, d'immenses plaines fertiles. Par suite, les pays élevés se creusent toujours de plus en plus, sous l'action des pluies et de la fonte des neiges ; on a désigné cette action sous le nom d'*érosion*. Les eaux du ciel enlèvent ainsi, peu à peu et par parcelles le terrain au flanc, des montagnes, de même que la mer, sur certaines côtes, ronge aussi, peu à peu, le rivage par une autre espèce d'érosion.

Sources. — L'eau qui provient de la fonte des neiges et des glaces n'est pas la seule qui coule à la surface de la terre. La plus grande partie est fournie par des sources et semble venir du fond des couches du sol. En effet, toute la pluie qui tombe ne s'écoule pas dans les ruisseaux et ne sèche pas à l'air. Quand la pluie est abondante, elle pénètre toujours dans la terre et s'y infiltre, jusqu'à ce qu'elle trouve une couche qu'elle ne puisse plus traverser, soit parce que c'est une roche trop dure, soit parce que c'est de l'argile; alors toute cette eau coule à la surface de la couche imperméable qui l'arrête, et vient jaillir dans les environs, en formant une source.

Sources thermales. — On trouve souvent dans les pays de montagnes, des sources qui sont chaudes et qui ont en même temps des propriétés médicales pour guérir les maladies. On les désigne sous le nom d'*eaux médicinales*, à cause de ces propriétés, ou d'*eaux thermales*, d'après un mot grec qui veut dire *chaud*. Quelquefois ces eaux sont chargées d'une grande quantité de soufre et sentent fortement les œufs pourris.

Puits, puits artésiens. — Les puits que l'on creuse pour se procurer de l'eau n'ont d'autre but que d'aller à la rencontre d'une de ces nappes d'eau souterraines qu'on soupçonne être à

Coupe d'un terrain dans lequel sont forés des puits artésiens.

une petite profondeur. Quand on l'a rencontrée, on voit l'eau filtrer de tous les côtés par les parois du puits, du fond duquel on l'élève par des seaux ou par une pompe.

Mais il peut arriver aussi qu'une nappe d'eau s'engage entre deux couches de terrain imperméables, redressées sur le flanc d'une montagne; alors une partie de la nappe d'eau sera beaucoup plus haute que l'autre et formera une espèce de réservoir élevé, comme ceux que l'on construit pour donner plus de force à l'eau et la faire jaillir en jets au milieu des bassins. Les puits artésiens ont pour but d'aller, à une grande profondeur dans le sol, rechercher si on ne trouvera pas une nappe de ce genre, parce qu'alors il n'y a plus besoin de puiser l'eau, elle monte toute seule à la surface du sol. Le nom de ces puits vient du pays d'Artois, où on a creusé les premiers.

Lacs. — Plusieurs sources, en se réunissant, forment les rivières, et plusieurs rivières à leur tour forment en se mêlant un fleuve, qui coule jusqu'à la mer quand le terrain le permet. Mais, s'il n'en est pas ainsi, si la disposition du pays s'oppose à l'écoulement, alors les eaux se réunissent et forment un *lac* ou un *étang*. Quand les eaux versées par la pluie ou par un fleuve, dans de grandes plaines, ne peuvent ni s'écouler à la mer, ni se réunir en lac, ces plaines deviennent des marais et des tourbières.

Rivages et falaises. — Si les eaux de la pluie tendent tous

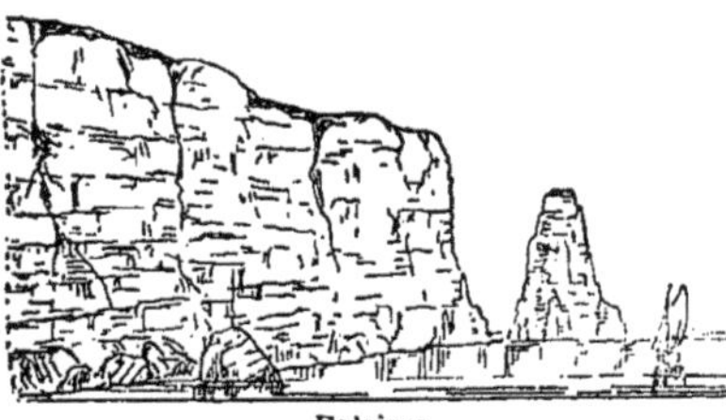

Falaises.

les jours à enlever quelques cailloux aux montagnes et à déposer du sable dans les plaines basses, la mer sur ses rivages joue également ce double rôle. Elle envahit la terre par places, et ailleurs est envahie par la terre. Ceci se présente surtout à l'embouchure des cours d'eau. Le limon, le sable apportés par le courant à la suite des pluies s'accumulent peu à peu à l'entrée des fleuves et des rivières et forment des plaines qui s'avancent de plus en plus dans la mer. La mer, à son tour, rejette sur certaines côtes des montagnes de sable, tandis que sur d'autres points elle ronge son rivage et s'avance dans les terres. Quand celui-ci est élevé, il en résulte une falaise.

Volcans. — On trouve dans certains pays des montagnes au sommet desquelles est un grand trou appelé *cratère*, d'où sortent des pierres, de la poussière, de la fumée et aussi des flammes. Ces montagnes s'appellent *volcans*. Parfois on voit les volcans s'ouvrir sur le côté et laisser couler de la *lave* incandescente, comme de la fonte qui sort du fourneau. Cette lave forme un véritable fleuve de feu qui coule à la surface du sol en brûlant tout sur sa route, mais il avance en général assez lentement. Il n'y a plus de volcans en France, mais il y en avait

Volcan en éruption.

autrefois en Auvergne, qui sont éteints maintenant; ils ne

Volcans éteints d'Auvergne.

brûlent plus, ils ne jettent plus ni fumée, ni flamme, ni lave, mais on reconnaît qu'ils ont été jadis en activité, et on retrouve les coulées de lave qui en sont descendues.

Dans le voisinage des volcans, on ressent assez souvent des *tremblements de terre*, quoiqu'il puisse y en avoir aussi dans les pays non volcaniques. Ce sont des secousses du sol qui produisent, quand elles sont assez violentes, de grands désastres en renversant les maisons. Mais les tremblements de terre sont par bonheur extrêmement rares dans nos contrées, précisément parce qu'il n'y a pas de volcans.

Air atmosphérique. — L'air qui nous entoure et que nous respirons, est également une matière minérale à l'état gazeux. Nous avons fait connaître sa composition et ses propriétés, p. 11 et 12.

MINÉRAUX INDUSTRIELS, TABL. N° 19.

Après avoir exposé sommairement ce que présente de plus

remarquable la terre, nous allons passer en revue les principales matières utiles que l'homme a su y trouver. Celles que lui
donnent le monde minéral ne sont ni moins nombreuses, ni
moins importantes que celles qu'il sait prendre au règne animal
ou au règne végétal.

Granit. — Le granit compose par excellence les terrains
primitifs. On le trouve à la surface du sol dans beaucoup d'endroits, où il n'est recouvert que par une mince couche de terre
végétale.

Le granit passe ordinairement pour la pierre la plus dure et
la plus durable. Il y a, en effet, des granits qui ont ces qualités,
mais tous ne les possèdent pas au même degré, et il existe au
contraire certaines espèces de granit qui se détériorent très-facilement. On emploie le granit dur pour les travaux des ponts-
et-chaussées, mais il se prête moins bien à l'architecture. Tantôt
il est rose et tantôt bleuâtre ou noir. L'exploitation de cette
pierre est toujours assez difficile, d'abord en raison de sa dureté,
puis ensuite parce qu'elle forme, comme tous les terrains
primitifs, d'énormes masses plus difficiles à attaquer que les
roches tout aussi dures peut-être, mais qui sont disposées en
couche les unes au-dessus des autres.

On ne trouve jamais de fossiles dans les granits.

Pierre ponce. — La pierre ponce est un produit des volcans;
on ne la trouve que là où il y a encore des volcans ou bien
où il y en a eu. C'est une pierre remarquable par sa porosité
qui la fait flotter quand on la met dans l'eau, à cause de l'air
contenu dans ses trous. La ponce est très-cassante et très-
friable, mais en même temps très-dure. On la réduit en poudre,
et l'industrie s'en sert ensuite pour polir le bois, l'ivoire; on
polit aussi avec elle les cuirs et le parchemin.

Le *soufre* est un autre produit volcanique qu'on trouve dans
les mêmes conditions que la pierre ponce, mais le soufre est
d'un usage beaucoup plus répandu dans l'industrie. Il entre
d'abord dans la composition de la poudre à canon, avec le
charbon et le salpêtre. Il sert pour les allumettes; c'est aussi avec

lui qu'on fabrique l'*acide sulfurique* ou vitriol, dont l'industrie fait une grande consommation. Enfin, le soufre en poudre est aussi employé par les agriculteurs pour combattre les champignons et en particulier l'*oïdium* qui cause la maladie de la vigne. Le soufre qu'on recueille près des volcans est quelquefois très-pur; on l'appelle alors *soufre natif*. Mais, le plus ordinairement, il est mêlé à de la terre dont il faut le séparer avant de le livrer au commerce. Le soufre brûle dans l'air avec une flamme bleue; mais, quand il est chauffé hors du contact de l'air, il se volatilise, puis se dépose sous forme d'une poudre qui a reçu le nom de *fleur de soufre*. C'est elle qu'on emploie en agriculture.

Ardoise et schistes. — D'une manière générale, on appelle schistes toutes les pierres feuilletées. Pour extraire l'ardoise, on détache d'abord dans la carrière des blocs carrés et de grosseur convenable, ayant à peu près la dimension d'un pavé. Alors on les porte à l'atelier, où des ouvriers nommés *refendeurs* les divisent en feuillets plus ou moins fins; ce sont les ardoises dont on se sert pour couvrir les maisons. On fait aussi avec l'ardoise des tableaux pour les classes, des tables de billard et des pierres à repasser les couteaux.

Houille ou charbon de terre. — La houille est une des productions les plus précieuses du sol. Elle se trouve toujours en France à de grandes profondeurs, où il faut aller la chercher dans les mines, et l'extraire au moyen de machines puissantes.

Les pays où se rencontre le charbon de terre sont appelés *bassins houilliers*. La houille appartient, comme les schistes,

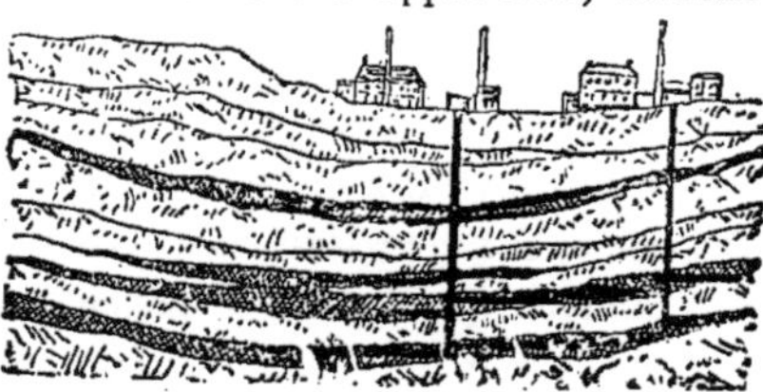

Mine de houille.

aux terrains sédimentaires les plus inférieurs. Elle est ordinairement disposée en couches peu épaisses, rapprochées les unes des autres et offrant une grande inclinaison. Quand on a creusé un puits de mine assez profond pour rencontrer ces couches, on perce au milieu d'elles des galeries par lesquelles on amène le charbon au pied du puits, d'où des machines l'enlèvent. Ces galeries sont ordinairement très-étroites et juste assez larges pour laisser passer un petit wagon. On fait ensuite le triage du charbon et de la roche.

Les mines de charbon offrent des dangers spéciaux qu'on ne trouve pas au même degré dans les autres mines. Il arrive souvent que l'eau y est très-abondante : il faut la pomper jour et nuit pour permettre la continuation du travail; si les pompes s'arrêtaient une seule minute, il pourrait arriver que les galeries soient noyées et que l'exploitation devienne impossible. Un autre danger est celui du *feu grisou*. Dans certaines mines, la houille laisse échapper un gaz qui fait explosion aussitôt qu'on en approche un corps enflammé, ébranle les galeries et tue les mineurs : on conjure ce danger en employant des lampes dont la flamme est enveloppée de toile métallique; alors le grisou éteint la lumière, mais ne prend pas feu.

Enfin, un autre accident, moins dangereux pour la vie des hommes, mais redoutable pour les pertes qu'il entraîne, est l'incendie d'une mine de houille. Il faut aussitôt en cesser l'exploitation et attendre bien des années quelquefois, avant de pouvoir la recommencer.

Le charbon est, pour les pays qui en possèdent, une immense richesse. Il ne sert pas seulement au chauffage des cheminées. Son principal emploi est de produire la force des machines à vapeur en faisant bouillir l'eau de leurs chaudières. Mais la houille sert encore à une infinité d'autres usages. On fait avec elle le gaz de l'éclairage. Pour cela, on la renferme dans des vases de fer où on la chauffe sans laisser l'air arriver jusqu'à elle; c'est ce qu'on appelle *distiller* la houille. On recueille le gaz qui se produit, dans de grandes cloches appelées gazomètres, et quand on ouvre ensuite les vases, on y trouve le *coke*. Toutefois, la distillation enlève du charbon d'autres principes que le gaz de l'éclairage : elle en tire des *sels d'ammoniaque* et du goudron de houille ou *coaltar*, nom formé de deux mots anglais qui veulent dire précisément goudron de houille. En distillant de nouveau le coaltar, on en extrait une foule de corps utiles, et en particulier de belles teintures rouges, connues sous les noms de *rouge de Magenta, rouge d'aniline.*

Schistes bitumineux. — On appelle ainsi une roche feuil-letée comme l'ardoise, à laquelle est mêlée une grande propor-tion de bitume. En distillant cette pierre, on en tire l'huile *de schiste* employée pour l'éclairage, ainsi que des goudrons analogues à ceux de la houille.

Bitume ou *asphalte.* — Dans certains pays, cette substance coule des terrains formés de schistes bitumineux, soit seule, soit mêlée à de l'eau. D'autres fois, elle est solide, mais elle fond alors à une température peu élevée. En la distillant, on obtient des huiles analogues, soit à l'huile de schiste, soit au pétrole.

Le *pétrole* est aujourd'hui d'un emploi universel. Son nom vient de deux mots qui veulent dire huile minérale. L'usage du pétrole s'est surtout répandu depuis qu'on a trouvé dans cer-tains pays de véritables nappes souterraines de pétrole aussi abondantes que des nappes d'eau. Il suffit de creuser des puits pour que le pétrole coule aussitôt en abondance et parfois jail-lisse à une certaine hauteur, comme l'eau d'un puits artésien.

Graphite. — Le graphite appelé aussi *plombagine,* se trouve dans les terrains granitiques, en couches ou en amas peu con-sidérables. On le désigne souvent sous le nom de *mine de plomb,* mais ce terme est impropre, il ne renferme aucune trace de plomb; c'est une espèce de charbon qui brûle difficilement. Quand les blocs qu'on extrait sont assez gros, on les scie en petits bâtons carrés, que l'on met ensuite entre deux morceaux de bois pour faire les crayons. Quand la mine n'est pas assez belle, on la broie et on en fait une pâte qu'on laisse sécher et dans laquelle on taille les mines. La plombagine en poudre sert à noircir et rendre brillantes la fonte et la tôle.

Calcaires. — On appelle de ce nom toutes les roches tendres ou dures qui donnent de la chaux vive quand on les calcine dans le feu. Les calcaires ont encore une autre propriété : si l'on verse sur ces roches une goutte de vinaigre ou d'un acide quelconque, aussitôt on voit se produire une *effervescence* de petites bulles de gaz. Le gaz qui s'échappe alors du calcaire est de l'acide carbonique.

Les calcaires peuvent atteindre tous les degrés de dureté, depuis celle de la craie jusqu'à celle du marbre; ils peuvent être colorés des teintes les plus diverses. Il y a des marbres noirs, jaunes, rouges, blancs, gris; d'autres ont des veines de plusieurs couleurs.

Les marbres, tant à cause de leur dureté que de leur beauté, sont les pierres les plus recherchées pour faire les monuments. Ils ont en général un grand prix, surtout les marbres blancs, qu'on emploie pour tailler les statues et les bustes.

Tous les calcaires sont loin d'avoir la dureté et la beauté du marbre; mais ce sont eux qui forment presque partout la pierre à bâtir ou pierre de taille. On y rencontre beaucoup de fossiles.

La craie est un calcaire très-tendre et très-blanc, et qui se réduit en pâte dans l'eau. Quand on a tamisé cette pâte, on la laisse sécher et on a le blanc d'Espagne.

Il y a encore une espèce de calcaire à grain très-fin et de couleur grise ou jaunâtre qui sert à faire les estampes, c'est le calcaire lithographique, ainsi appelé de deux mots grecs qui signifient *tracer* et *pierre*. On dessine ou on écrit sur ces pierres avec une encre spéciale, puis on presse contre ce dessin une feuille de papier blanc sur laquelle il s'imprime autant de fois que l'on veut. Ces sortes de dessins s'appellent, du nom de la pierre, des *lithographies;* les tableaux auxquels nous renvoyons en tête de ces pages sont imprimés sur des pierres lithographiques.

Nous avons dit que tous les calcaires chauffés au rouge donnent de la chaux vive; c'est cette opération que l'on fait dans les fours à chaux. La chaux vive, remise à son tour dans l'eau, s'échauffe et fait avec celle-ci une pâte que l'on mélange avec du sable pour fabriquer le mortier. On distingue trois sortes de chaux : la chaux grasse, la chaux maigre et la chaux hydraulique.

La *chaux grasse* provient des calcaires les plus durs. On peut y mêler, pour faire le mortier, une grande proportion de sable, elle est donc économique, mais ce mortier est peu solide.

La *chaux maigre* est ordinairement moins blanche; il en faut beaucoup plus pour fabriquer le mortier; mais celui-ci résiste bien mieux.

Enfin la *chaux hydraulique* ou ciment romain se fabrique avec des calcaires qui contiennent beaucoup d'argile. Il suffit ensuite de la mêler à l'eau pour avoir une pâte qui acquiert de suite une grande dureté; aussi l'emploie-t-on pour construire les travaux qui doivent être submergés. La chaux hydraulique, placée dans l'eau, devient de plus en plus dure.

Sables et grès. — On trouve dans la terre des couches entières de sable analogue à celui des bords de la mer. Il est tantôt blanc, quelquefois bleuâtre, d'autres fois rouge; c'est alors le fer qui le teint de la sorte.

Le *tripoli* est un sable excessivement fin et dur dont on se sert pour polir les métaux.

Le *grès* est uniquement formé de grains de sable rapprochés les uns des autres. Tantôt le grès est friable et se désagrège facilement; d'autres fois il forme une pierre très-résistante dont on se sert pour paver les rues des villes.

Le *silex* ou pierre à briquet est formé de la même substance que les grains de sable; il est ordinairement noirâtre ou gris, quelquefois rougeâtre. Il se casse comme du verre et a parfois une certaine transparence. — Pour en tirer des étincelles, on le frotte vivement avec un morceau de fer. Le tranchant du silex enlève de petites parcelles de fer, et celles-ci prennent feu par la chaleur du choc.

La *meulière* est une autre sorte de silex ordinairement de couleur blanche ou rougeâtre et, de plus, creusée d'une foule de cavités grandes et petites. Malgré la présence de tous ces trous,

15

la meulière est une pierre extrêmement résistante, avec laquelle on fait des fondations et des édifices qui doivent avoir une solidité exceptionnelle. La meulière tire son nom de ce qu'elle sert aussi à fabriquer les meules des moulins. Il faut toujours pour celles-ci des pierres qui soient à la fois dures et pleines de trous, afin de pouvoir mieux mordre et broyer le grain. La meulière remplit bien ces conditions; seulement il est très-rare de trouver des bancs de meulière dans lesquels on puisse tailler les meules d'un bloc; alors on les fabrique de plusieurs morceaux que l'on ajuste et que l'on réunit par du ciment. On cercle ensuite la meule avec du fer et on la laisse sécher pendant très-longtemps avant de s'en servir. Ces meules sont aussi solides que si elles étaient faites d'une seule pièce.

Cristal de roche, agathe, verre. — Le cristal de roche et l'agathe sont formés aussi de la même substance que le sable, le grès et la meulière. Cette substance est le *quartz*. Quand il est complétement pur, il a une transparence parfaite et forme le cristal de roche. Dans les agathes, le quartz est légèrement coloré ou traversé de veines de diverses couleurs. Le cristal de roche et les agathes sont d'une grande dureté et servent généralement à faire des objets de luxe.

Le verre se fabrique avec du sable et de la soude que l'on fait fondre ensemble au moyen d'une forte chaleur. Le beau verre porte souvent le nom de *cristal*, celui-ci est plus sonore et se taille plus facilement que le verre. On l'obtient en ajoutant au verre fondu une certaine quantité de sel de plomb ou litharge.

Argiles. — Les argiles sont des terres d'un grain extrêmement fin, qui se détrempent par l'eau en une pâte adhérente que l'on peut façonner de différentes manières. Elles sont formées d'alumine plus ou moins impure. Les argiles sont tantôt bleuâtres, jaunâtres ou rouges. Quoiqu'elles puissent se mêler à l'eau, elles se laissent très-difficilement traverser par elle; aussi sur les terres argileuses, la pluie reste à la surface du sol.

Avec la pâte qui résulte du mélange des argiles et de l'eau, on fabrique les briques et les différentes poteries de terre et de faïence. La porcelaine est faite simplement avec une argile blanche appelée *kaolin*. On cuit ensuite soit les briques, soit les vases fabriqués avec l'argile, afin de leur donner une solidité plus grande.

La *terre à foulon* est une argile verdâtre, grasse au toucher, qui se délaye dans l'eau en la rendant savonneuse ; on l'emploie pour enlever au drap l'huile dont il a fallu imbiber la laine pour pouvoir la filer et la tisser.

Le *gypse* ou *pierre à plâtre*. — Le gypse est une pierre qui paraît beaucoup ressembler extérieurement aux calcaires, mais elle ne fait pas d'effervescence avec les acides; elle ne donne pas non plus de chaux vive quand on la cuit, mais du *plâtre*. Quelquefois le gypse se présente sous forme de grands cristaux en forme de fer de lance qui deviennent également du plâtre quand on les soumet à la cuisson. Celle-ci n'exige pas une aussi forte chaleur que pour fabriquer la chaux. Quand on retire le gypse du four, il se laisse facilement réduire en poudre ; mais celle-ci redevient solide après avoir été mêlée à l'eau. Si cn conserve le plâtre à l'air avant de s'en servir, il n'est plus bon, parce qu'il a pris l'humidité de l'atmosphère. On emploie le plâtre soit pour réunir les moellons ou les briques, soit pour faire sur les murailles des ornements et des moulures. On le coule aussi dans des moules, d'où on le retire avec la forme qu'on a voulu lui donner. Cette opération constitue le *moulage* qu'on emploie pour reproduire des statues ou des bustes.

Sel gemme. — Une grande partie du sel que l'on emploie se recueille en laissant évaporer, dans des bassins peu profonds, l'eau de la mer. C'est ce qu'on appelle le *sel marin*, et les endroits où on fait ces exploitations s'appellent *marais salants*. Mais on trouve aussi dans l'intérieur de la terre des couches de sel. Parfois il est disposé comme une roche, en bancs épais dans lesquels on le taille pour l'extraire comme la pierre. Il est alors très-blanc, très-transparent, et on lui donne le nom de *sel gemme*, d'un mot qui veut dire pierre. D'autres fois le sel est mélangé dans la terre à des argiles ou à des sables; dans ce cas, pour l'extraire, on fait couler de l'eau dans ces mines, puis ensuite on évapore cette eau, qui laisse déposer le sel.

Le sel n'est pas seulement d'un grand usage pour l'alimentation, pour préparer les salaisons, faire le pain, etc..., il sert aussi à fabriquer une substance extrêmement utile en industrie : la *soude*. Nous avons dit qu'on pouvait l'extraire des plantes marines, mais la plus grande quantité se fabrique directement avec le sel.

Diamants et pierres précieuses. — La plupart des pierres précieuses n'ont de prix et ne sont recherchées que parce qu'elles sont rares. Le diamant cependant rend de grands services : c'est le corps le plus dur que l'on connaisse et il raye tous les autres ; on s'en sert pour couper le verre. Il n'y a pas de diamants en France ; ils viennent tous de l'étranger. On les trouve dans le sable charrié par certaines rivières ; mais pour qu'ils brillent, il faut les tailler à facettes.

Tourbe. — La tourbe n'est pas, à proprement parler, un minéral. C'est un dépôt de plantes mortes qui se fait dans les eaux des marais ou sur certaines prairies argileuses qui n'ont point d'écoulement pour la pluie. Les plantes et les mousses poussant les unes par dessus les autres, finissent par former un terreau qui, desséché, brûle facilement. L'extraction de la tourbe consiste à enlever ce terreau par mottes qu'on met sécher au soleil. Elles diminuent beaucoup de volume et forment alors un bon combustible, qui a seulement l'inconvénient de laisser beaucoup de cendres.

Guano. — Le guano ne se trouve que dans les îles Chinchas, près du Pérou, où on va le chercher pour en faire un engrais. C'est une terre jaunâtre et qui a une odeur très-forte. On y trouve souvent des débris de plumes et d'os d'oiseaux. On croit que cette terre a été formée surtout par la fiente de troupes d'oiseaux de mer qui ont habité ces îles pendant un temps très-long. Le guano est un des meilleurs engrais qui existent ; mais, pour l'employer, il faut le mélanger à de la terre ou à d'autres substances, parce que sans cela il serait trop fort et détruirait les cultures au lieu de les améliorer.

MINERAIS

On appelle minerais les productions de la terre d'où on extrait les métaux, car il est rare qu'on rencontre ceux-ci en nature dans le sol. Cela arrive cependant pour quelques-uns. Le plus ordinairement ils sont complétement méconnaissables, et ce n'est que par des opérations plus ou moins compliquées qu'on les obtient. La *métallurgie* est la science de ces opérations.

Les minerais forment quelquefois des dépôts considérables, mais le plus souvent ils sont disposés en couches minces appelées *filons*. Les filons ont souvent plusieurs lieues de longueur sur une largeur qui ne dépasse pas quelques centimètres. La plupart des filons constituent des masses dures qu'on exploite en les faisant sauter avec la poudre. Les mines que l'on creuse pour les atteindre ne présentent pas, en général, les mêmes dangers que les mines de houille, mais l'exploitation est souvent difficile, en raison de la dureté des roches où sont engagés les filons.

Minerai de fer. — On le trouve fréquemment à la surface du sol, où il a presque toujours une couleur rouge analogue à celle de la rouille. Pour extraire le fer, on jette le minerai dans des fourneaux très-élevés et dont le feu n'arrête jamais; on les appelle *hauts-fourneaux*. On y jette en même temps du charbon, et, dans le bas du fourneau, on recueille la *fonte* qui coule dans des rigoles de sable, où elle se refroidit en morceaux qu'on nomme des *gueuses*. Pour employer cette fonte, il faut la refondre de nouveau. On en fabrique alors une foule d'objets, tels que des grilles, des chaudrons; on en fait aussi des poêles, mais on devrait éviter autant que possible de s'en servir, parce qu'ils sont malsains et peuvent même causer des accidents graves aux personnes qui travaillent dans les appartements et les ateliers chauffés par ces poêles.

Pour fabriquer le fer, on ramollit la fonte au feu, et quand elle est réduite en masse, on la met sous un énorme marteau qui la bat et en chasse des matières appelées *scories* qui la rendaient cassante et facilement fusible. Le fer ainsi épuré fond difficilement ; il n'est pas cassant et on le forge comme on veut ; on l'appelle *fer doux*. Quand le minerai d'où a été extrait le fer renferme une forte proportion de soufre, le fer reste cassant après avoir été épuré ; on l'appelle alors *fer aigre*.

Pour fabriquer l'acier, on mélange le fer avec une proportion déterminée de charbon et on le fait chauffer au rouge. L'acier est cassant, mais élastique et très-dur. On peut augmenter ces qualités en le faisant chauffer plus ou moins, après quoi on le plonge soit dans l'eau, soit dans l'huile, de manière à ce qu'il se refroidisse brusquement. Cette opération est connue sous le nom de *trempe*. Les usages de la fonte, du fer et de l'acier sont innombrables.

La *pierre d'aimant* est un minerai de fer qui a la propriété d'attirer le fer à lui ; mais on donne aussi ce nom d'aimant à des barreaux d'acier auxquels on communique la même propriété en les frottant avec un aimant naturel, ou même par d'autres procédés que l'on connaît aujourd'hui. L'aimant n'est pas, du reste, le seul corps qui attire ainsi les autres. Il suffit de frotter un bâton de cire à cacheter sur du drap et de l'approcher d'une barbe de plume ou d'un tout petit morceau de papier, pour voir ces corps légers aussitôt attirés comme l'est le fer par l'aimant.

Minerai de cuivre. — Le cuivre, comme le fer, se trouve rarement à l'état de pureté, il est presque toujours mêlé au soufre. Le traitement des minerais de cuivre est assez long : quand ils sont lavés et concassés, on les grille à plusieurs reprises pour faire brûler le soufre, ensuite on les fond et le cuivre se sépare. La couleur du cuivre pur est rouge ; on s'en sert pour fabriquer des chaudières, des vases de cuisine et une foule d'ustensiles ; mais on doit les tenir toujours très-propres, parce que sans cela il se forme du *vert-de-gris*, qui est un poison violent. Pour éviter cet inconvénient, on *étame* l'intérieur des vases de cuivre quand ils ne doivent pas supporter une chaleur trop forte; sans cela, ce serait inutile, parce que l'étamage fondrait.

Quand on mêle ensemble le cuivre et l'étain dans certaines proportions, on obtient le *bronze*, qui est plus ferme que le cuivre et beaucoup moins altérable à l'air. On fait avec le bronze des statues, des canons et une foule d'objets qui résistent admirablement au temps.

Quand, au lieu d'étain, on mêle au cuivre une certaine quantité de zinc, on obtient le *laiton*, appelé aussi *cuivre jaune*. En général, ces mélanges de deux métaux portent le nom d'*alliages*.

Minerai de zinc. — On l'appelle aussi *blende;* on le pulvérise et on le calcine avec du charbon pour obtenir le zinc. Comme ce métal est volatil, c'est-à-dire susceptible de se réduire en vapeurs par l'action du feu, on met à profit cette qualité pour le purifier : on distille le zinc brut en dehors du contact de l'air et on le recueille sous forme de grenaille et de poussière qu'on fait fondre ensuite. Le zinc se réduit comme le fer en feuilles minces, qui sont d'un grand emploi en industrie; on en couvre les maisons; on en fait des seaux, des brocs, etc.

On fabrique aussi avec ce métal une couleur appelée *blanc de zinc* qui, contrairement au *blanc de plomb,* n'offre aucun danger pour ceux qui l'emploient.

Minerai d'étain. — Nous avons en France fort peu de minerai d'étain. Presque tout l'étain qu'on emploie vient de l'étranger. C'est un métal très-précieux pour l'homme. Quand il est pur, il est aussi blanc que l'argent; mais il se ternit promptement. Il n'offre aucun danger et ne communique aucune qualité malfaisante à l'eau. C'est à cause de cela qu'on s'en sert pour étamer les vases de cuivre. On l'emploie aussi à fabriquer le *fer-blanc,* qui n'est . autre chose qu'une mince lame de *tôle* de fer étamée sur ses deux faces. Préparé de la sorte, le fer ne se rouille plus tant que la couche d'étain, à sa surface, n'est pas usée ou enlevée. C'est encore avec l'étain qu'on fait la *soudure* dont se servent les plombiers et les feuilles minces qu'on appelle quelquefois à tort des *feuilles de plomb*, dont on enveloppe le chocolat et d'autres substances que le contact de l'humidité pourrait altérer.

Minerai de plomb. — Pour extraire le plomb, on fait d'abord subir au minerai un ou plusieurs grillages, puis on mêle le résidu avec du charbon et de la ferraille, et on chauffe; le plomb fond et coule. Comme l'étain, il est brillant quand on le coupe, avec un reflet bleuâtre, mais il se ternit promptement à l'air. Toutefois, il est à peu près inaltérable. Il fait d'excellentes couvertures pour les maisons; on en fabrique aussi des tuyaux, qui sont d'une grande utilité, pour les conduites de gaz et d'eau.

Cependant le plomb est un métal dangereux dans certains cas, et il peut communiquer aux boissons des propriétés malfaisantes. C'est ainsi que le cidre auquel on a mélangé de la *litharge*, qui est un composé du plomb, donne des coliques sèches. On doit éviter de laisser séjourner une boisson, telle que le cidre ou le vin, dans des vases en plomb.

C'est encore parce que la *céruse* et le *minium* sont des composés de plomb, que les peintres qui emploient ces couleurs sont souvent atteints de coliques sèches. On peut remplacer dans beaucoup de cas le blanc de céruse par le blanc de zinc, qui n'est pas dangereux. Ceux qui manient les composés de plomb doivent avoir grand soin de se laver les mains avant de manger et de changer souvent de vêtements de travail; ils éviteront ainsi en grande partie les accidents qui sont la conséquence de l'emploi de ces matières.

Minerai d'antimoine. — Le métal qu'on en extrait est blanc, très-brillant, avec un reflet bleuâtre. Quand on le frotte, il dégage une odeur qui se rapproche un peu de celle de l'ail. L'antimoine sert beaucoup en médecine; l'*émétique* est un composé d'antimoine. Un autre usage, non moins important, est celui qu'on en fait pour fabriquer les caractères d'imprimerie. On les fabrique avec un alliage d'antimoine et de plomb; le plomb seul serait trop mou, l'antimoine seul serait trop cassant; en les mélangeant, on a un alliage qui est comme il convient.

Minerais d'or et d'argent. — L'argent est souvent mêlé au

plomb dans les minerais ; l'or, pour sa part, se rencontre dans beaucoup de pays à l'état de pureté ; on le trouve aussi dans certains terrains sablonneux et dans des rivières. Il est le plus souvent en parcelles fines, qui constituent la *poudre d'or*. Mais il se trouve d'autres fois en grosses masses nommées lingots ou *pépites*. Le principal emploi de l'or et de l'argent est de servir à la fabrication de la monnaie. Mais comme ces deux métaux ne sont pas très-durs et que, s'ils étaient purs, les pièces s'useraient trop vite, on ajoute au métal des monnaies un dixième de cuivre qui a la propriété de le rendre plus dur et par conséquent plus durable.

Platine. — Il se trouve à l'état pur, mélangé avec quelques autres métaux, dans l'Oural, la Sibérie, etc. Il est blanc comme l'argent, complétement inaltérable, les plus violents feux de forge ne peuvent le fondre. Ces qualités le rendent extrèmement précieux pour certains usages industriels, mais il n'y a que peu de temps qu'on est parvenu à obtenir une température suffisante pour pouvoir le fondre et le travailler ; cette température s'obtient par la combustion du gaz hydrogène mêlé au gaz oxygène.

Aluminium. — Ce métal ne se trouve pas pur dans le sein de la terre. On l'extrait, par des procédés assez compliqués, de l'alumine qui forme la base de l'argile. Il est blanc, excessivement léger, presque inaltérable et très-résistant aux plus hautes températures. L'industrie en tirera certainement un grand parti, mais il n'y a que quelques années qu'on est parvenu à pouvoir le préparer.

Mercure. — Le mercure ou vif-argent est un métal liquide comme l'eau. On le trouve à *l'état natif* dans certaines mines ; dans d'autres, on l'extrait par différents procédés. Le mercure peut bouillir et se réduire en vapeur comme l'eau ; mais ces vapeurs sont dangereuses et altèrent profondément la santé des ouvriers qui travaillent dans les nombreuses industries où on emploie le mercure. Celui-ci a la faculté de dissoudre l'or et d'autres métaux absolument comme l'eau dissout le sucre. Quand le métal est très-abondant pour la quantité de mercure à laquelle il est mélangé, ils forment une pâte qu'on appelle *amalgame*. C'est un amalgame de mercure et d'étain qui fait le *tain* des miroirs.

TERRE VÉGÉTALE

Elle est ainsi appelée parce que c'est elle qui est la plus favorable à la venue des plantes d'où l'homme tire tant de matières utiles. Elle se forme naturellement avec le sable, l'argile ou des débris de roche mêlés à une certaine quantité de matières organiques provenant de toutes les substances animales ou végétales qui pourrissent à sa surface. La présence de ces matières organiques est nécessaire pour faire une bonne terre végétale. Les feuilles mortes, les débris de végétaux qui tombent à terre, le sable apporté par le vent contribuent à augmenter sans cesse l'épaisseur de la couche végétale.

On voit dans plusieurs pays les rivières, à certaines époques, déborder et couvrir avec leur eau pleine de limon de grandes prairies où celui-ci se dépose. Les terres formées ainsi par des limons ou des sables que les eaux charrient prennent le nom d'*alluvion*.

On peut classer les terres végétales en quatre groupes principaux :

1° Les terres sableuses ;

2° Les terres argileuses ;

3° Les terres calcaires ;

4° Les terres tourbeuses.

1° Les *terres sableuses* sont en grande partie composées de cailloux roulés ou de sable à grains quelquefois extrêmement fins ne retenant pas l'eau ; elle sont exposées à la sécheresse. Ces terres se trouvent pour la plupart au bord de la mer ou des rivières. Mêlées à une forte proportion de débris végétaux, ou, comme l'on dit, d'*humus*, les terres sableuses constituent la terre de bruyère, qu'on peut rendre extrêmement productive en y versant de l'eau et des engrais en abondance.

2º Les *terres argileuses* sont celles où l'argile prédomine ; les agriculteurs les désignent ordinairement par les noms de *terres fortes* ou de *terres grasses*. Elles sont souvent colorées en rouge, et on les reconnaît même de loin à leur teinte. Elle se délayent dans l'eau en formant une sorte de pâte collante. Les terres argileuses laissent difficilement passer l'eau ; si elles sont en pente, la culture y devient facile et elles donnent un grand rapport ; mais si elles couvrent un pays plat, l'eau ne s'écoule plus ; elle s'accumule à la surface et la végétation est en quelque sorte noyée. Puis, quand revient la chaleur, elle se durcit, se crevasse et déchire ainsi les racines des plantes.

Quand, au contraire, les terres argileuses contiennent une certaine proportion de sable ou de calcaire, elles deviennent excellentes pour les exploitations agricoles.

3º Les *terres calcaires* sont celles qui sont formées par les débris des terrains calcaires. Quand le calcaire est trop abondant, la terre est de mauvaise qualité, de même que les terres argileuses quand elles contiennent trop d'argile, ou les terres sableuses quand elles contiennent trop de sable. La surface des terrains trop calcaires étant mouillée forme une croûte qui empêche l'air de pénétrer dans la terre. La gelée soulève le sol crayeux, le pulvérise, et dans cet état la terre, quelquefois emportée par le vent, laisse les plantes déchaussées et manquant de soutien.

Mais, dans la plupart des cas, les terres calcaires renferment une proportion plus ou moins abondante de sable siliceux ou d'argile ; elles forment alors d'excellents sols. Quand le calcaire est simplement mêlé à l'argile, la terre est très-propre à la culture du blé et du fourrage ; la vigne y croît très-bien et donne de bons fruits. S'il y a du sable en plus, le terrain composé de ces trois éléments, sable, argile et calcaire, forme également des terres favorables à la plupart des cultures et notamment à la plantation des arbres. Généralement les sols calcaires donnent des produits plus succulents, plus nourrissants que les sols argileux et siliceux : les animaux y sont généra-

lement plus forts et plus gras, leur lait est aussi plus sub-
stantiel.

4° Les *terres tourbeuses* sont celles qui contiennent une forte
proportion de débris organiques dans un état de décomposition
plus ou moins avancé ; ces terres, préalablement séchées,
perdent quand on les brûle un quart de leur poids. Elles sont
généralement de couleur foncée, à cause de la grande proportion
d'humus qu'elles renferment.

Si le sol tourbeux ne contient pas une certaine proportion
de matières minérales, il est improductif. Les végétaux ne
peuvent pas s'y fixer assez fortement par leurs racines ; de
plus, il se dessèche trop rapidement, et il en résulte que les
végétaux y manquent parfois de l'humidité nécessaire.

PIERRES MÉTÉORIQUES

On donne ce nom à des pierres qui tombent parfois du ciel ;
il ne faudrait pas croire cependant que ces pierres soient communes, et c'est faussement qu'on a attribué cette origine à
beaucoup de fossiles. Les véritables pierres météoriques ont
toujours une forme irrégulière et sont généralement d'une
couleur noire. Les étoiles filantes que l'on voit la nuit sont des
pierres météoriques qui traversent l'air, mais dont quelques-
unes seulement tombent sur la terre.

FIN.

TABLE DES MATIÈRES

TABLEAUX

POUR L'ENSEIGNEMENT PRIMAIRE

DES

SCIENCES NATURELLES

PAR

E. DEYROLLE Fils

Adoptés par le Ministère de l'Instruction publique pour les Écoles primaires,
par le Ministère de l'Agriculture et du Commerce pour les Fermes-Écoles
et les Écoles industrielles

**Encouragés par une souscription de ces Ministères et des villes de Paris, Lyon,
Le Havre, Lille, Liége, Louvain, Angoulême, Bordeaux, etc.**

Admis dans toutes les Écoles

Médaillés par la Société pour l'Enseignement élémentaire, par la Société centrale d'Horticulture

Médailles d'or et d'argent aux dernières Expositions

L'une des figures très-réduite du tableau n° 2

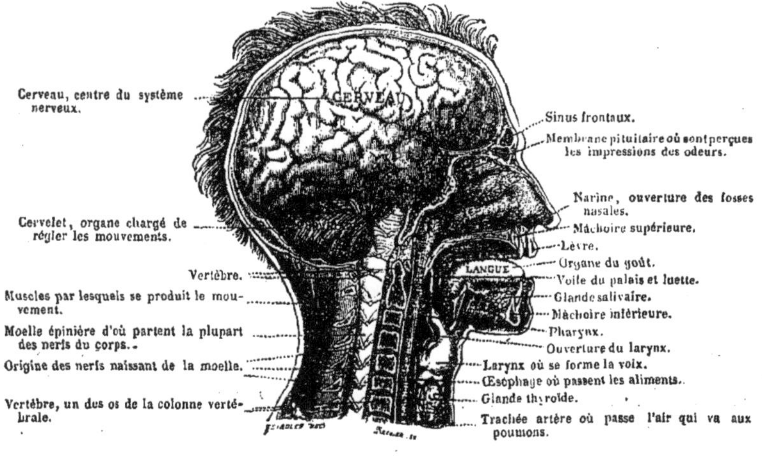

Nous n'avons plus aujourd'hui à faire ressortir tout le parti que l'on peut tirer de cette nouvelle méthode d'enseignement ; l'expérience et la pratique ont prouvé que cette science pouvait être mise à la portée de tous. Aussi ces tableaux, qui sont venus combler une véritable lacune de notre enseignement, ont-ils été demandés avec empressement par les instituteurs qui en ont obtenu les meilleurs résultats. Traduits en anglais, ils ont été aussitôt adoptés par les *school board*, les grandes institutions et la plupart des écoles. En Belgique, le ministère de l'intérieur vient d'en doter toutes les écoles normales et ils sont inscrits sur la liste des livres autorisés.

La série des 20 tableaux comprend les trois règnes. L'anatomie humaine traite de ce qu'il est utile et possible d'apprendre aux enfants. Les animaux qui y sont représentés sont choisis parmi ceux les plus intéressants à connaître, par suite de leur utilité ou des dégâts qu'ils commettent. Les dessins ou les échantillons en nature des plantes et des minéraux sont ceux de types utilisés dans l'industrie ou l'économie domestique.

Toutes les figures sont de *grandeur naturelle* et coloriées ; les échantillons en nature sont collés et fixés avec du fil de fer ; chaque tableau mesure 0^m60 sur 0^m48, est collé sur carton fort avec anneau pour être pendu au mur.

3e ÉDITION REVUE & CORRIGÉE.

Les **20 Tableaux** collés sur carton avec échantillons en nature, *les figures coloriées ou retouchées au pinceau, etc.* ;

Le **Manuel explicatif,** vol. in-8°, 250 pages avec 200 vignettes ;

La **Boîte à charnière** contenant le tout,

35 francs.

Le vernissage des 20 Tableaux, 3 fr. en sus.

Ils ne seront livrés vernis que sur demande spéciale.

Le **Manuel explicatif** seul.......... **2 fr. 50**

Le port à la charge de l'acheteur. — Chaque exemplaire pesant 14 kilogr., il est généralement moins coûteux d'employer la petite vitesse.

COLLECTIONS
D'HISTOIRE NATURELLE
POUR L'ENSEIGNEMENT SECONDAIRE

COMPRENANT

LES TYPES LES PLUS CARACTÉRISTIQUES

Formées d'après le programme des examens pour le Baccalauréat ès-sciences.

Tous les Sujets sont parfaitement montés et préparés par les praticiens les plus habiles, et déterminés par des savants spécialistes.

Ces Collections sont livrées toutes prêtes à être placées dans les vitrines qui doivent les contenir; nous en adresserons le Catalogue détaillé sur demande.

Collections renfermant les trois règnes de la nature :

ANIMAL, VÉGÉTAL & MINÉRAL

Comprenant	211	Sujets-types	150 fr.
—	310	—	200
—	565	— (*)	380
—	674	—	500
—	1,244	—	800
—	1,630	—	1,200
—	3,500	—	2,000

(*) Voir page suivante la composition de cette Collection citée comme modèle.

La Maison se charge de fournir des Sujets séparés pour le complément des Collections pour Musées, Maisons d'éducation ou Amateurs.

COMPOSITION D'UNE
COLLECTION D'HISTOIRE NATURELLE

POUR L'ENSEIGNEMENT SECONDAIRE

PRIX : 380 FR.

Comprenant 565 types des plus caractéristiques.

RÈGNE ANIMAL

MAMMIFÈRES

Squelette monté de carnassier (chat).
Crâne de rongeur.
Crâne de ruminant.
Pied osseux de pachyderme (solipède).
Carnassier
Cheiroptère } montés.
Rongeur

OISEAUX

Squelette monté d'oiseau (pigeon).
Rapace diurne
— nocturne
Grimpeur
Passereau fissirostre
— tenuirostre
— syndactyle
— dentirostre } montés.
— conirostre
Gallinacé (Columbidæ)
— vrai
Echassier
Palmipède

REPTILES

Squelette de chélonien monté (tortue).
Ophidien
Saurien } montés ou dans l'alcool.
Batracien

POISSONS

Squelette d'acanthoptérygien monté (carpe)
Malacoptérygien
Plectognathe } montés
Lophobranche } ou dans l'alcool.
Chondroptérygien

INSECTES

Collection de 150 insectes choisis parmi
les espèces les plus intéressantes et
surtout parmi celles qui sont utiles
ou nuisibles, renfermée dans deux
cadres vitrés et comprenant :
50 types de Coléoptères ;
10 — Orthoptères ;
20 — Hémiptères ;
6 — Névroptères ;
20 — Hyménoptères ;
20 — Lépidoptères ;
20 — Diptères ;
4 — Parasites, Thysanoures, Suceurs.

MYRIAPODES & ARACHNIDES

10 types desséchés et dans l'alcool.

CRUSTACÉS

15 types desséchés et dans l'alcool.

CIRRHIPÈDES & ANNÉLIDES

5 types dans l'alcool.

Ces cinq dernières divisions sont renfermées
dans deux cartons vitrés.

MOLLUSQUES

100 types (Coquillages et animaux conservés dans l'alcool).

ZOOPHYTES

5 types des principaux groupes.

RÈGNE VÉGÉTAL

Herbier de 100 échantillons appliqués sur papier bulle et renfermés dans un carton,
représentant les types principaux des plantes Dicotylédones, Monocotylédones et
Acotylédones.

RÈGNE MINÉRAL

Collection de 50 types de roches représentant les principaux terrains.
— 100 minéraux des plus caractérisés.

NÉCESSAIRES
POUR LES PROMENADES SCIENTIFIQUES
ET L'ÉTUDE PRATIQUE DES SCIENCES NATURELLES

INSECTES

Filet à papillon, avec sac en crêpe de soie, manche en roseau.......... 1ᶠ 75

Filet fauchoir se démontant, cercle en fer se pliant, sac en canevas; ce filet sert à capturer les insectes qui vivent sur les plantes et à pêcher les espèces aquatiques................ 6 50

Bouteille en verre, à large goulot, avec tube traversant le bouchon pour mettre les insectes dès qu'ils sont capturés...................... » 50

Boîte ovale de 13 centimètres sur 9, avec fond garni d'agavé, pour piquer les papillons; cette boîte peut être mise dans la poche................. 1 25

Boîte à épingles, en acajou, contenant 1,000 épingles de diverses grosseurs et spéciales pour les insectes...................... 3 75

Étaloirs de trois dimensions, pour étendre les papillons............... 3 75

Aiguilles avec tête en émail, pour fixer les bandes de papier qui servent à étendre les papillons (un cent).... » 75

Boîte liégée pour ranger les insectes en collection, le couvercle vitré est mobile; cette boîte mesure 39 centimètres sur 26 et 6 centimètres de hauteur...................... 3 50

Loupe à deux lentilles, monture en corne, pour examiner les petits insectes .... 3 »

Pince de chasse ordinaire, pour saisir les petits insectes.................. » 25

Étiquettes pour écrire le nom de l'insecte (un cent)................... » 20

Benzine rectifiée, pour tuer les insectes (la bouteille)................ » 60

Total............. 25ᶠ 80

Le tout emballé dans une caisse, **27** fr. (port en sus).

BOTANIQUE

Boîte à botanique, en fer-blanc, vernie, avec courroie; c'est dans cette boîte que l'on place les plantes au fur et à mesure de la récolte, afin qu'elles ne se froissent pas et ne se dessèchent pas avant le retour; elle a 35 centimètres de long.......... 4ᶠ »

Houlette spéciale pour arracher les plantes...................... 2 50

Papier gris buvard, pour faire sécher les plantes (250 feuilles doubles). 3 50

Presse pour comprimer les plantes et empêcher qu'elles se déforment pendant la dessiccation............ 6 »

Papier bulle pour disposer les plantes en herbier après leur dessiccation complète (125 feuilles doubles, avec un échantillon étiqueté, comme modèle)...................... 3 »

Bandes de papier gommé, pour fixer les plantes sur le papier bulle...................... 1 »

Étiquettes imprimées, avec filet, destinées à recevoir le nom de la plante (300 étiquettes)............. 1 50

Carton pour collection botanique pouvant contenir environ 200 espèces, avec dos à charnières en toile....... 3 »

Loupe, monture en corne, avec deux lentilles, pour examiner les détails des plantes que l'œil ne peut saisir.. 3 »

Pince fine pour la préparation des plantes .... » 50

Total............. 28ᶠ »

Le tout emballé, **30** fr. (port en sus).

MINÉRALOGIE & GÉOLOGIE

Marteau en acier, ayant un côté tranchant pour détacher et tailler les échantillons de minéraux........... 1ᶠ 75

Ciseau en acier, pour tailler les échantillons délicats et dégager les fossiles de la gangue.................... » 90

Boussole à cadran en métal, avec chappe en agate, et perpendicule pour préciser les inclinaisons....... 12 »

Aimant pour reconnaître la présence de substances ferrugineuses dans les minéraux .... » 30

Chalumeau en fer pour la décomposition par le feu des minéraux....... » 50

Niveau d'eau à bulle d'air pour préciser la ligne horizontale.......... 2 »

Briquet en acier, grand modèle..... 2 »

Loupe à deux lentilles, monture en corne, pour l'examen des détails que l'œil nu ne peut saisir.... .... 3 »

Cuvettes en carton, assorties de taille, pour placer les échantillons; sur le devant, il est ménagé une coulisse pour placer l'étiquette (50 cuvettes)...................... 4 »

Pince fine pour prendre les petits échantillons..................... » 50

Étiquettes sur papier blanc, avec filets noirs (un cent)............... » 25

Total............. 27ᶠ 20

Le tout emballé, **28** fr. (port en sus).

COLLECTIONS ÉLÉMENTAIRES

POUR L'ÉTUDE PRATIQUE DE

L'HISTOIRE NATURELLE

COQUILLES

Collection représentant l'ensemble de tous les groupes de ces animaux, classés et parfaitement déterminés, comprenant **100 types principaux**................ .... **12** fr.

INSECTES

Collection de **Coléoptères** *(scarabes)* de France, représentant toutes les familles et genres principaux, classés dans l'ordre méthodique et parfaitement déterminés, comprenant **100 types principaux** rangés dans un élégant carton liégé..... **6** fr.

Collection de **Lépidoptères** *(papillons)* de France, représentant toutes les familles et genres principaux, classés dans l'ordre méthodique, et parfaitement étalés et déterminés, comprenant **100 types principaux** rangés dans deux cartons liégés .... **15** fr.

MINÉRAUX, ROCHES

Collection comprenant les *roches* des terrains les plus caractéristiques, et les *minéraux* choisis parmi les genres les plus intéressants et ceux les plus employés dans les constructions, l'industrie métallurgique, les produits chimiques, etc., le tout contenu dans une boîte en bois avec trois tiroirs, chaque échantillon est placé dans une cuvette en carton ; une liste imprimée donne tous les détails de nom, localité, etc., pour chaque type.

100 échantillons, boîtes et cuvettes comprises. **25** fr.

La même Collection avec les échantillons fixés sur quatre feuilles de carton avec descriptions aussi complètes que possible . **20** fr.

HERBIER

DE

PLANTES MÉDICINALES

Comprenant 200 espèces classées et étiquetées, avec des indications sur leurs caractères botaniques, leur emploi en médecine et en pharmacie, dans un carton à botanique, relié.......... **50 fr.**

Ces herbiers sont indispensables aux étudiants en médecine et pharmacie, pour l'étude pratique des simples.

HERBIER AGRICOLE

Pour faciliter la connaissance et la culture des plantes utiles

Comprenant 75 types en nature de plantes alimentaires, fourragères et textiles, puis des échantillons de plantes nuisibles aux prairies; c'est un véritable cours pratique d'agriculture, donnant les échantillons en nature, ce qui est saisissant pour les démonstrations; des notices sur la culture, les engrais, le rendement, etc., etc. Ce travail est terminé par la nomenclature des animaux nuisibles à ces plantes et des renseignements sur les procédés de destruction.

Un vol. gr. in-4°, cartonné toile, **15 fr.**

HERBIERS ÉLÉMENTAIRES

Les principes de botanique expliqués et démontrés à l'aide d'un atlas naturel, comprenant environ 250 échantillons classés et disposés méthodiquement pour l'étude de toutes les parties composant les plantes, avec 50 pages de texte in-4°, un vol. in-4°, élégante reliure en toile gaufrée................................... **20 fr.**

HERBIERS GÉNÉRAUX

Ces herbiers, classés méthodiquement, et comprenant le plus grand nombre possible de familles et de genres, sont disposés pour servir de base aux débutants, leur permettre de classer et déterminer les plantes qu'ils récoltent eux-mêmes; grâce aux jalons contenus dans ces herbiers élémentaires, ils économiseront un temps précieux et ne seront plus rebutés par l'aridité des débuts d'une science des plus agréables et pleine de charme par les souvenirs qu'elle évoque.

Tous les échantillons qui composent ces herbiers peuvent servir de modèle comme disposition et rangement; ils sont retenus sur des feuilles de papier bulle par des bandelettes de papier gommé; les étiquettes comportent tous les renseignements nécessaires : noms de famille, de genre et d'espèce, localité et date de récolte.

HERBIER composé de :

100 espèces françaises avec un plus grand nombre d'échantillons.		15 fr.
200 — — — — —		35
300 — — — — —		75
500 — — — — —		125
1,000 — — — — —		250

Cartons les contenant compris.

Les personnes désireuses de recevoir le Catalogue complet de la Maison n'auront qu'à en faire la demande, il leur sera envoyé *franco* par retour du courrier.

Typ. OBERTHUR ET FILS, à Rennes. — Maison à Paris, rue Salomon-de-Caus, 4 (Square des Arts-et-Métiers).

LISTE DES TABLEAUX

Nᵒˢ 1. — HOMME. — Respiration, circulation du sang, digestion.

2. — HOMME. — Organes des sens.

3. — VERTÉBRÉS. — Mammifères, système dentaire, mammifères destructeurs d'insectes.

4. — VERTÉBRÉS. — Oiseaux, œufs.

5. — VERTÉBRÉS. — Reptiles, poissons.

6. — ARTICULÉS. — Insectes industriels, auxiliaires et utiles.

7. — ARTICULÉS. — Crustacés, vers intestinaux, annélides. — MOLLUSQUES. — RAYONNÉS.

8. — PLANTES. — Bois développement, bois industriels.

9. — PLANTES. — Feuilles, fleurs.

10. — PLANTES. — Graines, germination.

11. — PLANTES DICOTYLÉDONES. — Composées.

12. — PLANTES DICOTYLÉDONES. — Légumineuses, labiées, rubiacées.

13. — PLANTES DICOTYLÉDONES. — Ombellifères, solanées.

14. — PLANTES DICOTYLÉDONES. — Oléacées, rosacées, crucifères, ampélidées.

15. — PLANTES DICOTYLÉDONES (textiles). — Urticées, malvacées, linées.

16. — PLANTES DICOTYLÉDONES. — Conifères, cupulifères.

17. — PLANTES MONOCOTYLÉDONES. — Graminées, liliacées.

18. — PLANTES ACOTYLÉDONES. — Fougères, champignons, mousses, lichens, algues.

19. — MINÉRAUX INDUSTRIELS.

20. — GÉOLOGIE. — Formation de la terre, fossiles.

Il a été publié une édition anglaise de ces tableaux, qui se vend à Londres, chez **M. BOUCARD**, 55, Great russell str., et chez **M. MURBY**, 32, Bouverie str. — Les libraires disposés à entreprendre des éditions en d'autres langues, sont priés de s'adresser directement à **M. E. DEYROLLE fils**.

Typ. OBERTHUR & FILS, à Rennes. — Mⁿ à Paris, rue Salomon-de-Caus, 4.